40F

CLASSES PRÉPARATOIRES
PREMIER CYCLE UNIVERSITAIRE

Précis de physique

OPTIQUE

MP, PC, PSI, PT

2e année

J. L. Queyrel

Professeur en classes préparatoires scientifiques – 2e année
au Lycée du Parc à Lyon

J. Mesplède

Maître de Conférences à l'Université Lyon I

Bréal

1, rue de Rome 93561 Rosny Cedex

Dans la même collection

Physique

Mécanique (MPSI, PTSI, PCSI)

Mécanique (complément PCSI)

Mécanique des solides (MP, PC, PT)

Électrocinétique (MPSI, PTSI, PCSI)

Électromagnétisme (MPSI, PTSI, PCSI)

Électromagnétisme (MP)

Électromagnétisme (PC, PSI)

Thermodynamique (MPSI, PCSI)

Thermodynamique (PC)

Thermodynamique (MP)

Optique (MPSI, PTSI, PCSI)

Optique (MP, PC, PSI, PT)

Chimie

Chimie (MPSI, PTSI)

Chimie générale (MP, PT, PSI)

Thermodynamique et cinétique chimiques (PCSI, PC)

Solutions aqueuses (PCSI, PC)

Atomistique et structures (PCSI, PC)

Chimie organique (PCSI, PC)

Réf : 209 0329

Dépôt légal : août 1996

ISBN : 2 85394 941 9

AVANT-PROPOS

Les étudiants des classes préparatoires aux Grandes Écoles trouveront dans cette collection **l'ensemble des connaissances de physique et de chimie** exigées aux concours d'entrée, conformément aux **nouveaux programmes** en vigueur.

Afin de favoriser une assimilation rapide, nous avons choisi **une présentation concise** : dans chaque chapitre, le lecteur trouvera les définitions, les théorèmes et les démonstrations qu'il ne faut pas ignorer. Les exercices d'application ont souvent pour origine les problèmes ou les questions d'oral posés aux concours d'entrée aux Grandes Écoles.

C'est par une lecture active que l'étudiant tirera le meilleur profit de cette collection. Il pourra par exemple suivre la démarche suivante :

- acquisition des connaissances du cours : définitions, théorèmes, démonstrations ;
- recherche des solutions des exercices d'application ;
- étude comparative des solutions proposées par lui-même et par les auteurs.

Après les énoncés des exercices types, des « indications » permettent au lecteur une démarche graduée : chercher seul ou s'inspirer des suggestions de méthode.

Les solutions des exercices d'application ont été rédigées en liaison avec le chapitre correspondant, car leur objectif essentiel est de favoriser une meilleure connaissance du cours.

En fin d'ouvrage, une sélection de problèmes corrigés issus des concours permettra de comprendre et d'intégrer les méthodes de résolution.

Des annexes présentent des applications industrielles et scientifiques.

Nous espérons que cette collection, spécifiquement destinée aux préparatoires, sera pour eux un outil de travail efficace et pratique. Elle intéressera également les étudiants du premier cycle universitaire.

Si elle peut apporter aux étudiants une contribution sérieuse à leur réussite, nous serons récompensés de notre tâche.

Les Auteurs

SOMMAIRE

Chapitre 1 - Ondes électromagnétiques et ondes lumineuses

Chapitre 2 - Superposition de plusieurs ondes

Chapitre 3 - Interférences lumineuses non localisées

Chapitre 4 - Interférences localisées

Chapitre 5 - Interféromètre de Michelson

Chapitre 6 - Diffraction à l'infini d'une onde plane

Chapitre 7 - Réseaux plans

Chapitre 8 - Quelques problèmes

1 ONDES ÉLECTROMAGNÉTIQUES ET ONDES LUMINEUSES

L'optique est l'étude des phénomènes lumineux. Ceux-ci peuvent être interprétés en assignant à la lumière divers aspects. Dans cet ouvrage, nous nous limiterons à son **aspect ondulatoire**. Cela signifie que l'on peut considérer la lumière comme formée d'une onde dont la nature physique est voisine de celle des ondes sonores ou des ondes se propageant à la surface d'un liquide.

Pour mieux comprendre l'étude qui sera faite dans la suite des phénomènes lumineux, nous allons au préalable donner quelques indications générales sur les ondes. On pourra trouver des développements plus importants sur ces questions dans le *Précis d'électromagnétisme 2* (MP) ou dans le *Précis de physique des ondes* (PC/PSI).

1 - DÉFINITION DE L'ONDE

On appelle onde une modification locale d'un milieu élastique, cette modification (ou perturbation) se propageant (c'est-à-dire se déplaçant) dans une direction donnée.

Certaines ondes sont périodiques (elles se reproduisent identiques à elles-mêmes en un même lieu à intervalles de temps successifs égaux) : on les appelle souvent **vibrations**.

Le milieu dans lequel se propage l'onde doit être élastique, de façon à permettre le passage de la perturbation d'un point à un autre. Nous reviendrons sur cet aspect plus loin. Donnons simplement ici quelques exemples d'ondes :

- **dans un gaz,** une onde sonore peut se propager dans un milieu gazeux ;
- **dans un liquide,** une pierre tombant dans l'eau donne naissance à des rides qui se propagent à la surface de l'eau ;
- **dans un solide,** une corde métallique tendue frappée avec un marteau est le siège d'une onde qui se propage tout du long.

Cas du vide :

Il existe des ondes qui peuvent se propager dans le vide. Cela semble contradictoire avec la définition donnée plus haut de l'onde (milieu élastique). On a essayé de concilier ces deux aspects en imaginant la présence d'un milieu élastique que l'homme ne saurait mettre en évidence ni par ses sens, ni par les instruments de mesure qu'il utilise : **l'éther**. Signalons que cette hypothèse de l'éther a été à la base des expériences dont le caractère négatif a conduit à la relativité restreinte. Mais les caractéristiques de cet éther devraient être telles qu'il est préférable d'envisager une autre interprétation fondée sur l'hypothèse de Louis de Broglie : à toute onde on peut associer un corpuscule ; ce corpuscule pourrait, lui, se propager dans le vide. Ces deux explications sont sûrement trop simples et la réalité est sans doute autre et appartient au domaine très complexe de la théorie des champs.

2 - DIFFÉRENTES SORTES D'ONDES

A. Ondes scalaires et vectorielles

La propagation d'une onde dans un milieu se traduit par la variation d'une grandeur physique avec le temps et l'espace. Cette grandeur physique peut être, selon les cas, de nature scalaire et l'onde est alors scalaire, ou de nature vectorielle et l'onde est alors vectorielle.

Exemple d'onde scalaire :

la propagation d'une onde sonore dans un gaz se traduit localement par une variation de la pression du gaz, de sorte que l'onde peut être caractérisée en un point M du gaz et à l'instant t par la fonction $p(M, t)$.

Exemple d'onde vectorielle :

une onde électromagnétique (voir plus loin) est formée par la propagation d'un champ électrique $\vec{E}$ et d'un champ magnétique $\vec{B}$, ces deux champs obéissant **aux équations de Maxwell.** Il s'agit là d'une onde vectorielle puisqu'elle est caractérisée en un point M et à un instant t par les fonctions $\vec{E}(M, t)$ et $\vec{B}(M, t)$.

B. Ondes longitudinales et ondes transversales

Lorsque la perturbation s'exerce dans la direction de propagation de l'onde, celle-ci est dite **longitudinale**. C'est le cas, par exemple, d'une onde sonore. Lorsque la perturbation s'exerce dans la direction perpendiculaire à la direction de propagation de l'onde, celle-ci est dite **transversale**. C'est le cas, par exemple, d'une onde à la surface d'un liquide.

3 - ÉQUATION D'ONDE

D'une manière générale, on appelle équation d'onde l'équation différentielle qui permet de déterminer soit la fonction scalaire que nous noterons $s(M, t)$ dans la suite, caractéristique de l'onde scalaire, soit l'une des composantes de la fonction vectorielle caractéristique de l'onde vectorielle. La fonction solution de l'équation d'onde s'appelle la **fonction d'onde**.

Dans le cas des ondes électromagnétiques, seul cas que l'on ait à envisager en optique, $s(M, t)$ est l'une des composantes des vecteurs $\vec{E}(M, t)$ et $\vec{B}(M, t)$. Les équations de Maxwell conduisent à une **équation d'onde** de la forme :

$$\Delta s - \frac{1}{v^2}\frac{\partial^2 s}{\partial t^2} = 0$$

v étant la vitesse de propagation de l'onde dans le milieu ou la célérité de l'onde dans le milieu, Δs étant le laplacien de la fonction d'onde s.

4 - FORME DES SOLUTIONS DE L'ÉQUATION D'ONDE

A. Onde plane

L'espace étant rapporté à un repère orthonormé $Oxyz$, soit un point M de coordonnées x, y, z et soit $\vec{u}$ le vecteur unitaire d'une direction déterminée (Δ). Considérons l'équation d'onde à trois dimensions :

$$\Delta s - \frac{1}{v^2}\frac{\partial^2 s}{\partial t^2} = 0.$$

Posons $\vec{r} = \overrightarrow{OM}$ et soit $\alpha = \vec{u} \cdot \vec{r}$.

Alors

$$\alpha = u_x \cdot x + u_y \cdot y + u_z \cdot z$$

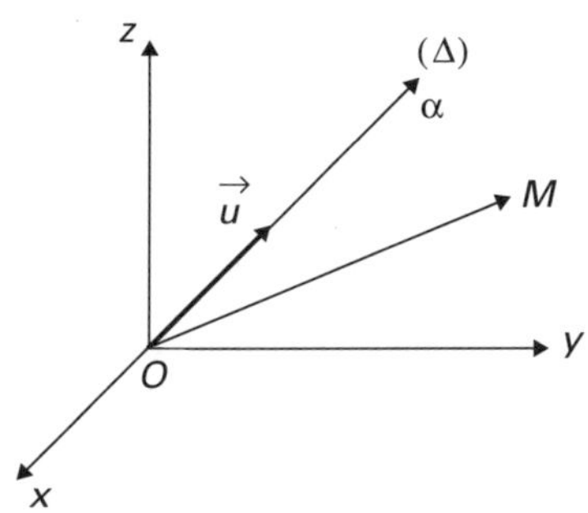

de sorte que :

$$\frac{\partial}{\partial x} = u_x \frac{\partial}{\partial \alpha}, \quad \frac{\partial}{\partial y} = u_y \frac{\partial}{\partial \alpha}, \quad \frac{\partial}{\partial z} = u_z \frac{\partial}{\partial \alpha}$$

$$\frac{\partial^2}{\partial x^2} = \frac{\partial}{\partial x}\left(\frac{\partial}{\partial x}\right) = u_x \frac{\partial}{\partial \alpha}\left(u_x \frac{\partial}{\partial \alpha}\right) = u_x^2 \frac{\partial^2}{\partial \alpha^2}$$

et de même :

$$\frac{\partial^2}{\partial y^2} = u_y^2 \frac{\partial^2}{\partial \alpha^2}, \quad \frac{\partial^2}{\partial z^2} = u_z^2 \frac{\partial^2}{\partial \alpha^2}.$$

L'équation d'onde s'écrit alors :

$$(u_x^2 + u_y^2 + u_z^2)\frac{\partial^2 s}{\partial \alpha^2} - \frac{1}{v^2}\frac{\partial^2 s}{\partial t^2} = 0$$

$\vec{u}$ étant un vecteur unitaire, l'équation d'onde se réduit à :

$$\frac{\partial^2 s}{\partial \alpha^2} - \frac{1}{v^2}\frac{\partial^2 s}{\partial t^2} = 0.$$

On est ainsi ramené au cas d'une équation à une dimension. Pour trouver une solution générale de cette équation, nous vérifions que :

– une fonction de la forme $s = f(\alpha - vt)$ est solution de l'équation ; en effet :

$$\frac{\partial s}{\partial \alpha} = f' \qquad \frac{\partial^2 s}{\partial \alpha^2} = f'', \quad \frac{\partial s}{\partial t} = -vf' \qquad \frac{\partial^2 s}{\partial t^2} = v^2 f''.$$

L'équation est bien vérifiée.

– une fonction de la forme $s = g(\alpha + vt)$ est aussi solution de l'équation.

On dispose ainsi de deux solutions indépendantes de la même équation différentielle. La solution générale de l'équation d'onde est une combinaison linéaire de ces deux solutions. La solution $s(r, t)$ est donc de la forme :

$$\boxed{s(r, t) = f(\vec{u} \cdot \vec{r} - vt) + g(\vec{u} \cdot \vec{r} + vt)}$$

f et g étant deux fonctions *a priori* arbitraires.

Si l'on change le couple (α, t) en $(\alpha + v\tau, t + \tau)$ où τ est un temps arbitraire $\alpha - vt$ est changé en $\alpha + v\tau - v(t + \tau) = \alpha - vt$, donc reste inchangé. La fonction $f(\alpha - vt)$ reste donc inchangée et représente donc une perturbation qui se propage dans la direction positive de α avec la vitesse v. De même $g(\alpha + vt)$ représente une perturbation qui se propage dans la direction négative.

Chacune de ces solutions représente une **onde plane** car à chaque instant $f(\alpha - vt)$ et $g(\alpha + vt)$ restent constants sur un plan $\vec{u} \cdot \vec{r} = \text{constante}$, plan perpendiculaire au vecteur unitaire $\vec{u}$.

Ces deux solutions constituent chacune une **onde plane progressive**. Signalons que les conditions expérimentales peuvent être telles que seule l'une des deux solutions existe.

B. Onde sphérique

Considérons maintenant les solutions de l'équation d'onde représentant les ondes sphériques, c'est-à-dire telles que la solution s soit une fonction de r et t. Une telle onde est dite sphérique car à un instant t donné l'ensemble des points M pour lesquels s garde une valeur constante est une sphère centrée à l'origine O.

$$r = \sqrt{x^2 + y^2 + z^2}$$

d'où

$$\frac{\partial}{\partial x} = \frac{\partial}{\partial r} \cdot \frac{\partial r}{\partial x} = \frac{x}{r}\frac{\partial}{\partial r},$$

de même

$$\frac{\partial}{\partial y} = \frac{y}{r}\frac{\partial}{\partial r}, \quad \frac{\partial}{\partial z} = \frac{z}{r}\frac{\partial}{\partial r}.$$

L'on obtient alors, tous calculs faits :

$$\Delta s = \frac{1}{r}\frac{\partial^2 (rs)}{\partial r^2}$$

de sorte que l'équation d'onde s'écrit :

$$\frac{1}{r}\frac{\partial^2 (rs)}{\partial r^2} - \frac{1}{v^2}\frac{\partial^2 s}{\partial t^2} = 0$$

ou, r étant indépendant de t :

$$\frac{\partial^2 (rs)}{\partial r^2} - \frac{1}{v^2}\frac{\partial^2 (rs)}{\partial t^2} = 0.$$

On est ramené à une équation différentielle ayant même forme que précédemment, dont la solution est évidemment du type :

$$rs = f(\vec{u} \cdot \vec{r} - vt) + g(\vec{u} \cdot \vec{r} + vt)$$

ou

$$\boxed{s = \frac{f(\vec{u} \cdot \vec{r} - vt)}{r} + \frac{g(\vec{u} \cdot \vec{r} + vt)}{r}}$$

f et g étant encore des fonctions arbitraires. Le premier terme représente une onde sphérique divergeant à partir de l'origine O, le second terme une onde sphérique convergeant vers l'origine O, ces deux ondes se propageant avec la même vitesse v.

Ces deux solutions constituent chacune une **onde sphérique progressive**. La différence immédiate qui apparaît entre l'onde plane et l'onde sphérique est la suivante : dans l'onde sphérique, l'amplitude décroît avec la distance r à l'origine O.

Remarque

Il convient bien de noter que les deux types de solutions trouvés ci-dessus ne constituent en aucune manière l'ensemble des solutions possibles pour l'équation d'onde. Elles ne constituent que les solutions les plus simples.

Lorsque l'amplitude de $s(r, t)$ varie peu avec r, c'est-à-dire en fait lorsque r est grande (loin de la source O), l'onde sphérique est dite **quasi plane**. Cela signifie que, localement au voisinage d'un point M repéré par $OM = r$, l'onde sphérique peut être assimilée à une onde plane.

C. Onde plane progressive sinusoïdale

Parmi toutes les solutions possibles du type $f(\vec{u} \cdot \vec{r} - vt)$, considérons les solutions

$$s(r, t) = s_0 \cos\left[\omega\left(t - \frac{\vec{u} \cdot \vec{r}}{v}\right) + \varphi\right].$$

Quand $\vec{r}$ est fixé s reste inchangé si l'on change t en $t + T$; donc **la période temporelle** de l'onde est :

$$\boxed{T = \frac{2\pi}{\omega}}$$

Quand t est fixé, s reste inchangé si l'on change $\vec{u} \cdot \vec{r}$ en $\vec{u} \cdot \vec{r} + \lambda$; donc **la période spatiale** de l'onde est :

$$\boxed{\lambda = \frac{2\pi v}{\omega} = v\,T}$$

λ est la **longueur d'onde** de l'onde. Cette onde, sinusoïdale comme le montre l'expression de s, est aussi dite **harmonique** ou **monochromatique**.

L'angle φ est la phase de l'onde ; par un choix convenable de l'origine des temps on peut la rendre nulle. C'est ce que nous supposerons désormais pour simplifier (cela ne particularisera nullement nos raisonnements).

L'onde sinusoïdale est caractérisée par son **amplitude** s_0, qui reste constante si le milieu de propagation n'est pas absorbant, et sa **pulsation** ω, qui est indépendante du milieu de propagation et qui ne dépend que de la source qui émet l'onde. Il en est donc de même de la période T ou de la **fréquence** $\upsilon = \frac{1}{T}$. En revanche, la longueur d'onde λ dépend du milieu de propagation puisqu'elle dépend de la vitesse de propagation de l'onde dans le milieu. On définit une **longueur d'onde dans le vide** que nous noterons λ_0 par :

$$\boxed{\lambda_0 = cT}$$

c étant la célérité de l'onde dans le vide. Entre λ et λ_0 existe la relation :

$$\frac{\lambda_0}{\lambda} = \frac{c}{v} = n\ ;$$

n étant l'indice de réfraction du milieu par rapport au vide. D'une manière générale, n dépend de λ pour un milieu donné.

L'onde dont la fonction d'onde a été écrite ci-dessus se propage évidemment dans la direction (Δ) de vecteur unitaire $\vec{u}$. On appelle **vecteur d'onde** le vecteur défini par :

$$\boxed{\vec{k} = \frac{2\pi}{\lambda}\vec{u}}$$

La fonction d'onde s'écrit alors :

$$s(r, t) = s_0 \cos \omega\left(t - \frac{\lambda}{2\pi v}\vec{k} \cdot \vec{r}\right)$$

$$s(r, t) = s_0 \cos \frac{2\pi}{T}\left(t - \frac{\lambda}{2\pi v}\vec{k} \cdot \vec{r}\right)$$

$$\boxed{s(r, t) = s_0 \cos(\omega t - \vec{k} \cdot \vec{r})}$$

C'est cette forme de $s(r, t)$ que l'on adopte le plus généralement.

Remarque

Il peut arriver que l'on ait à utiliser la notation complexe de l'onde ; dans ce cas :

$$\underline{s}(r, t) = s_0 e^{j(\omega t - \vec{k} \cdot \vec{r})}$$

$\underline{s}$ *étant l'élongation complexe de l'onde et* $j^2 = -1$.

Surface équiphases

Une surface équiphase est l'ensemble des points *M* pour lesquels la phase $\vec{k} \cdot \vec{r}$ reste constante. Le vecteur $\vec{k}$ étant colinéaire à $\vec{u}$ et de même sens que $\vec{u}$, une surface équiphase est un plan perpendiculaire à $\vec{u}$. Lorsque l'amplitude s_0 est constante en tout point *M* du milieu, sur une surface équiphase, *s* a, à un instant donné, une valeur constante. Dans ce cas, une surface équiphase est aussi une **surface d'onde**, c'est-à-dire une surface sur laquelle $s(r, t)$ garde une valeur constante à un instant *t* donné (voir plus loin, paragraphe 10).

D. Vitesse de phase

Dans la fonction d'onde :

$$s(r, t) = s_0 \cos\left[\omega\left(t - \frac{\vec{u} \cdot \vec{r}}{v}\right)\right],$$

la quantité *v* qui intervient dans la phase est homogène à une vitesse. Aussi l'appelle-t-on vitesse de phase. Elle représente la vitesse avec laquelle se déplace un plan d'onde, et en aucune manière une vitesse de déplacement d'un élément matériel. Cette notion de **vitesse de phase** peut être étendue au cas d'ondes plus compliquées qu'une onde plane sinusoïdale.

La norme du vecteur d'onde

$$k = \frac{2\pi}{\lambda}$$

s'écrit avec

$$\lambda = \frac{2\pi v}{\omega}$$

$$k = \frac{2\pi\omega}{2\pi v}$$

soit :

$$\boxed{k = \frac{\omega}{v}}$$

E. Vitesse de groupe

Considérons une onde plane sinusoïdale se propageant dans un **milieu dispersif**, c'est-à-dire dans un milieu pour lequel la vitesse de propagation dépend de la pulsation ω. La relation encadrée ci-dessus entre k, ω et v, caractéristique de l'onde plane sinusoïdale, subsiste dans un milieu dispersif, de sorte que dans un tel milieu, k dépend de la pulsation ω :

$$k(\omega) = \frac{\omega}{v(\omega)}.$$

Par définition, on appelle **vitesse de groupe** :

$$\boxed{v_g = \frac{d\omega}{dk}}$$

La relation $\omega = k \cdot v$ permet d'écrire :

$$\frac{d\omega}{dk} = v + k\,\frac{dv}{dk}.$$

Comme

$$k = \frac{2\pi}{\lambda}, \quad \frac{dk}{k} = -\frac{d\lambda}{\lambda}$$

soit

$$\frac{d\omega}{dk} = v - \lambda\,\frac{dv}{d\lambda}.$$

Cette relation entre v_g et v

$$\boxed{v_g = v - \lambda\,\frac{dv}{d\lambda}}$$

est appelée **relation de Lord Rayleigh**.

En général, v croît avec λ de sorte que $\frac{dv}{d\lambda} > 0$ et donc

$$\boxed{v_g < v}$$

si le milieu n'est pas dispersif, v ne dépend pas de ω, donc ne dépend pas de λ et par suite

$$v_g = v.$$

Ce phénomène de dispersion se rencontre fréquemment dans les milieux matériels dans lesquels l'indice de réfraction n défini par $n = \frac{c}{v}$ (c célérité de l'onde dans le vide) dépend de la longueur d'onde λ, donc de la fréquence ω.

5 - PRINCIPE DE SUPERPOSITION DES PETITS MOUVEMENTS

Considérons deux sources S_1 et S_2 agissant sur un milieu élastique. Sous l'action de S_1 agissant seule, un point M du milieu se déplace en M_1, sous l'action de S_2 agissant seule le point M se déplace en M_2.

Le principe de superposition des petits mouvements exprime que sous l'action de S_1 et S_2 agissant simultanément, le point M se déplace en M' tel que

$$\overrightarrow{MM'} = \overrightarrow{MM_1} + \overrightarrow{MM_2}$$

Remarque

** Ce principe suppose que les sources S_1 et S_2 restent indépendantes l'une de l'autre et n'interagissent pas.*

** Ce principe suppose que les déplacements MM_1 et MM_2 sont petits devant les distances de M à S_1 et S_2.*

** Ce principe est une conséquence du fait que l'équation d'onde est une équation différentielle aux dérivées partielles linéaires. Il faut savoir que ce caractère de linéarité disparaît lorsque les déplacements de M sont grands, donc lorsque les mouvements ne sont plus « petits ».*

Nous utiliserons amplement ce principe aux chapitres suivants.

6 - ANALYSE D'UN MOUVEMENT PÉRIODIQUE EN SÉRIE DE FOURIER

Soit une **fonction périodique du temps** $f(t)$. On peut décomposer $f(t)$ en une série de fonctions sinus et cosinus d'un fondamental ω_0 et de ses harmoniques $2\omega_0$, $3\omega_0$, ..., avec éventuellement un terme constant ne dépendant pas du temps.

$$f(t) = a_0 + a_1 \cos \omega_0 t + b_1 \sin \omega_0 t + a_2 \cos 2\omega_0 t + b_2 \sin 2\omega_0 t$$
$$+ \ldots + a_n \cos n\omega_0 t + b_n \sin n\omega_0 t + \ldots$$

Ce développement est appelé **série de Fourier** de la fonction $f(t)$. Les différents coefficients sont les **coefficients de Fourier**.

– Si l'on prend la moyenne de $f(t)$ sur une période T du fondamental définie par $\frac{1}{T}\int_0^T f(t)\,dt$, tous les termes du second membre sont nuls à l'exception du premier qui reste égal à a_0. Donc :

$$a_0 = \frac{1}{T}\int_0^T f(t)\,dt$$

– Les autres coefficients peuvent être déterminés en multipliant membre à membre le développement de $f(t)$ en série de Fourier par le sinus ou le cosinus de l'un quelconque des harmoniques : $\cos n\,\omega_0 t$ par exemple ; et en intégrant sur une période. Il vient alors :

$$\int_0^T f(t)\cos n\omega_0 t\,dt = a_0\int_0^T \cos n\omega_0 t\,dt + a_1\int_0^T \cos\omega_0 t\ \cos n\omega_0 t\,dt$$
$$+\,b_1\int_0^T \sin\omega_0 t\cos n\omega_0 t\,dt + \ldots + a_1\int_0^T \cos^2 n\omega_0 t\,dt$$
$$+\,b_1\int_0^T \sin n\omega_0 t\ \cos n\omega_0 t\,dt + \ldots$$

En linéarisant les produits de cosinus ou de sinus et cosinus, il ne reste, après intégration, que :

$$\int_0^T f(t)\cos n\omega_0 t\,dt = a_n\cdot\frac{T}{2}.$$

Le calcul est similaire pour b_n, mais en multipliant par $\sin n\omega_0 t$. On obtient donc :

$$a_n = \frac{2}{T}\int_0^T f(t)\cos n\omega_0 t\,dt \qquad b_n = \frac{2}{T}\int_0^T f(t)\sin n\omega_0 t\,dt$$

Dans ce qui précède, nous avons supposé que la fonction $f(t)$ était périodique. Si tel n'est pas le cas, si la fonction $f(t)$ n'existe que sur un intervalle $[t_1, t_2]$ et s'annule en dehors de cet intervalle, on peut considérer que l'intervalle $]-\infty, +\infty[$ représente une période. On peut alors décomposer de même la fonction $f(t)$ sous la forme :

$$f(t) = \int_0^\infty a(\omega)\cos\omega t\,d\omega + \int_0^\infty b(\omega)\sin\omega t\,d\omega.$$

Les fonctions $a(\omega)$ et $b(\omega)$, appelées **transformées de Fourier** de $f(t)$, sont données par :

$$a(\omega) = \frac{1}{\pi}\int_{-\infty}^{+\infty} f(t)\cos\omega t\,dt \quad \text{et} \quad b(\omega) = \frac{1}{\pi}\int_{-\infty}^{+\infty} f(t)\sin\omega t\,dt.$$

À la différence du cas précédent, la pulsation ω ne prend pas des valeurs discrètes ω_0, $2\omega_0$, (etc.) mais des valeurs continues. La fonction $f(t)$, non périodique, est appelée une **impulsion**.

A. Onde quasi monochromatique

De ce qui précède, on peut déduire que toute solution $s(\vec{r}, t)$ de l'équation d'onde peut être mise sous la forme :

$$s(\vec{r}, t) = \int_0^\infty a(\omega) \cos[\omega t - \varphi(\vec{r})]\, dt,$$

$\varphi(\vec{r})$ étant le déphasage de l'onde en M repéré à partir de l'origine O par $\overrightarrow{OM} = \vec{r}$, ce déphasage étant donné par $\varphi(\vec{r}) = \vec{k} \cdot \vec{r}$ avec $\vec{k} = \frac{2\pi}{\lambda} \vec{u} = \frac{\omega}{v} \vec{u}$; $\varphi(\vec{r})$ est comme on le voit une fonction de ω.

L'onde est dite quasi monochromatique lorsque $a(\omega)$ est à peu près nul en dehors de l'intervalle peu étendu $\left[\omega_0 - \frac{\Delta\omega}{2}, \omega_0 + \frac{\Delta\omega}{2}\right]$ autour de la pulsation moyenne ω_0 $(\Delta\omega << \omega_0)$. On dit alors que l'on a un **paquet d'ondes**. Il revient au même de dire que le paquet d'ondes est formé par la superposition de toutes les ondes monochromatiques possédant des fréquences réparties continuement entre deux limites. On peut, sur un exemple très simple de paquet d'ondes, retrouver la notion de vitesse de groupe introduite un peu arbitrairement précédemment. Considérons une onde plane se propageant selon Ox résultant de la superposition de deux ondes planes monochromatiques de pulsations ω_1 et ω_2, donc de phases $\varphi_1 = \frac{\omega_1}{v_1} x$ et $\varphi_2 = \frac{\omega_2}{v_2} x$, v_1 et v_2 étant les célérités des deux ondes dans le milieu de propagation, celles-ci étant supposées *a priori* différentes.

En utilisant les notations des ondes avec les vecteurs d'onde, l'onde résultante s'écrit :

$$s(x, t) = s_0 \cos(\omega_1 t - k_1 x) + s_0 \cos(\omega_2 t - k_2 x)$$

en supposant que les deux ondes monochromatiques composantes ont même amplitude. Il vient alors :

$$s(x, t) = 2 s_0 \cos\left(\frac{\omega_1 + \omega_2}{2} t - \frac{k_1 + k_2}{2} x\right) \cos\left(\frac{\omega_1 - \omega_2}{2} t - \frac{k_1 - k_2}{2} x\right).$$

Posons :

$$\frac{\omega_1 + \omega_2}{2} = \omega_0 \text{ pulsation moyenne, } \omega_1 - \omega_2 = \Delta\omega$$

$$\frac{k_1 + k_2}{2} = k_0 \text{ vecteur d'onde moyen, } k_1 - k_2 = \Delta k$$

$$s(x, t) = 2 s_0 \cos(\omega_0 t - k_0 x) \cos\left(\frac{\Delta\omega}{2} t - \frac{\Delta k}{2} x\right).$$

Ceci peut s'écrire aussi :

$$s(x, t) = 2 s_0 \cos\left[\omega_0 \left(t - \frac{k_0}{\omega_0} x\right)\right] \cos\left[\frac{\Delta\omega}{2}\left(t - \frac{\Delta k}{\Delta\omega} x\right)\right].$$

Si les deux ondes monochromatiques ont des fréquences peu différentes, $\Delta\omega$ peut être assimilé à une différentielle mathématique $d\omega$; de même k_1 et k_2 sont alors suffisamment voisins pour pouvoir assimiler Δk à une différentielle mathématique dk.

L'expression de $s(x, t)$ apparaît comme celle d'une onde monochromatique en $\cos\left[\omega_0\left(t - \frac{k_0}{\omega_0}x\right)\right]$ dont l'amplitude est **modulée** par la fonction $\cos\left[\frac{d\omega}{2}\left(t - \frac{dk}{d\omega}x\right)\right]$.

La courbe représentative des variations de $s(x, t)$ soit avec x, soit avec t, a l'allure suivante :

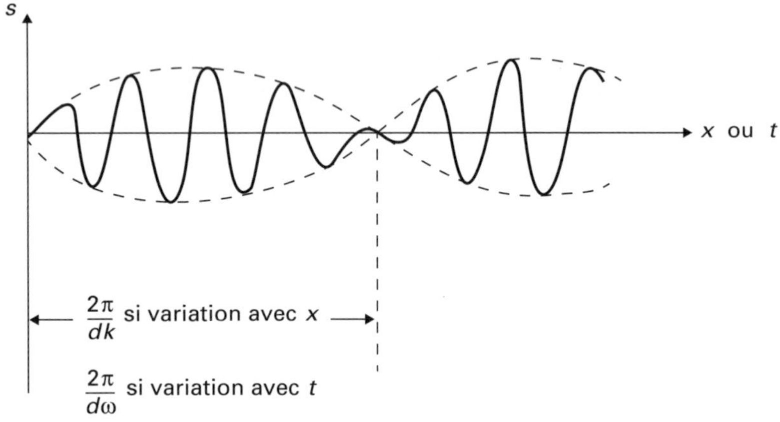

Comme dk et $d\omega$ sont supposés petits devant respectivement k_0 et ω_0, les périodes spatiale $\frac{2\pi}{dk}$ et temporelle $\frac{2\pi}{d\omega}$ de la courbe de modulation sont grandes devant les mêmes périodes $\frac{2\pi}{k_0}$ et $\frac{2\pi}{\omega_0}$ de la courbe $\cos\left[\omega_0\left(t - \frac{k_0}{\omega_0}x\right)\right]$. Il s'ensuit qu'au voisinage d'un maximum par exemple de cette dernière courbe, l'amplitude modulée par $\cos\left[\frac{d\omega}{2}\left(t - \frac{dk}{d\omega}x\right)\right]$ varie très peu. Dans cette dernière fonction $\frac{d\omega}{dk}$ apparaît comme la vitesse avec laquelle se déplace par exemple un maximum de la fonction s. C'est cette dernière vitesse que nous avons appelée **vitesse de groupe**.

$$\boxed{v_g = \frac{d\omega}{dk}}$$

La vitesse de phase apparaît, elle, dans la partie onde monochromatique de la fonction :

$$v_0 = \frac{\omega_0}{k_0}.$$

Comme la fonction $s(x, t)$ doit vérifier l'équation d'onde pour toute pulsation ω à laquelle on associe le nombre d'onde $k(\omega)$ il existe une vitesse de phase

$$v_\varphi = \frac{\omega}{k(\omega)};$$

v_φ étant aussi dans le cas général une fonction de ω (milieu dispersif).

B. Aspect énergétique

Nous admettons que l'énergie transportée par une onde est proportionelle au carré de son amplitude (ceci sera justifié ultérieurement pour les ondes électromagnétiques et lumineuses).

Considérons alors une fonction périodique $f(t)$ décomposée en série de Fourier sous la forme :

$$f(t) = a_0 + \sum_{n=1}^{\infty} (a_n \cos n\omega_0 t + b_n \sin n\omega_0 t).$$

L'énergie transportée par l'onde en une période est proportionnelle à $\int_0^T f^2(t)\,dt$. Or, dans cette intégrale existent des termes de la forme $\int_0^T \cos n\omega_0 t \cos p\omega_0 t\,dt$ et $\int_0^T \cos n\omega_0 t \sin p\omega_0 t\,dt$ qui sont tous nuls comme on l'a vu ci-desssus. Ne restent non nuls que les termes de la forme $\int_0^T \cos^2 n\omega_0 t\,dt$ et $\int_0^T \sin^2 n\omega_0 t\,dt$ tous égaux à $\frac{T}{2}$, T étant, comme on l'a précisé précédemment, la période du fondamental. Donc :

$$\int_0^T f^2(t)\,dt = T a_0^2 + \frac{T}{2} \sum_n (a_n^2 + b_n^2).$$

Ce résultat exprime que **l'énergie totale transportée par une onde est égale à la somme des énergies transportées par chacune de ses composantes.**

L'analyse d'un mouvement périodique en série de Fourier est d'un usage extrêmement important en optique. La transformation de Fourier est employée presque systématiquement lorsque l'on a à étudier des phénomènes d'interférences et de diffraction. Pour l'instant, et pour illustrer ce qui précède, nous nous contenterons de préciser ceci : ainsi que nous le verrons au chapitre suivant, une raie lumineuse rigoureusement monochromatique n'existe pas : toute radiation possède une certaine largeur de raie. Cela peut être facilement illustré au moyen de la transformation de Fourier. Nous invitons le lecteur à se reporter aux exercices 01 et 02 de ce chapitre.

7 - ONDES ÉLECTROMAGNÉTIQUES ET ONDES LUMINEUSES

Les expériences sur les interférences et la diffraction suggérèrent, dès le XVIIIe siècle, d'attribuer à la lumière un caractère ondulatoire, comme on le faisait pour les ondes sonores ou les ondes dans les fluides.

Dans le courant du XIXe siècle, Fresnel et Arago, en étudiant d'une manière très complète l'ensemble des phénomènes lumineux connus à l'époque, en arrivèrent à attribuer un caractère vectoriel à l'onde lumineuse, le vecteur vibrant, souvent appelé **vecteur de Fresnel**, étant transversal. Ainsi, vers le milieu du XIXe siècle, la lumière était connue comme étant **une onde vectorielle transversale.**

À peu près à la même époque, Maxwell, en résolvant les équations qui portent désormais son nom, prédit l'existence de ce que nous appelons les ondes électromagnétiques constituées par la propagation d'un champ électrique $\vec{E}$ et d'un champ magnétique $\vec{B}$, tous deux fonctions du temps et de l'espace et liés par l'ensemble des quatre équations de Maxwell.

Vers la fin du XIXe siècle, Hertz mit en évidence ces ondes électromagnétiques en utilisant pour les réaliser des dispositifs électriques : ces ondes sont dites radioélectriques ou hertziennes. Le comportement de ces ondes dans les expériences d'interférences et de diffraction était tout à fait semblable à celui des ondes lumineuses. Hertz réussit plus tard à relier le domaine des ondes radioélectriques à celui des ondes lumineuses dans le domaine de la lumière infra rouge. Enfin, la comparaison de la célérité des ondes hertziennes avec celles des ondes lumineuses permit d'aboutir à la conclusion suivante :

les ondes lumineuses appartiennent au domaine des ondes électromagnétiques. Seul l'ordre de grandeur de la fréquence différencie les ondes lumineuses des ondes radioélectriques.

Il restait alors à relier le champ électromagnétique de Maxwell au vecteur de Fresnel. Cela fut fait en étudiant la lumière polarisée et l'on arriva à la conclusion qu'il fallait identifier le vecteur de Fresnel au vecteur champ électrique des ondes électromagnétiques, le vecteur champ magnétique, tout en existant aussi en optique, n'étant pas mis en évidence expérimentalement : tous les dispositifs de détection des ondes lumineuses sont sensibles au champ électrique.

Pour décrire entièrement une onde lumineuse, il faut pouvoir connaître les vecteurs champs $\vec{E}$ et $\vec{B}$ à tout instant et en tout point. Les fréquences rencontrées en optique étant très élevées ($4 \cdot 10^{14}$ Hz et $6{,}7 \cdot 10^{14}$ Hz pour les fréquences visibles) il est bien évident que l'on ne pourrait avoir que des valeurs moyennes calculées sur des intervalles de temps très grands devant la période des ondes. Par ailleurs, la lumière employée est en général de la lumière naturelle, c'est-à-dire que le vecteur champ électrique a une direction quelconque, changeant un très grand nombre de fois par seconde de manière aléatoire (à la différence de la lumière polarisée dont la direction du champ électrique reste constante).

La lumière transportant de l'énergie, en théorie électromagnétique de la lumière, l'énergie se déplace dans la direction du vecteur de Poynting et l'énergie traversant une surface donnée est proportionnelle à la norme du vecteur de Poynting. Du fait des très rapides variations de $\vec{E}$ et $\vec{B}$ avec le temps, la norme du vecteur de Poynting observée est une moyenne sur un très grand nombre de périodes.

Si l'on note $\underline{\mathcal{A}}$ l'amplitude complexe du champ électrique, on peut ainsi exprimer l'intensité I de l'onde électromagnétique, elle-même proportionelle à l'énergie transportée par l'onde par :

$$I \sim |\underline{\mathcal{A}}|^2 = \underline{\mathcal{A}} \cdot \underline{\mathcal{A}}^* \quad (\underline{\mathcal{A}}^* \text{ amplitude complexe conjuguée de } \underline{\mathcal{A}}).$$

On voit ainsi que, pour calculer l'intensité de l'onde, il suffit de connaître l'amplitude complexe de celle-ci, donc d'adopter une **représentation scalaire** du type :

$$\underline{s} = \underline{\mathcal{A}} e^{j\omega t}.$$

C'est cette représentation scalaire que nous adopterons dans la suite, car elle est suffisante pour l'étude des phénomènes optiques que nous ferons.

Remarques

** La simplification ci-dessus nécessite, pour être valable, que la lumière traverse des instruments d'optique d'ouverture ni trop grande ni trop faible et de forme simple. Il est bien évident que nous supposerons toujours qu'il en est ainsi.*

** Nous aurons dans la suite à utiliser la notion d'éclairement d'un écran que nous noterons $\mathcal{E}$. Cette grandeur se définit de la manière suivante : soit une aire $d\Sigma$ entourant un point P d'un écran ; cette aire reçoit la puissance $d\mathcal{P}$. L'éclairement de l'écran en P est :*

$$\mathcal{E}(P) = \frac{d\mathcal{P}}{d\Sigma}.$$

Comme la puissance $d\mathcal{P}$ reçue par l'écran est elle-même proportionnelle à l'énergie transportée par l'onde, il en sera de même de l'éclairement en P. Donc l'éclairement de l'écran en P est proportionnel à $|\underline{\mathcal{A}}|^2 = \underline{\mathcal{A}} \cdot \underline{\mathcal{A}}^*$.

*L'unité d'éclairement est le **lux**.*

8 - ÉQUATION DIFFÉRENTIELLE DE L'OPTIQUE GÉOMÉTRIQUE

Nous envisagerons la propagation d'ondes électromagnétiques dans un milieu isolant dépourvu de charges libres et de courants de conduction. Les équations de Maxwell-Faraday et Maxwell-Ampère s'écrivent alors :

$$\overrightarrow{\text{rot}}\,\vec{E} = -\frac{\partial \vec{B}}{\partial t} \quad \text{et} \quad \overrightarrow{\text{rot}}\,\vec{B} = \varepsilon\mu\frac{\partial \vec{E}}{\partial t}\ ;$$

ε étant la permittivité diélectrique et μ la perméabilité magnétiques du milieu.

Diverses considérations sur la propagation des ondes électromagnétiques suggèrent d'écrire dans des **régions situées loin des sources d'ondes** (à un très grand nombre de longueurs d'onde de celles-ci).

$$\underline{\vec{E}} = \underline{\vec{E}_0}(\vec{r})\,e^{j\left(k_0 L(\vec{r}) - \omega t\right)}$$

$$\underline{\vec{B}} = \underline{\vec{B}_0}(\vec{r})\,e^{j\left(k_0 L(\vec{r}) - \omega t\right)}$$

$\underline{\vec{E}_0}(\vec{r})$, $\underline{\vec{B}_0}(\vec{r})$, $L(\vec{r})$ étant des fonctions vectorielles du point $M(\overrightarrow{OM} = \vec{r})$, $k_0 = \frac{2\pi}{\lambda_0}$ étant le module du vecteur d'onde dans le vide. Évidemment, d'après ce qui a été dit ci-dessus, $\lambda_0 << r$.

On peut écrire :

$$\underline{\overrightarrow{\text{rot}}\,\vec{E}} = e^{j\left(k_0 L(\vec{r}) - \omega t\right)}\,\underline{\overrightarrow{\text{rot}}\,\vec{E}_0(\vec{r})} + \overrightarrow{\text{grad}}\left(e^{j\left(k_0 L(\vec{r}) - \omega t\right)}\right) \wedge \underline{\vec{E}_0}(\vec{r})$$

$$\underline{\overrightarrow{\text{rot}}\,\vec{E}} = e^{j\left(k_0 L(\vec{r}) - \omega t\right)}\left[\underline{\overrightarrow{\text{rot}}\,\vec{E}_0(\vec{r})} + jk_0\,\overrightarrow{\text{grad}}\,L(\vec{r}) \wedge \underline{\vec{E}_0}(\vec{r})\right].$$

D'autre part :

$$-\frac{\partial \overrightarrow{\underline{B}}}{\partial t} = j\,\omega\,\overrightarrow{\underline{B_0}}(\vec{r})\,e^{j\left(k_0 L(\vec{r}) - \omega t\right)}.$$

La relation de Maxwell-Faraday conduit ainsi à :

$$\overrightarrow{\text{rot}}\,\overrightarrow{\underline{E_0}}(\vec{r}) + j\,k_0\,\overrightarrow{\text{grad}}\,L(\vec{r}) \wedge \overrightarrow{\underline{E_0}}(\vec{r}) = j\,\omega\,\overrightarrow{\underline{B_0}}(\vec{r}). \quad (1)$$

L'équation de Maxwell-Ampère ayant même allure, il viendra :

$$\overrightarrow{\text{rot}}\,\underline{B_0}(\vec{r}) + j\,k_0\,\overrightarrow{\text{grad}}\,L(\vec{r}) \wedge \overrightarrow{\underline{B_0}}(\vec{r}) = -j\,\omega\,\varepsilon\mu\,\overrightarrow{\underline{E_0}}(\vec{r}). \quad (2)$$

Les deux autres équations de Maxwell s'écrivent :

$$div\,\vec{B} = 0 \quad \text{soit} \quad div\,\mu\vec{H} = 0\,;$$

$$div\,\vec{D} = 0 \quad \text{soit} \quad div\,\varepsilon\vec{E} = 0\,.$$

Elles n'apporteront rien à la suite du calcul, aussi ne les utiliserons-nous pas.

Nous envisagerons le cas où $\lambda_0 << r$. Alors k_0 prend des valeurs élevées. Les équations (1) et (2) s'écrivent alors :

$$j\,k_0\,\overrightarrow{\text{grad}}\,L(\vec{r}) \wedge \overrightarrow{\underline{E_0}}(\vec{r}) = j\,\omega\,\overrightarrow{\underline{B_0}}(\vec{r})\,; \quad (1')$$

$$j\,k_0\,\overrightarrow{\text{grad}}\,L(\vec{r}) \wedge \overrightarrow{\underline{B_0}}(\vec{r}) = -j\,\omega\,\varepsilon\mu\,\overrightarrow{\underline{E_0}}(\vec{r}). \quad (2')$$

On extrait $\overrightarrow{\underline{B_0}}(\vec{r})$ de (1') et on le reporte dans (2') :

$$\overrightarrow{\underline{B_0}}(\vec{r}) = \frac{k_0}{\omega}\,\overrightarrow{\text{grad}}\,L(\vec{r}) \wedge \overrightarrow{\underline{E_0}}(\vec{r})$$

$$j\,k_0\,\overrightarrow{\text{grad}}\,L(\vec{r}) \wedge \left[\frac{k_0}{\omega}\,\overrightarrow{\text{grad}}\,L(\vec{r}) \wedge \overrightarrow{\underline{E_0}}(\vec{r})\right] = -j\,\omega\,\varepsilon\mu\,\overrightarrow{\underline{E_0}}(\vec{r})$$

$$k_0^2\left(\overrightarrow{\text{grad}}\,L(\vec{r}) \cdot \overrightarrow{\underline{E_0}}(\vec{r}) - (\overrightarrow{\text{grad}}\,L(\vec{r}))^2\,\overrightarrow{\underline{E_0}}(\vec{r})\right) = -\,\omega^2\varepsilon\mu\,\overrightarrow{\underline{E_0}}(\vec{r}). \quad (3)$$

L'équation (2') montre que $\overrightarrow{\underline{E_0}}(\vec{r})$ est perpendiculaire à $\overrightarrow{\text{grad}}\,L(\vec{r})$. L'équation (3) s'écrit, par suite :

$$\left[k_0^2\,(\overrightarrow{\text{grad}}\,L(\vec{r}))^2 - \varepsilon\mu\,\omega^2\right]\overrightarrow{\underline{E_0}}(\vec{r}) = \vec{0}.$$

Ce qui impose :

$$k_0^2\,(\overrightarrow{\text{grad}}\,L(\vec{r}))^2 = \varepsilon\mu\,\omega^2.$$

La théorie électromagnétique indique que $\varepsilon\mu = \frac{1}{v^2}$, v étant la célérité des ondes dans le milieu considéré. Par ailleurs $k_0 = \frac{2\pi}{\lambda_0} = \frac{\omega}{c}$, c étant la célérité des ondes dans le vide :

$$\frac{\omega^2}{c^2}\left(\overrightarrow{\text{grad}}\ L(\vec{r})\right)^2 = \frac{\omega^2}{v^2}.$$

En posant $n = \frac{c}{v}$, indice de réfraction du milieu, on obtient :

$$\left(\overrightarrow{\text{grad}}\ L(\vec{r})\right)^2 = n^2.$$

Enfin, soit $\vec{u}$ le vecteur unitaire de la direction normale à la surface $L(\vec{r}) = \text{constante}$. Ce vecteur unitaire est colinéaire à $\overrightarrow{\text{grad}}\ L(\vec{r})$ et de même sens.

Donc :

$$\boxed{\overrightarrow{\text{grad}}\ L(\vec{r}) = n\cdot\vec{u}}$$

Cette relation constitue **l'équation différentielle de l'optique géométrique**.

Les surfaces $L(\vec{r}) = \text{constante}$ sont **les surfaces d'ondes géométriques**.

L'étude du **vecteur de Poynting** va nous permettre de préciser la notion de rayon lumineux. Il est facile de vérifier que les densités volumiques d'énergies électrique et magnétique sont égales et que la valeur moyenne du vecteur de Poynting $\vec{\pi} = \frac{\vec{E}\wedge\vec{B}}{\mu}$ est :

$$<\vec{\pi}> = <w>\ v\ \vec{u}$$

$<w>$ étant la densité volumique moyenne d'énergie électromagnétique.

Le rayon lumineux traduisant la direction de propagation de l'énergie, on voit que la direction du rayon est donnée par le vecteur $\vec{u}$.

En résumé, nous venons de voir que dans l'hypothèse prise initialement $r \gg \lambda_0$:

- l'équation différentielle de l'optique géométrique est $\overrightarrow{\text{grad}}\ L(\vec{r}) = n\,\vec{u}$;
- les rayons lumineux sont perpendiculaires aux surfaces d'ondes $L(\vec{r}) = \text{constante}$;
- le vecteur $\vec{E}$ est perpendiculaire au vecteur $\overrightarrow{\text{grad}}\ L(\vec{r})$, donc au rayon lumineux ;
- le vecteur $\vec{B}$ est perpendiculaire au vecteur $\overrightarrow{\text{grad}}\ L(\vec{r})$, donc au rayon lumineux ;
- les vecteurs $\vec{E}$ et $\vec{B}$ sont perpendiculaires entre eux. L'onde électromagnétique est alors **quasi plane**.

9 - CHEMIN OPTIQUE - STIGMATISME

Nous rappelons ici quelques définitions déjà vues dans le *Précis d'optique* de 1re année.

A. Chemin optique

■ Soit un rayon lumineux se propageant dans des milieux quelconques (pas nécessairement homogènes et isotropes) subissant éventuellement des réflexions et des réfractions (en nombre quelconque). Soient un point A et un point A' situés sur ce même rayon. Soit un point M de ce rayon et soit n l'indice de réfraction du milieu de propagation au voisinage de M. Soit ds un élément d'arc du rayon centré en M. On appelle **chemin optique élémentaire** autour de M

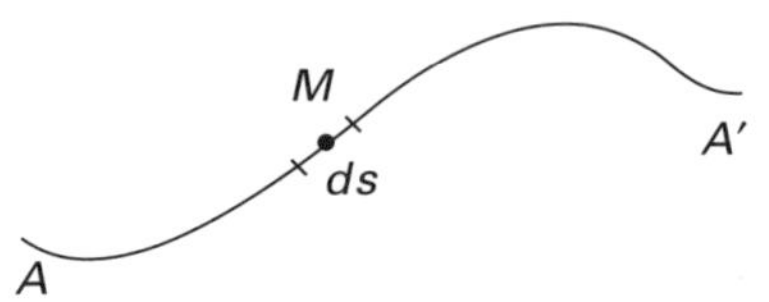

$$dL = n \cdot ds$$

et **chemin optique de A à A'** la quantité traditionnellement notée (AA') ou $L_{AA'}$ telle que

$$(AA') = \int_A^{A'} n \cdot ds$$

■ Signification physique du chemin optique.

Soit v la célérité de la lumière en M. Par définition de l'indice de réfraction $n = \frac{c}{v}$. Soit dt la durée mise par la lumière pour parcourir ds : $ds = v dt$.

D'où :

$$(AA') = \int_A^{A'} \frac{c}{v} \cdot v\, dt = \int_A^{A'} c\, dt$$

et puisque c, célérité de la lumière dans le vide, est une constante

$$(AA') = c \cdot t_{AA'}$$

$t_{AA'}$ étant la durée mise par la lumière pour aller de A à A'. Cela montre que

le chemin optique représente la distance que parcourrait la lumière dans le vide pendant la même durée.

■ Convention d'algébrisation.

On convient de compter **positivement** les chemins optiques correspondant à des **trajets réels** et **négativement** ceux correspondant à des **trajets virtuels**.

B. Stigmatisme

Un système optique est dit rigoureusement stigmatique pour le couple de points conjugués A et A' si tous les rayons issus de A passent par A' après avoir traversé le système. L'image A' du point objet A est alors un point.

Le stigmatisme rigoureux est quelquefois impossible à réaliser et, de toutes façons, sans grand intérêt pratique. On se contente, en général, du stigmatisme approché. Alors, tous les rayons issus du point objet A passent au voisinage immédiat d'un point A' ; de sorte que l'image de A soit une tache de petite dimension centrée sur A'.

On montre que les conditions de stigmatisme sont les suivantes :

• stigmatisme rigoureux :

$$\boxed{(AA') = \text{constante}}$$

• stigmatisme approché :

pour deux points A et A' situés sur l'axe d'un système centré :

$$\boxed{(AA') \simeq \text{constante}} \quad \text{(à des termes en } \alpha^4 \text{ près)}$$

α représentant l'angle maximum que font les rayons pénétrant dans le système avec l'axe de celui-ci.

10 - SURFACE D'ONDE - THÉORÈME DE MALUS

A. Surface d'onde

On appelle surface d'onde à un instant t l'ensemble (Σ) des points atteints par l'onde à cet instant.

Considérons une onde monochromatique de pulsation ω issue d'une source O. Pour aller de O à un point M, l'onde met une certaine durée t_0, qui, par définition même du chemin optique, vaut $\frac{(OM)}{c}$. L'onde, en M, reproduit le mouvement de la source avec le retard t_0, de sorte que la fonction d'onde en M, à l'instant t sera identique à la fonction d'onde en O à l'instant antérieur $t-t_0$. En notation complexe, cette fonction d'onde sera de la forme $e^{j\omega(t-t_0)}$ soit $e^{j\omega\left(t-\frac{(OM)}{c}\right)}$. L'ensemble des points M atteints par l'onde à l'instant t correspondra à la même fonction d'onde, donc à la même phase $-\omega t_0$ de l'onde, ou aussi au même chemin optique (OM).

Quantitativement, on peut donc définir une surface d'onde par :

• l'ensemble des points ayant même phase : une surface d'onde est aussi une **surface équiphase** ;

• l'ensemble des points de même chemin optique.

B. Théorème de Malus

On a vu que l'équation différentielle de l'optique géométrique s'écrit

$$\overrightarrow{\text{grad}}\, L(\vec{r}) = n\vec{u}.$$

Si nous revenons aux notations complexes en $e^{j\left(k_0 L(\vec{r}) - \omega t\right)}$, nous constatons que $L(\vec{r})$ n'est rien d'autre que le chemin optique de la source au point considéré.

Or, l'ensemble des points M pour lesquels $L(\vec{r}) = \text{constante}$ constitue une surface d'onde. De plus, le vecteur $\overrightarrow{\text{grad}}\, L(\vec{r})$ est perpendiculaire à la surface définie par $L(\vec{r}) = \text{constante}$, donc à la surface d'onde correspondante. Enfin, le rayon lumineux est défini par son unitaire $\vec{u}$. De tout cela on déduit le **théorème de Malus** :

> les rayons lumineux sont perpendiculaires aux surfaces d'onde en leurs points d'intersection.

Conséquences

- Soit un faisceau de rayons parallèles

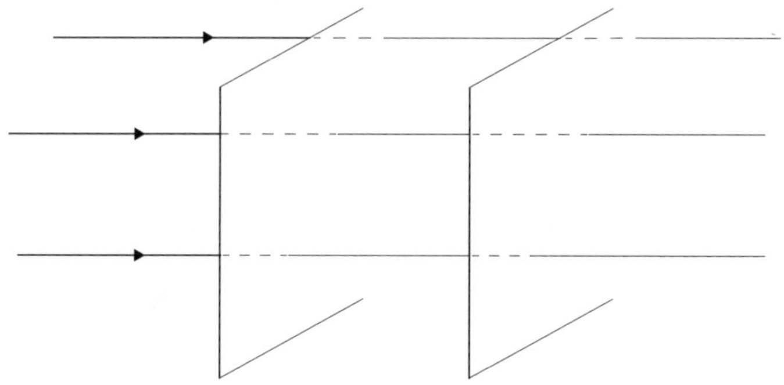

Les surfaces d'onde sont alors des plans parallèles entre eux. Cela justifie l'appellation d'onde plane.

- Soit un faisceau de rayons isogènes provenant d'une source ponctuelle O. Les surfaces d'onde sont des sphères concentriques de centre O.

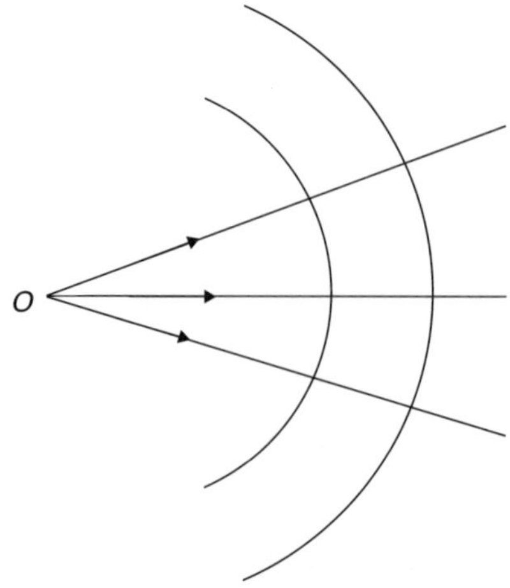

- Soit un faisceau de rayons venant converger en un point O'. Les surfaces d'onde sont des sphères concentriques de centre O'.

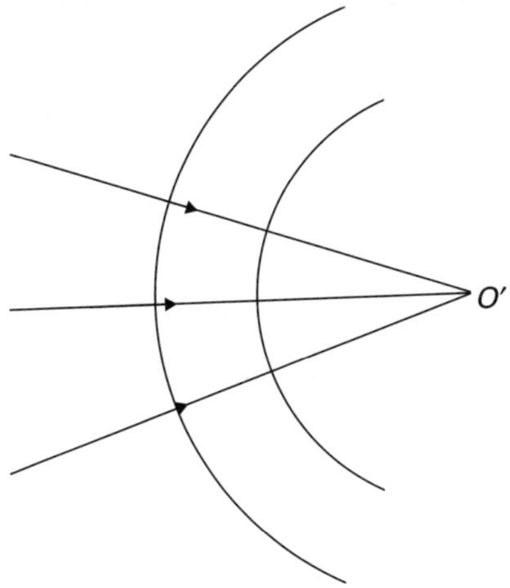

Les formes des surfaces d'onde dans ces deux derniers cas justifient l'appellation d'onde sphérique.

Annexe 1 : COULEURS ET LONGUEURS D'ONDE DE LA LUMIÈRE VISIBLE

Les radiations lumineuses visibles par l'œil humain ont des longueurs d'onde dans le vide ou dans l'air sensiblement comprises entre 400 nm et 750 nm.

En fait, ces limites n'ont rien de rigoureux : elles dépendent de l'intensité de la lumière considérée, des conditions d'observation et de l'état de l'œil.

La lumière blanche est formée de toutes les radiations dont les longueurs d'onde sont comprises entre ces limites. Si quelques radiations manquent, la lumière a néanmoins un aspect blanc, mais comme certaines radiations sont absentes, on dit que c'est du blanc d'ordre supérieur.

Les lumières colorées ont des couleurs dépendant de la longueur d'onde.

Sommairement, on peut distinguer les quelques couleurs suivantes :

Longueur d'onde dans le vide (ou dans l'air)	Couleur
< 450 nm	violet
450 à 500 nm	bleu
500 à 570 nm	vert
570 à 590 nm	jaune
590 à 610 nm	orangé
> 610 nm	rouge

Une source lumineuse peut émettre toutes les radiations comprises entre deux limites : c'est alors un **spectre continu**. Il peut se faire aussi que l'émission ne fasse apparaître que quelques raies spectrales correspondant à des vibrations sensiblement monochromatiques dont la longueur d'onde est bien déterminée.

Certaines de ces raies sont souvent très intenses et utilisées ainsi comme sources de lumière monochromatique : au moyen d'un spectroscope simple dit **monochromateur**, on isole la raie considérée des autres raies. Citons, dans le visible :

* les lampes spectrales à vapeur

• de sodium : longueurs d'onde 589 nm 589,6 nm

• de lithium : longueurs d'onde 610,36 670,78 nm

• de mercure : longueurs d'onde 435,84 546,07 nm

* les lasers

• hélium-néon : longueur d'onde 632,8 nm

• à rubis : longueur d'onde 694,3 nm

(les lasers émettent une lumière beaucoup plus monochromatique que les lampes spectrales et sont, de ce fait, souvent bien plus intéressants).

Annexe 2 :
LUMIÈRE NATURELLE ET LUMIÈRE POLARISÉE

De multiples expériences ont montré que la lumière est une onde électromagnétique transversale : les champs électrique $\vec{E}$ et magnétique $\vec{B}$ sont perpendiculaires à la direction de propagation.

On a l'habitude de distinguer la lumière naturelle de la lumière polarisée.

La lumière naturelle est, en quelque sorte, la lumière émise à l'état brut par une source. Les champs électrique et magnétique peuvent prendre n'importe quelle orientation, au hasard, dans un plan perpendiculaire à la direction de propagation.

La lumière polarisée ne présente plus cet aspect aléatoire.

On distingue :

• la lumière polarisée rectilignement, dans laquelle le vecteur champ électrique a, en tout point et à chaque instant, une direction fixe ;

• la lumière polarisée elliptiquement, dans laquelle l'extrémité du vecteur champ électrique décrit une ellipse.

Une telle lumière peut être considérée comme résultant de la composition de deux lumières polarisées rectilignement à angle droit, d'amplitudes différentes et présentant entre elles un certain déphasage (voir par exemple le *Précis d'électromagnétisme* 2 MP ou le *Précis de physique des ondes* PC/PSI) ;

• la lumière polarisée circulairement, dans laquelle l'extrémité du vecteur champ électrique décrit un cercle.

Une telle lumière peut être considérée comme résultant de la composition de deux lumières polarisées rectilignement à angle droit, de même amplitude et en quadrature.

Certaines substances possèdent la propriété de polariser rectilignement la lumière. Ce sont des **polariseurs**.

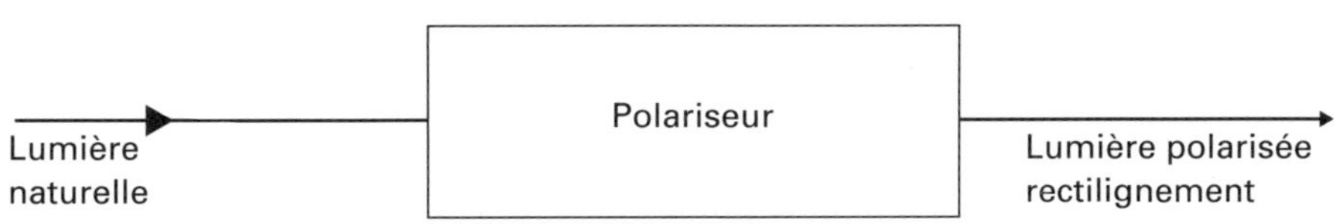

Le polariseur ne laisse sortir que les vibrations pour lesquelles le vecteur champ électrique est parallèle à la direction de polarisation.

Inversement, si le polariseur reçoit une lumière déjà polarisée rectilignement, il n'en laissera sortir qu'une partie : celle qui correspond à sa direction de polarisation.

Supposons par exemple que le polariseur ne laisse passer que les vibrations dans la direction OP et qu'il reçoive la vibration OM. Seule la composante « utile » OM' sera transmise par le polariseur. Celui-ci permet alors d'analyser la lumière qu'il reçoit : c'est un **analyseur**.

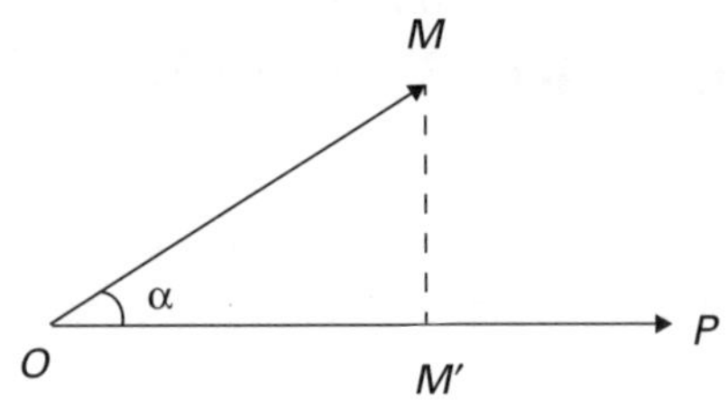

Il n'y a aucune différence de principe entre polariseur et analyseur : c'est la fonction qui caractérise l'appareil.

Soit α l'angle entre *OM et OM′* :

$$OM' = OM \cdot \cos\alpha .$$

Les intensités sont proportionnelles aux carrés des amplitudes. Si I_o est l'intensité qui arrive sur l'analyseur et I est l'intensité qui en sort :

$$I = I_o \cos^2\alpha.$$

Cette relation constitue la loi de Malus (à ne pas confondre avec le théorème du même nom).

Lorsque $\alpha = \frac{\pi}{2}$, le polariseur et l'analyseur sont croisés et aucune lumière n'est transmise.

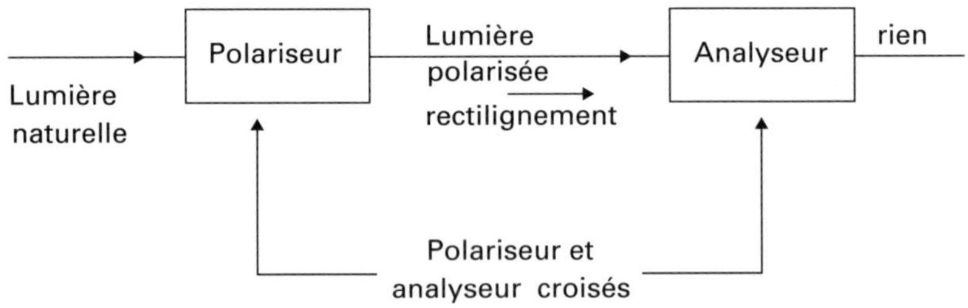

Annexe 3 : QUELQUES NOTIONS DE PHOTOMÉTRIE

En pratique, lorsque l'on étudie les phénomènes lumineux (interférences, diffraction ...) on emploie indifféremment les notions d'intensité lumineuse et d'éclairement.

Nous nous proposons de préciser ici ces motions.

On sait (se reporter pour cela aux chapitres consacrés aux ondes électromagnétiques dans les *Précis d'électromagnétisme* ou de *physique des ondes*) que la puissance rayonnée à travers une surface est égale aux flux du vecteur de Poynting à travers cette surface.

On définit l'intensité de la lumière traversant une surface S par le quotient $\frac{\mathcal{P}}{S}$ de la puissance totale de la lumière par cette surface S. Elle s'exprime en $W \cdot m^{-2}$. Mais dans la puissance $\mathcal{P}$, on tient compte aussi bien de la puissance des radiations visibles par l'œil que de la puissance de celles qui ne sont pas visibles. De plus, la sensibilité de l'œil n'est pas la même pour toutes les radiations : elle est maximale au voisinage de 550 nm.

À puissance équivalente, une source de lumière jaune semble plus brillante qu'une source de lumière bleue ou rouge. C'est pourquoi l'on définit un **flux lumineux** F, tenant compte de la composition de la lumière. Il y a une proportionnalité, pour une lumière de composition spectrale donnée, entre le flux lumineux F et la puissance énergétique totale $\mathcal{P}$ transportée par l'onde lumineuse. La constante de proportionnalité caractérise **l'efficacité lumineuse** du rayonnement. Le flux lumineux s'exprime en lumens (lm), l'efficacité lumineuse s'exprime en lumens par watt $(lm \cdot W^{-1})$.

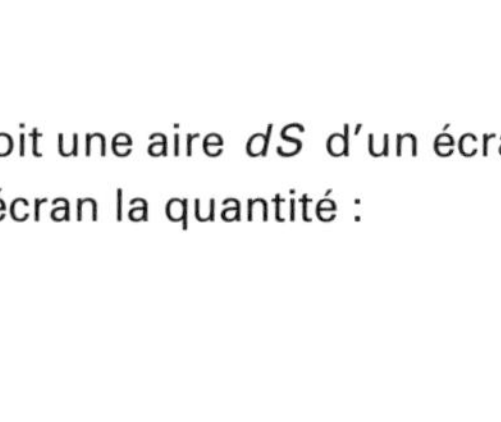

Soit une source ponctuelle S émettant dans un angle solide $d\Omega$ un flux lumineux dF. On appelle **intensité lumineuse** de la source dans la direction considérée la quantité

$$I = \frac{dF}{d\Omega}.$$

L'unité d'intensité lumineuse est la candela (cd) ; on voit que $1\,cd = 1\,lm \cdot sr^{-1}$. La candela est l'une des unités fondamentales du Système international.

Soit une aire dS d'un écran recevant un flux lumineux dF. On l'appelle **éclairement** de l'écran la quantité :

$$E = \frac{dF}{dS}.$$

L'unité d'éclairement est le lux (lx) ; on voit que $1\,lx = 1\,lm \cdot m^{-2}$.

De ce qui précède, il résulte que pour une radiation monochromatique, le flux lumineux, l'intensité lumineuse et l'éclairement sont proportionnels à la puissance, elle-même proportionelle au carré de l'amplitude du champ électrique. Lorsque l'on utilise la représentation scalaire de l'onde lumineuse, l'amplitude de celle-ci est, en fait, l'amplitude du champ électrique. On a ainsi justifié le fait que l'intensité lumineuse et l'éclairement sont proportionnels au carré de l'amplitude. Bien évidemment, dans le cas de l'emploi de la notation complexe, c'est le produit de l'amplitude complexe par sa quantité conjuguée qu'il y a lieu de considérer.

EXERCICES TYPES

01 - TRANSFORMÉE DE FOURIER D'UNE SINUSOÏDE FINIE

Déterminer les transformées de Fourier de la sinusoïde :

$$\begin{cases} f(t) = E_0 \cos\omega_0 t & si\ |t| \leq \dfrac{\tau}{2} \\ f(t) = 0 & si\ |t| > \dfrac{\tau}{2} \end{cases}$$

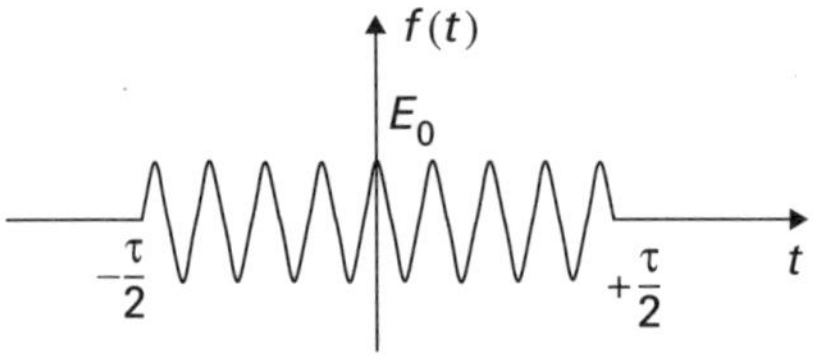

Tracer la courbe $a(\omega)$ fonction de ω. Déterminer l'intensité spectrale $I(\omega) = Ka^2(\omega)$. Déterminer la largeur à mi-hauteur de la courbe $I(\omega)$ en fréquences. Quelle relation y a-t-il entre cette largeur $\Delta\upsilon$ et τ ? On signale que $\dfrac{\sin u}{u} = 0{,}707$ pour $u = 1{,}39$.

02 - TRANSFORMÉE DE FOURIER D'UNE SINUSOÏDE INFINIE

Reprendre l'exercice 01 dans le cas où $\tau \to \infty$.

03 - TRANSFORMÉE DE FOURIER D'UN CRÉNEAU

Déterminer les transformées de Fourier du créneau :

$$\begin{cases} f(t) = E_0 & si\ |t| \leq \dfrac{\tau}{2} \\ f(t) = 0 & si\ |t| > \dfrac{\tau}{2} \end{cases}$$

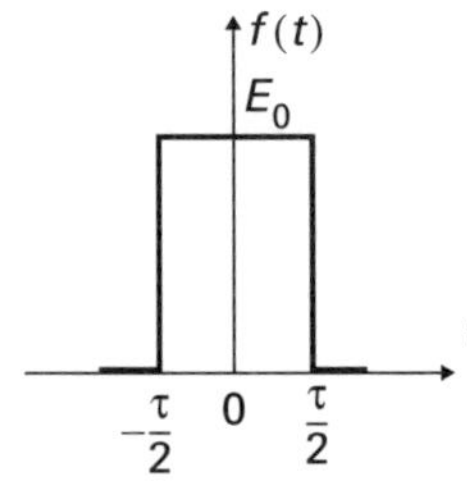

Tracer la courbe $a(\omega)$ fonction de τ. Déterminer l'intensité spectrale $I(\omega) = Ka^2(\omega)$, K étant une constante de proportionnalité quelconque.

04 - CONDITION DE STIGMATISME RIGOUREUX

On considère un système optique $(\mathcal{G})$ et un point objet A, que nous supposerons réel. À quelle condition tous les rayons issus de A passeront-ils, après traversée de $(\mathcal{G})$, par un même point A' ? On supposera que le milieu image réelle est homogène et isotope.

INDICATIONS

01 - Employer les relations de définition des transformées.

02 - Utiliser les résultats de l'exercice 01 et passer à la limite.

03 - Employer les relations de définition des transformées.

04 - Utiliser la définition de la surface d'onde ainsi que le théorème de Malus.

SOLUTIONS

01 - Puisque la fonction $f(t)$ est paire, la transformée $b(\omega)$ sera nulle. Il vient:

$$a(\omega) = \frac{1}{\pi}\int_{-\infty}^{+\infty} f(t)\cos\omega t\, dt.$$

Soit

$$a(\omega) = \frac{1}{\pi}\int_{-\frac{\tau}{2}}^{+\frac{\tau}{2}} E_0\cos\omega_0 t\ \cos\omega t\, dt$$

$$a(\omega) = \frac{E_0}{2\pi}\int_{-\frac{\tau}{2}}^{+\frac{\tau}{2}} \cos(\omega_0+\omega)\, t\, dt + \frac{E_0}{2\pi}\int_{-\frac{\tau}{2}}^{+\frac{\tau}{2}} \cos(\omega_0-\omega)\, t\, dt$$

$$a(\omega) = \frac{E_0}{2\pi}\left[\frac{2\sin(\omega_0+\omega)\frac{\tau}{2}}{(\omega_0+\omega)} + \frac{2\sin(\omega_0-\omega)\frac{\tau}{2}}{(\omega_0-\omega)}\right]$$

$$a(\omega) = \frac{E_0\tau}{2\pi}\left[\frac{\sin(\omega_0+\omega)\frac{\tau}{2}}{(\omega_0+\omega)\frac{\tau}{2}} + \frac{\sin(\omega_0-\omega)\frac{\tau}{2}}{(\omega_0-\omega)\frac{\tau}{2}}\right].$$

Dans le cas où $\omega_0\tau >> \tau\pi$, $\dfrac{\sin(\omega_0+\omega)\frac{\tau}{2}}{(\omega_0+\omega)\frac{\tau}{2}}$ est négligeable devant $\dfrac{\sin(\omega_0-\omega)\frac{\tau}{2}}{(\omega_0-\omega)\frac{\tau}{2}}$ lorsque ω est voisin de ω_0. Il vient donc :

$$\boxed{a(\omega) = \frac{E_0\tau}{2\pi}\left(\frac{\sin(\omega_0-\omega)\frac{\tau}{2}}{(\omega_0-\omega)\frac{\tau}{2}}\right)}$$

La courbe représentative de $a(\omega)$ en fonction de ω a l'allure suivante :

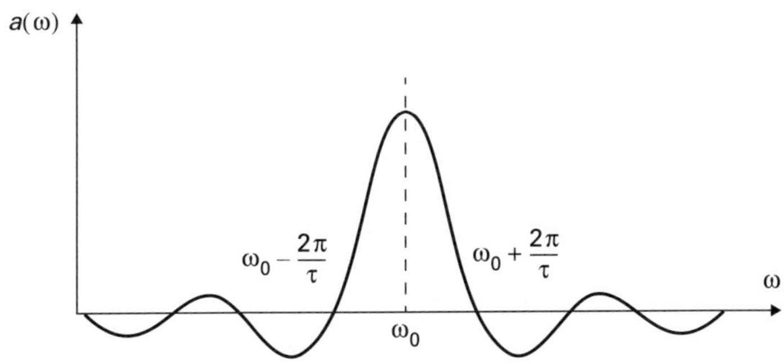

L'intensité spectrale $I(\omega)$ est de la forme :

$$I = I_0 \left(\frac{\sin (\omega_0 - \omega) \frac{\tau}{2}}{(\omega_0 - \omega) \frac{\tau}{2}} \right)^2 .$$

La fonction $\frac{\sin U}{U}$ est la fonction sinus cardinal, notée $\operatorname{sinc} U$. Donc :

$$\boxed{I = I_0 \left(\operatorname{sinc} \frac{(\omega_0 - \omega) \tau}{2} \right)^2}$$

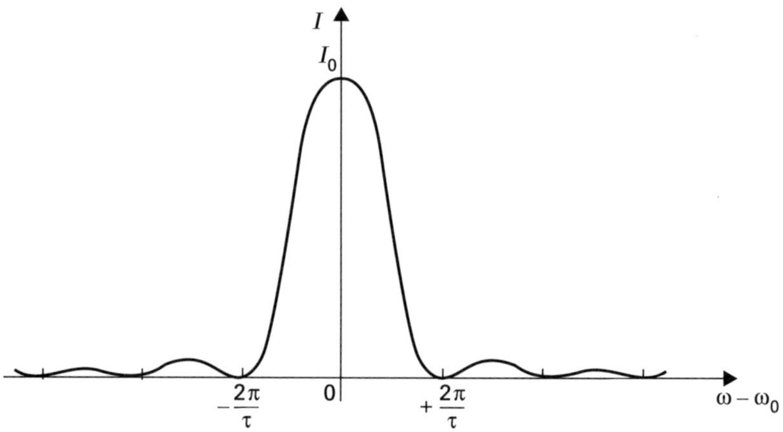

La courbe représentative de $I(\omega)$ a l'allure suivante, en ne tenant pas compte des « pieds » de la fonction :

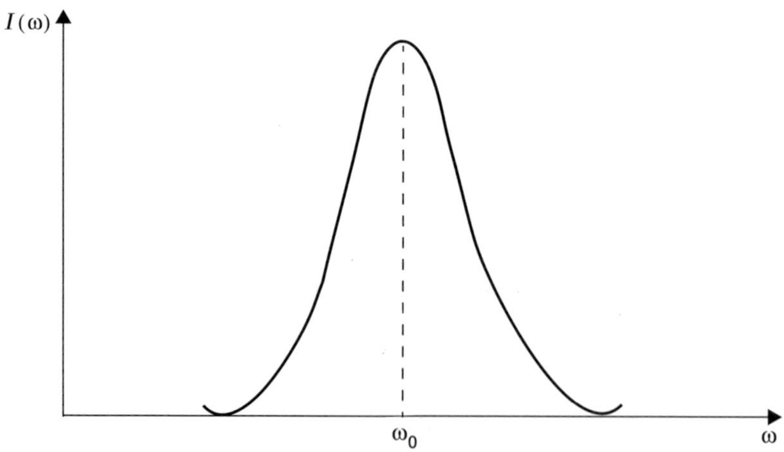

La largeur à mi-hauteur correspond à $I = \frac{I_0}{2}$, soit

$$\frac{\sin (\omega_0 - \omega) \frac{\tau}{2}}{(\omega_0 - \omega) \frac{\tau}{2}} = \pm \frac{1}{\sqrt{2}}$$

donc

$$(\omega_0 - \omega)\frac{\tau}{2} = 1{,}39$$

ou

$$\omega = \omega_0 \pm \frac{2{,}78}{\tau}.$$

La largeur à mi-hauteur est par suite :

$$\Delta\omega = \frac{2 \times 2{,}78}{\tau}.$$

soit en fréquence

$$\Delta\nu = \frac{2{,}78}{\pi\tau}$$

ou

$$\boxed{\Delta\nu \simeq \frac{0{,}88}{\tau}}$$

Cela constitue une bonne approximation du profil des raies spectrales réelles, dites monochromatiques.

02 - Il suffit d'utiliser les résultats de l'exercice 01 en faisant tendre τ vers l'infini. Alors $a(\omega)$ et $I(\omega)$ se réduisent aux représentations suivantes :

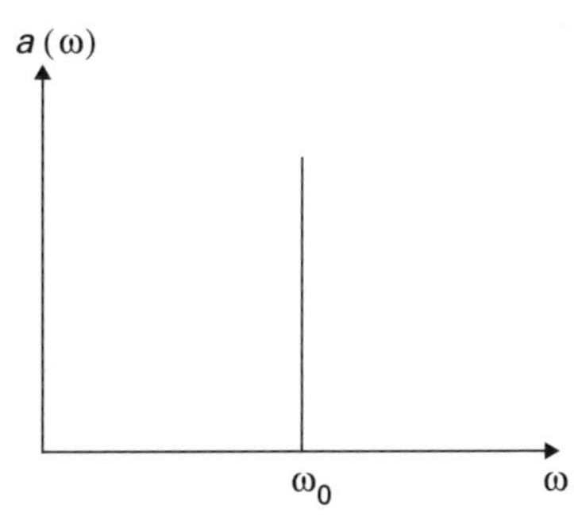

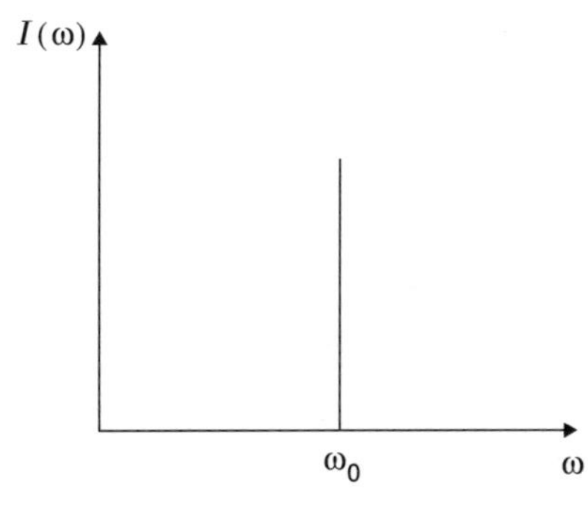

On a, là, une modélisation d'une raie spectrale qui serait rigoureusement monochromatique.

03 - Puisque la fonction $f(t)$ est paire, la transformée de Fourier $b(\omega)$ sera nulle. Il reste

$$a(\omega) = \frac{1}{\pi}\int_{-\infty}^{+\infty} f(t)\cos\omega t\, dt.$$

Soit

$$a(\omega) = \frac{1}{\pi}\int_{-\frac{\tau}{2}}^{+\frac{\tau}{2}} E_0 \cos\omega t\, dt = \frac{E_0}{\pi}\left(\frac{\sin\omega_0 t}{\omega_0}\right)_{-\tau/2}^{+\tau/2}$$

$$a(\omega) = \frac{E_0}{\pi\omega_0}\cdot 2\,\sin\omega_0\frac{\tau}{2}$$

ou encore
$$\boxed{a(\omega) = \frac{E_0\tau}{\pi}\left(\frac{\sin\frac{\omega_0 t}{2}}{\frac{\omega_0\tau}{2}}\right)}$$

La courbe représentative de $a(\omega)$ en fonction de τ a l'allure suivante :

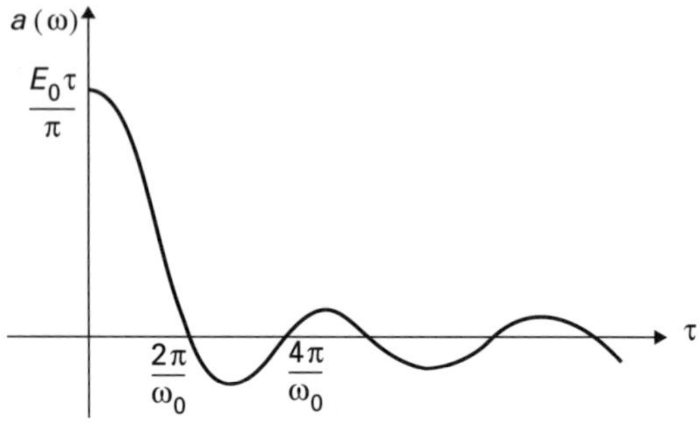

L'intensité spectrale correspondante $I(\omega)$ est de la forme $I(\omega) = I_0\left(\frac{\sin\frac{\omega_0\tau}{2}}{\frac{\omega_0\tau}{2}}\right)^2$.

Soit

$$\boxed{I(\omega) = I_0\left(\sin c\,\frac{\omega_0\tau}{2}\right)^2}$$

La courbe représentative de $I(\omega)$ a la même allure qu'à l'exercice 01.

04 - Pour qu'il y ait stigmatisme rigoureux pour A et A' il faut que tout rayon issu de A passe par A'.

Considérons dans l'espace image réelle une surface d'onde (Σ). Celle-ci coupe les rayons arrivant en A' en des points A'_1, A'_2...

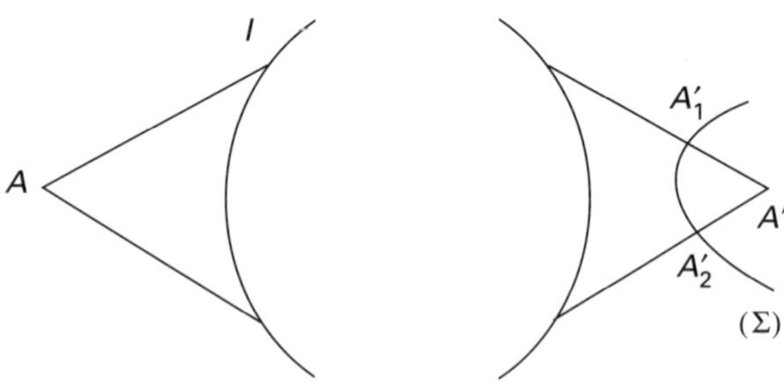

Par définition de la surface d'onde :

$$(AA'_1) = (AA'_2) = \ldots = (AA'_i) \qquad \forall A'_i$$

D'après le théorème de Malus, les rayons A'_1A', A'_2A' ... sont perpendiculaires à (Σ). Comme tous ces rayons doivent passer par A', (Σ) est une sphère de centre A'. Donc

$$A'_1A' = A'_2A' = \ldots = A'_iA' \qquad \forall A'_i.$$

Le milieu image réelle étant homogène et isotrope, l'indice de réfraction y est le même partout, de sorte que

$$(A'_1\ A') = (A'_2\ A') = \ldots = (A'_i\ A') \qquad \forall A'_i$$

On en déduit

$$\boxed{(AA') = \text{constante}}$$

On a ainsi établi la condition de stigmatisme rigoureux.

2 SUPERPOSITION DE PLUSIEURS ONDES

Dans ce chapitre, nous allons envisager la superposition de plusieurs ondes afin d'appliquer ensuite les résultats que nous allons obtenir aux ondes optiques. Bien que celles-ci possèdent les caractéristiques générales des ondes, elles se particularisent par leurs fréquences très élevées (de 4.10^{14} Hz à $7,5.10^{14}$ Hz environ pour les ondes visibles) et donc leurs longueurs d'onde très faibles (de 400 nm à 700 nm environ).

1 - PRINCIPE DE SUPERPOSITION

Nous avons précédemment énoncé (chapitre 1, paragraphe 5) le principe de superposition des petits mouvements, principe qui est une simple conséquence de la linéarité de l'équation d'onde

$$\Delta s - \frac{1}{v^2}\frac{\partial^2 s}{\partial t^2} = 0.$$

En effet, si des fonctions s_1, s_2... sont des solutions de l'équation d'onde, toute combinaison linéaire $\sum_i s_i$ est aussi une solution de celle-ci. Rappelons aussi que l'équation d'onde n'est linéaire que si les contraintes imposées au milieu de propagation ne sont pas trop importantes. Les ondes sonores dans un gaz ou les ondes élastiques sur une corde peuvent engendrer des réponses non linéaires si elles sont de grande amplitude. Il en est de même pour un faisceau laser de très grande puissance : dans un tel faisceau, le champ électrique de l'onde électromagnétique peut atteindre 10^{12} $V{\cdot}m^{-1}$ alors que ce champ n'est que de l'ordre de 10^3 $V{\cdot}m^{-1}$ pour la lumière solaire.

2 - SUPERPOSITION DE DEUX ONDES PLANES SINUSOÏDALES, DE MÊME FRÉQUENCE, SE PROPAGEANT DANS LA MÊME DIRECTION ET VIBRANT PERPENDICULAIREMENT

L'espace étant rapporté à un repère orthonormé $Oxyz$, considérons deux ondes planes sinusoïdales se propageant toutes deux suivant Ox, l'une vibrant suivant Oy d'équation en O $y = a\cos\omega t$ par exemple, et l'autre vibrant suivant Oz d'équation en O $z = b\cos(\omega t + \varphi)$. Lors du passage de ces deux ondes au point Ω, le déplacement résultant est, en vertu du principe de superposition des petits mouvements :

$$\vec{s} = a\cos(\omega t + \varphi_1)\,\vec{u_y} + b\cos(\omega t + \varphi_2)\,\vec{u_z},$$

$\vec{u_y}$ et $\vec{u_z}$ étant les vecteurs unitaires de deux axes Oy et Oz, φ_1 et φ_2 tenant compte des retards de phase introduits lors de la propagation :

$$\varphi_1 = -\frac{\omega x}{v},\quad \varphi_2 = -\frac{\omega x}{v} + \varphi$$

x étant l'abscisse de Ω, v la célérité des ondes dans le milieu.

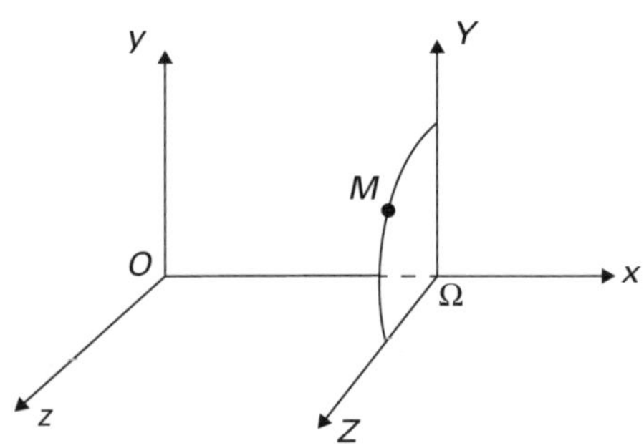

L'extrémité M du vecteur $\overrightarrow{\Omega M} = \vec{s}$ dans un plan perpendiculaire à Ox en Ω a pour coordonnées

$$\begin{cases} Y = a\cos\left(\omega t - \dfrac{\omega x}{v}\right) \\ Z = b\cos\left(\omega t - \dfrac{\omega x}{v} + \varphi\right) \end{cases}$$

Développons Y et Z :

$$Y = a\cos\frac{\omega x}{v}\ \cos\omega t + a\sin\omega t\ \sin\frac{\omega x}{v}\ ;$$

$$Z = b\cos\left(\frac{\omega x}{v} - \varphi\right)\ \cos\omega t + b\sin\omega t\ \sin\left(\frac{\omega x}{v} - \varphi\right).$$

D'où

$$\cos\omega t = -\frac{bY\sin\left(\dfrac{\omega x}{v} - \varphi\right) - aZ\sin\dfrac{\omega x}{v}}{ab\sin\varphi}\ ;$$

$$\sin\omega t = \frac{bY\cos\left(\dfrac{\omega x}{v} - \varphi\right) - aZ\cos\dfrac{\omega x}{v}}{ab\sin\varphi}.$$

Par conséquent :

$$1 = \frac{b^2 Y^2 + a^2 Z^2 - 2a\ b\ Y\ Z\ \cos\varphi}{a^2\ b^2\ \sin^2\varphi}$$

soit, en posant

$$A = a\,|\sin\varphi| \qquad B = b\,|\sin\varphi|$$

$$\boxed{\frac{Y^2}{A^2} + \frac{Z^2}{B^2} - \frac{2YZ}{AB}\cos\varphi = 1}$$

On obtient là l'équation d'une ellipse, en général non rapportée à ses axes. Comme Y est compris entre $-a$ et $+a$ et Z est compris entre $-b$ et $+b$, cette ellipse est inscrite dans un rectangle de côtés $2a$ et $2b$.

La forme de l'ellipse dépend de la valeur de φ : pour deux valeurs de φ distantes de π, l'ellipse a même forme, mais est parcourue dans des sens différents. On a représenté ci-dessous les différentes formes et on a indiqué les sens de parcours.

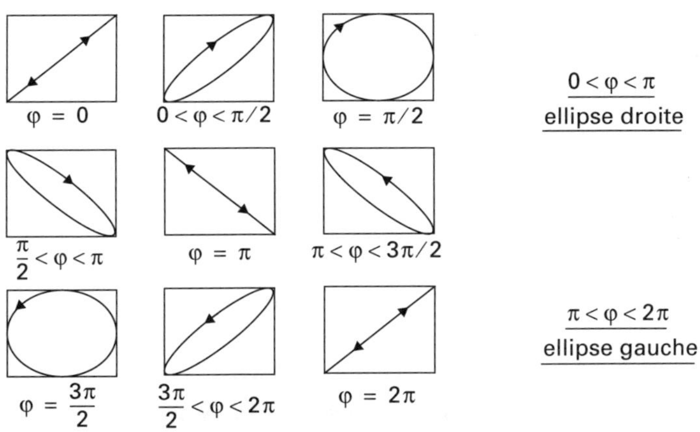

La vibration résultant de la superposition des deux ondes est **polarisée elliptiquement** ou, plus simplement, elliptique. Dans les cas $\varphi = 0$ ou $\varphi = \pi$, elle est dite **polarisée rectilignement**. Dans les cas particuliers $\varphi = \frac{\pi}{2}$ ou $\varphi = \frac{3\pi}{2}$ et $a = b$, la courbe décrite par M est un cercle de rayon a : la vibration est dite **polarisée circulairement** droite $\left(\varphi = \frac{\pi}{2}\right)$ ou gauche $\left(\varphi = \frac{3\pi}{2}\right)$.

Inversement, une vibration elliptique peut être décomposée en deux vibrations polarisées rectilignement et perpendiculaires.

3 - SUPERPOSITION DE DEUX ONDES PLANES SINUSOÏDALES, DE MÊME FRÉQUENCE, SE PROPAGEANT DANS LA MÊME DIRECTION ET VIBRANT PARALLÈLEMENT

L'espace étant toujours rapporté à un repère orthonormé $Oxyz$, considérons maintenant deux ondes planes sinusoïdales se propageant toutes deux suivant Ox et vibrant toutes les deux dans la même direction Oy par exemple.

Soient $y_1 = a_1 \cos\omega t$ l'onde émise par la source S_1 et $y_2 = a_2 \cos(\omega t + \varphi)$ l'onde émise par la source S_2. En un point M de l'espace distant de x_1 de S_1 ($S_1M = x_1$) et de x_2 de S_2 ($S_2M = x_2$), les vibrations sont :

$$y_{1M} = a_1 \cos\omega\left(t - \frac{x_1}{v}\right) \qquad \text{et} \qquad y_{2M} = a_2 \cos\left[\omega\left(t - \frac{x_2}{v}\right) + \varphi\right]$$

v étant la célérité de l'onde dans le milieu. La vibration résultante aura pour élongation en M

$$s = y_{1M} + y_{2M}$$

soit

$$s = a_1 \cos\omega\left(t - \frac{x_1}{v}\right) + a_2 \cos\left[\omega\left(t - \frac{x_2}{v}\right) + \varphi\right]$$

$$s = a_1\left(\cos\omega t \ \cos\frac{\omega x_1}{v} + \sin\omega t \ \sin\frac{\omega x_1}{v}\right) + a_2\left[\cos\omega t \ \cos\left(\frac{\omega x_2}{v} - \varphi\right)\right.$$
$$\left. + \sin\omega t \ \sin\left(\frac{\omega x_2}{v} - \varphi\right)\right].$$

Écrivons la vibration résultante s sous la forme

$$s = s_0 \cos(\omega t + \psi)$$

soit :

$$s = s_0 \cos\psi \cos\omega t - s_0 \sin\psi \sin\omega t.$$

Identifions

$$s_0 \cos\psi = a_1 \cos\frac{\omega x_1}{v} + a_2 \cos\left(\frac{\omega x_2}{v} - \varphi\right)$$

$$-s_0 \sin\psi = a_1 \sin\frac{\omega x_1}{v} + a_2 \sin\left(\frac{\omega x_2}{v} - \varphi\right).$$

D'où

$$s_0^2 = a_1^2 + a_2^2 + 2a_1a_2 \cos\left[\frac{\omega}{v}(x_1 - x_2) + \varphi\right].$$

Par ailleurs

$$tg\psi = -\frac{a_1 \sin\frac{\omega x_1}{v} + a_2 \sin\left(\frac{\omega x_2}{v} - \varphi\right)}{a_1 \cos\frac{\omega x_1}{v} + a_2 \cos\left(\frac{\omega x_2}{v} - \varphi\right)}.$$

On obtient ainsi s_0 et ψ : **la vibration résultante est donc sinusoïdale également.**

L'amplitude de cette vibration résultante est maximale lorsque

$$\frac{\omega}{v}(x_1 - x_2) + \varphi = 2p\pi \text{ (p entier relatif, } p \in \mathbb{Z}\text{)}$$

et vaut alors :

$$s_{0_{\max}} = a_1 + a_2$$

et est minimale lorsque

$$\frac{\omega}{v}(x_1 - x_2) + \varphi = (2p+1)\pi \quad (p \in \mathbb{Z})$$

et vaut alors

$$s_{0_{\text{mini}}} = |a_1 - a_2|.$$

On voit que si $a_1 = a_2$

$$s_{0_{\text{mini}}} = 0.$$

Dans le cas particulier où $a_1 = a_2 = a$ et $\varphi = 0$, on a

$$s_0^2 = 2a^2\left[1 + \cos\frac{\omega(x_1 - x_2)}{v}\right]$$

soit

$$s = 2a\left|\cos\frac{\omega(x_2 - x_1)}{2v}\right|$$

et

$$tg\,\psi = -\frac{\sin\frac{\omega x_1}{v} + \sin\frac{\omega x_2}{v}}{\cos\frac{\omega x_1}{v} + \cos\frac{\omega x_2}{v}}.$$

4 - SUPERPOSITION D'UN GRAND NOMBRE D'ONDES PLANES SINUSOÏDALES, DE MÊME FRÉQUENCE, SE PROPAGEANT DANS LA MÊME DIRECTION ET VIBRANT PARALLÈLEMENT

Nous rapportons à nouveau l'espace au repère $Oxyz$, mais nous supposons maintenant que des sources S_1, S_2..., S_N placées sur Ox émettent des ondes planes, sinusoïdales, se propageant suivant Ox, de même fréquence et vibrant toutes dans la même direction.

La vibration en M due à la source S_i est de la forme $Y_{iM} = a_i \cos(\omega t + \varphi_i)$, φ_i étant de la forme $\varphi_i = -\dfrac{\omega x_i}{v} + \alpha_i$; $-\dfrac{\omega x_i}{v}$ étant le déphasage dû au déplacement de l'onde.

La vibration résultante en M est

$$s = \sum_{i=1}^{N} a_i \cos(\omega t + \varphi_i).$$

En notation complexe :

$$\underline{s} = \sum_{i=1}^{N} a_i e^{j(\omega t + \varphi_i)} ;$$

$$\underline{s} = \left(\sum_{i=1}^{N} a_i e^{j\varphi i}\right) e^{j\omega t}.$$

Posons à nouveau $s = s_0 \cos(\omega t + \psi)$. Tous calculs faits, on obtient :

$$s_0^2 = \sum_{i=1}^{N} a_i^2 + 2\sum_{j>i} \sum_{i=1}^{N} a_i\, a_j \cos(\varphi_i - \varphi_j)$$

$$tg\, \psi = \frac{\sum_{i=1}^{N} a_i \sin\varphi_i}{\sum_{i=1}^{N} a_i \cos\varphi_i}.$$

On voit donc que la superposition des N ondes est une onde sinusoïdale d'amplitude s_0 et de phase ψ.

- **Cas particulier**

Si l'on a un très grand nombre de sources satisfaisant aux mêmes hypothèses et telles que les phases initiales α_i soient aléatoires, tous les termes de la double somme sont nuls car $\cos(\varphi_i - \varphi_j)$ prend toutes les valeurs possibles entre -1 et $+1$. Il reste donc dans ce cas :

$$s_0^2 = \sum_{i=1}^{N} a_i^2$$

5 - CARACTÈRE ALÉATOIRE DE L'ÉMISSION DE LA LUMIÈRE

Nous allons maintenant donner des éléments de la théorie d'émission de la lumière par un atome.

L'état excité d'un atome et obtenu par un apport extérieur d'énergie sous forme de chaleur, par choc, sous l'action d'une décharge électrique... Le retour à l'état le plus stable va se faire par perte de cet excédent d'énergie avec émission d'une lumière. Cette émission de lumière correspond à l'émission d'un certain nombre d'oscillations constituant un **train d'ondes**.

Deux trains d'ondes successifs émis par un même atome n'ont aucune corrélation de phase l'un avec l'autre. La durée d'une oscillation (sa période) est d'environ 10^{-15} s, la durée d'un train d'ondes est de 10^{-8} à 10^{-9}s. Ainsi un train d'ondes comporte des millions d'oscillations et, par ailleurs, au cours d'une durée d'observation à l'échelle humaine, un atome émet des milliards de trains d'ondes. Enfin, une source lumineuse, même considérée comme ponctuelle, comporte un nombre considérable d'atomes émetteurs. En définitive, donc, une source lumineuse, même ponctuelle, va émettre un nombre considérable de trains d'ondes qui n'ont aucune corrélation de phase les uns avec les autres. Le calcul fait au paragraphe 4 montre que l'amplitude de la vibration résultante en un point quelconque de l'espace ne dépend pas des phases des vibrations en ce point.

Dans le cas de la lumière, l'intensité du rayonnement émis par la source est proportionnelle au carré de l'amplitude de la vibration. On voit ainsi que, dans le cas de la lumière émise par une source ponctuelle, l'intensité du rayonnement est égal à la somme des intensités des rayonnements émis par chacun des atomes. Toutes les vibrations émises par les différents atomes au cours des différents trains d'ondes sont alors dites incohérentes.

La lumière émise par une source ponctuelle peut être polarisée rectilignement. Dans ce cas, tous les trains d'ondes qui arrivent en un point donné de l'espace correspondent à des vibrations transversales, toutes colinéaires à une même direction. La lumière peut être aussi naturelle : dans ce cas, la vibration émise par un atome au cours d'un train d'ondes est elliptique. Il est toujours possible de décomposer les vibrations elliptiques de chaque train d'ondes en deux vibrations rectilignes perpendiculaires, selon deux directions fixées dans l'espace. Les différents trains d'ondes émis par tous les atomes peuvent être décomposés en vibrations rectilignes de la forme :

$$\begin{cases} Y_i = a_i \cos(\omega t + \alpha_i) \\ Z_i = b_i \cos(\omega t + \beta_i) \end{cases}$$

Les phases α_i et β_i prennent un nombre considérable de valeurs aléatoires. Les deux composantes Y_i et Z_i sont alors incohérentes. Ceci caractérise la lumière naturelle.

Une lumière rigoureusement monochromatique, c'est-à-dire dont la fréquence est parfaitement déterminée, **n'existe pas**. La lumière ne peut être, au mieux, que quasi monochromatique, c'est-à-dire formée de composantes disposées autour d'une valeur moyenne caractérisant la fréquence de la raie.

On appelle **répartition spectrale** la courbe donnant l'intensité I de la raie en fonction de la fréquence ν ou du nombre d'ondes $\bar{\nu} = \frac{1}{\lambda}$. Dans le cas d'une raie idéale rigoureusement monochromatique, la répartition spectrale aurait la représentation ci-contre.

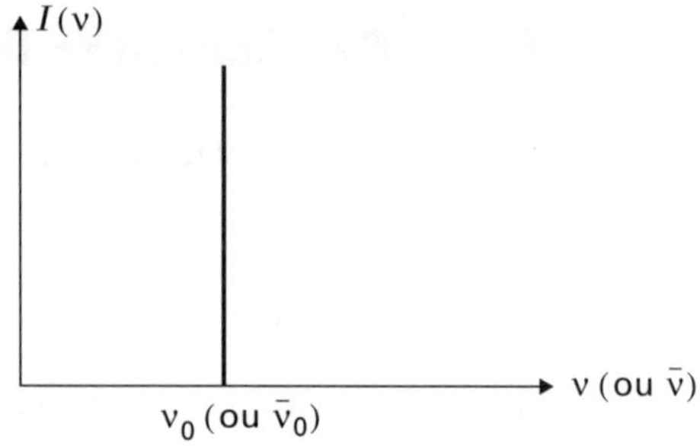

Une raie spectrale réelle quasi monochromatique a, au contraire, la répartition spectrale représentée ci-contre. La raie possède une certaine **largeur** $\Delta\nu$ (ou $\Delta\bar{\nu}$) correspondant à l'intensité $\frac{I_{max}}{2}$.

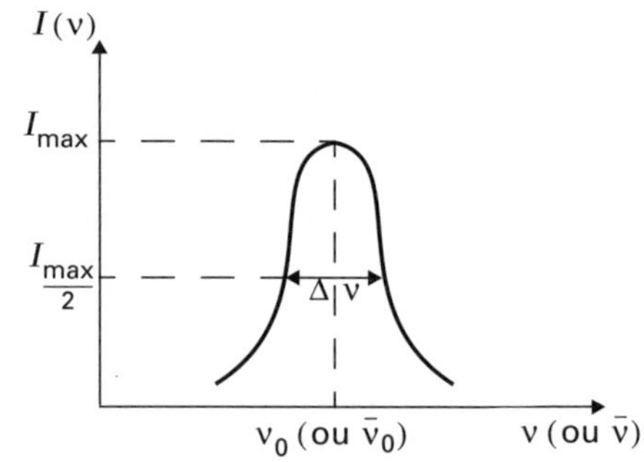

Cette largeur de la raie spectrale s'explique très simplement par la **durée limitée des trains d'ondes**. On peut montrer que si τ est la durée d'un train d'ondes émis par un atome donné $\tau \cdot \Delta\nu = 1$: plus la durée du train d'ondes est élevée et plus la raie est fine. Une raie rigoureusement monochromatique correspondrait à des trains d'ondes illimités.

À cette largeur naturelle des raies spectrales, il faut ajouter des causes d'élargissement de celles-ci qui sont principalement l'**effet Doppler** (la fréquence de la radiation reçue par un observateur dépend du mouvement de l'atome émetteur qui est en mouvement incessant en raison de l'agitation thermique) et l'interruption des trains d'ondes due aux chocs interatomiques.

3 INTERFÉRENCES LUMINEUSES NON LOCALISÉES

1 - DÉFINITIONS

Lorsque l'on superpose deux faisceaux lumineux, il peut se faire que l'intensité lumineuse dans la région de superposition varie d'un point à l'autre entre des maximums qui dépassent la somme des intensités des deux faisceaux pris séparément et des minimums qui peuvent être nuls. Ceci constitue le **phénomène d'interférences.** Lorsque les faisceaux qui se superposent proviennent de deux sources distinctes, il n'y a pas en général d'interférences.

Pour qu'il y ait des interférences, il faut former des faisceaux différents provenant initialement d'une même source. La séparation du faisceau unique initial en deux ou plusieurs faisceaux se fait au moyen d'un **dispositif interférentiel.**

Il y a deux façons d'obtenir des faisceaux à partir d'un seul faisceau initial :

– **par division du front d'onde** : le faisceau initial est séparé en deux après avoir traversé deux ouvertures très proches ;

– **par division d'amplitude** : le faisceau initial est divisé en plusieurs faisceaux grâce à des réflexions et transmissions successives.

La division du front d'onde est utilisée avec des sources de petite dimension, la division d'amplitude est utilisée avec des sources étendues.

Il peut se faire que les interférences puissent être observées dans toute la zone de l'espace où se superposent les faisceaux. Dans ce cas, elles sont dites **non localisées.** Dans le cas contraire, elles sont dites **localisées.**

Nous nous limiterons, dans ce chapitre, aux interférences non localisées par division du front d'onde.

A - INTERFÉRENCES EN LUMIÈRE MONOCHROMATIQUE

Nous allons commencer par décrire deux expériences d'interférences non localisées utilisant deux dispositifs interférentiels très classiques. Nous interpréterons ensuite théoriquement ces expériences.

2 - ÉTUDE EXPÉRIMENTALE

A. Miroirs de Fresnel

Le dispositif interférentiel des miroirs de Fresnel permet d'obtenir la division du front d'onde initial par réflexion vitreuse sur deux miroirs plans faisant entre eux un angle très petit (une à quelques minutes d'angle).

La source de lumière peut être soit ponctuelle, soit avoir la forme d'une fente fine parallèle à l'arête des miroirs. Cette source lumineuse est, de toute façon, placée à grande distance des miroirs et presque dans le plan de ceux-ci. Elle émet une lumière monochromatique. De ce fait, les miroirs sont éclairés sous une **incidence quasiment rasante** par un **faisceau de lumière quasi parallèle**.

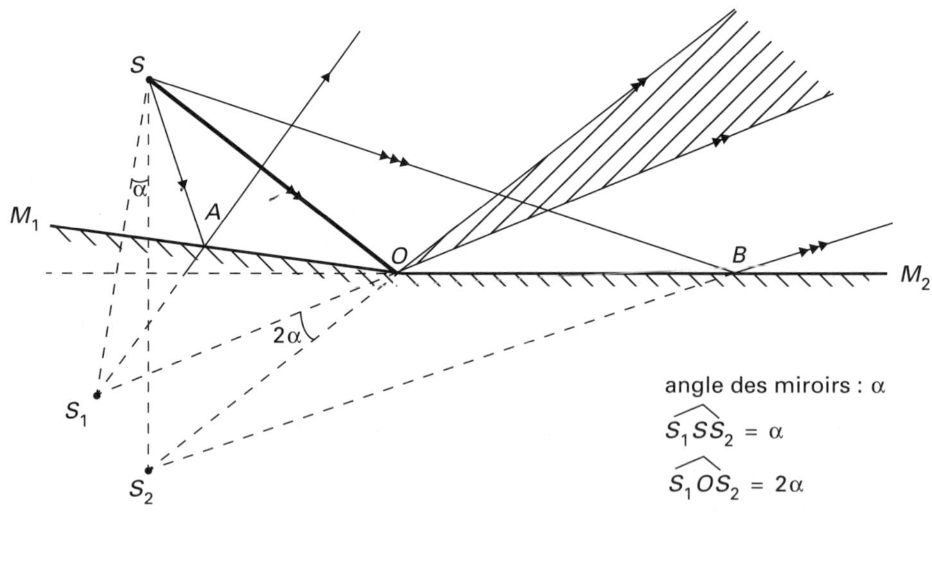

Le miroir M_1 est éclairé par le faisceau quasi parallèle SAO qui se réfléchit en semblant venir de S_1, image de S à travers M_1. De même, le miroir M_2 est éclairé par le faisceau quasi parallèle SBO qui se réfléchit en semblant venir de S_2, image de S à travers M_2.

Les deux faisceaux réfléchis présentent une partie commune hachurée sur la figure précédente. Si l'on place un écran (E) parallèle à S_1S_2, dans cette partie commune, on observe une alternance de traits brillants et noirs équidistants, dits **franges d'interférences**.

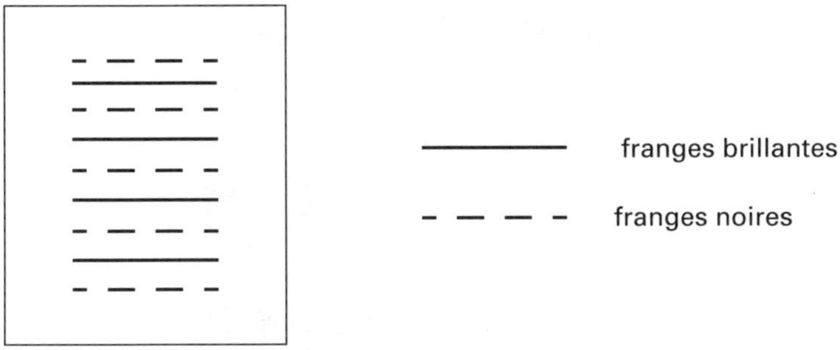

B. Fentes d'Young

Dans un écran opaque ont été percées deux fentes F_1 et F_2 à bords parallèles, très fines et très proches l'une de l'autre (on utilise quelquefois le dispositif des **trous d'Young,** dans lequel deux trous remplacent les deux fentes).

De manière à éclairer le dispositif au moyen d'un faisceau de lumière parallèle, on place la source de lumière monochromatique au foyer principal objet d'une lentille convergente L.

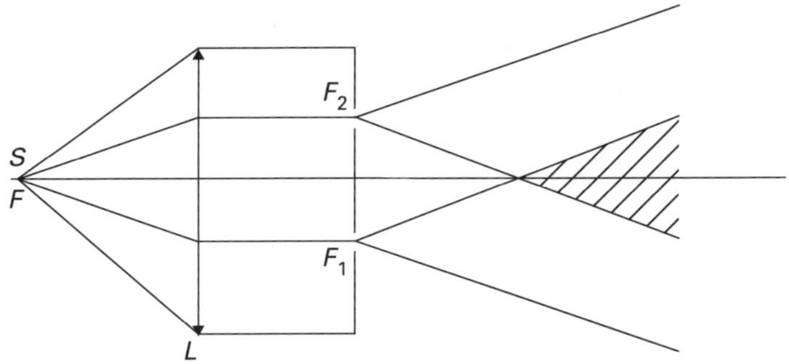

Sur un écran interceptant la zone de superposition des deux faisceaux, on observe des franges d'interférences comme précédemment.

Les photographies suivantes montrent ces franges d'interférences

• avec des fentes d'Young

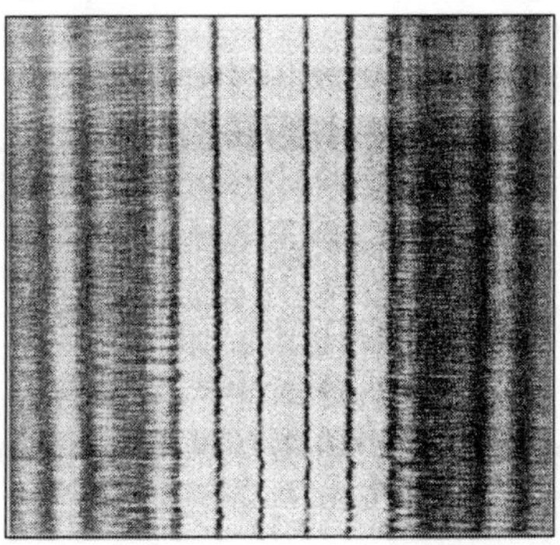

• avec des trous d'Young

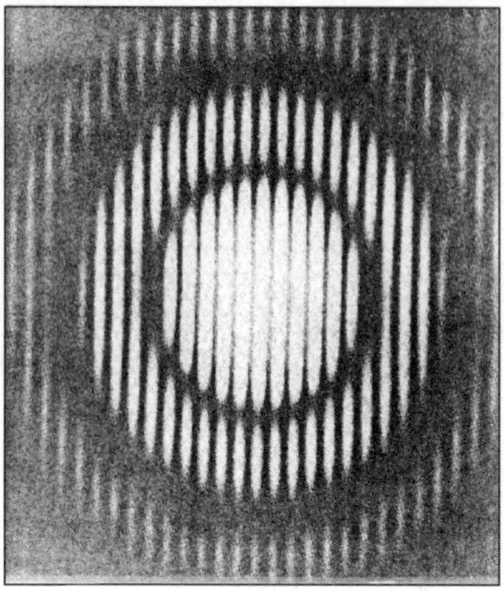

Remarques

– La même expérience peut être réalisée en l'absence de lentille convergente à condition de placer la source S suffisamment loin pour que les fentes F_1 et F_2 reçoivent les faisceaux à peu près parallèles.

– Les interférences ont lieu entre les ***deux faisceaux diffractés*** *par F_1 et F_2.*

C. Emploi de deux fentes sources distinctes

Reprenons le dispositif des fentes d'Young et plaçons simplement juste derrière F_1 et F_2 deux sources de lumière monochromatique S_1 et S_2. Les deux fentes diffractent la lumière comme précédemment et les deux faisceaux diffractés présentent une partie commune.

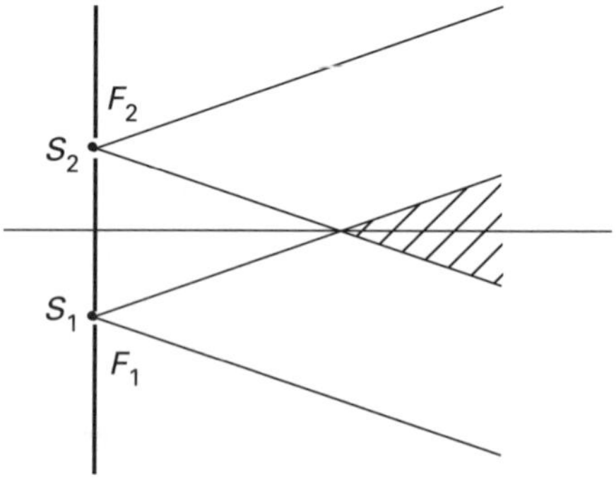

Sur un écran interceptant la zone de superposition des deux faisceaux, on n'observe plus de franges d'interférences, mais un **éclairement uniforme**.

Dans le cas présent, les deux sources S_1 et S_2 sont **incohérentes**. Donc la superposition de deux lumières incohérentes ne conduit pas à des interférences.

D. Remarque

D'autres dispositifs interférentiels permettent d'obtenir des franges d'interférences non localisées. Ils seront étudiés à titre d'exercices.

3 - CONDITIONS GÉNÉRALES D'OBTENTION DES INTERFÉRENCES

Des expériences décrites ci-dessus, ainsi que d'autres expériences du même type, on peut déduire les conditions générales permettant d'obtenir des interférences :

– les ondes qui interfèrent doivent être **synchrones**, c'est-à-dire posséder la même fréquence (ou la même pulsation, ou la même période) ;

– les ondes qui interfèrent doivent être **cohérentes**, c'est-à-dire qu'elles doivent présenter au point d'observation une différence de phase constante dans le temps ;

– les ondes qui interfèrent doivent être **parallèles** (ou à peu près).

On comprend ainsi que pour obtenir des interférences il faille superposer deux ou plusieurs rayons issus d'un même point lumineux et ayant parcouru des chemins différents grâce au dispositif interférentiel.

4 - ÉCLAIREMENT DE L'ÉCRAN

On a vu au chapitre 1 que l'éclairement de l'écran est proportionnel au carré de l'amplitude de la vibration lorsque celle-ci est sinusoïdale.

Considérons alors deux ondes que nous supposerons **rigoureusement monochromatiques et synchrones** provenant de deux **sources cohérentes** S_1 et S_2. Ces deux sources cohérentes sont des sources secondaires formées à partir d'une même source principale S au moyen du dispositif interférentiel. Nous supposerons pour l'instant que S, S_1 et S_2 sont **ponctuelles**. Enfin, nous supposerons que les vibrations qui se superposent en un point de l'écran correspondent à des ondes planes ou quasi planes dont les directions de propagation sont presque confondues.
Soit

$$y_1 = a_1 \cos \omega t \quad \text{et} \quad y_2 = a_2 \cos(\omega t + \varphi).$$

les vibrations émises par S_1 et S_2. En un point M distant de S_1 de $x_1 = S_1M$ et de S_2 de $x_2 = S_2M$, la vibration résultante est sinusoïdale d'amplitude s_0 telle que

$$s_0^2 = a_1^2 + a_2^2 + 2a_1a_2 \cos\left[\frac{\omega}{v}(x_1 - x_2) + \varphi\right]$$

ainsi que nous l'avons vu au chapitre précédent.

Nous supposerons $a_1 = a_2$ et, ce qui ne restreint guère la généralité des raisonnements $\varphi = 0$. Par ailleurs, l'éclairement $\mathcal{E}$ au point M de l'écran est proportionnel à s_0^2. Donc :

$$\mathcal{E} = 2Ka_1^2\left[1 + \cos\left[\frac{\omega}{v}(x_1 - x_2)\right]\right] = 4Ka_1^2 \cos\frac{\omega}{2v}(x_1 - x_2).$$

Posons $\mathcal{E}_0 = 2Ka_1^2$. On obtient :

$$\mathcal{E} = \mathcal{E}_0 \cos^2 \frac{\omega}{2v}(x_1 - x_2).$$

La courbe traduisant les variations de l'éclairement de l'écran en fonction de $x_1 - x_2$ est la suivante :

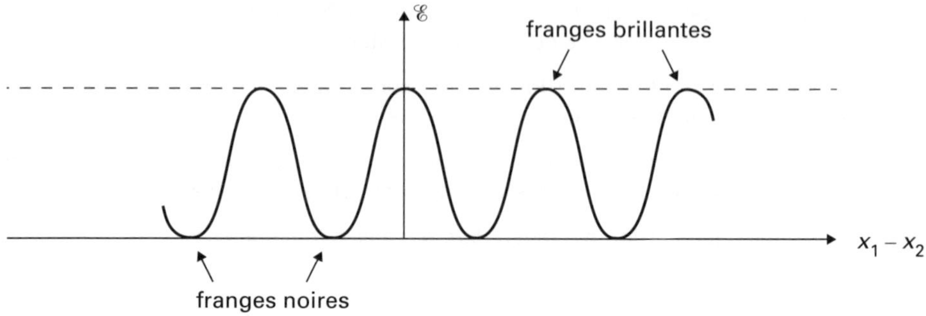

On retrouve bien les franges brillantes et les franges noires. On voit que l'éclairement d' une frange brillante est $\mathscr{E}_0 = 4Ka_1^2$. Or, s'il n'y avait qu'une source lumineuse, l'éclairement uniforme de l'écran serait $\mathscr{E}_1 = 2Ka_1^2$: ainsi l'éclairement d'une frange brillante est le double de l'éclairement que l'on obtiendrait si les deux faisceaux n'interféraient pas. Il faut bien noter que cela ne met pas en défaut le principe de conservation de l'énergie, car il faut tenir compte dans une frange des éclairements faibles ou nuls au voisinage ou sur les franges noires.

5 - DIFFÉRENCE DE MARCHE – INTERFRANGE

On peut écrire :

$$\frac{\omega}{2v}(x_1 - x_2) = \frac{2\pi}{2vT}(x_1 - x_2)$$

puisque

$$\omega = \frac{2\pi}{T}.$$

Par ailleurs $vT = \lambda$ longueur d'onde de la lumière dans le milieu de propagation et $cT = \lambda_0$ longueur d'onde de la même lumière dans le vide. Enfin $\frac{v}{c} = \frac{\lambda}{\lambda_0} = \frac{1}{n}$ n étant l'indice de réfraction du milieu de propagation.

Donc

$$\frac{\omega}{2v}(x_1 - x_2) = \frac{\pi}{\lambda}(x_1 - x_2) = \frac{\pi n}{\lambda_0}(x_1 - x_2).$$

Or

$nx_1 = nS_1M = (S_1M)$ chemin optique de la lumière de S_1 à M ;

$nx_2 = nS_2M = (S_2M)$ chemin optique de la lumière de S_2 à M.

Ainsi :

$$\frac{\omega}{2v}(x_1 - x_2) = \frac{\pi}{\lambda_0}[(S_1M) - (S_2M)].$$

Par définition, on appelle **différence de marche en *M*** la quantité

$$\boxed{\delta = (S_1M) - (S_2M)}$$

La différence de phase entre les deux faisceaux qui interfèrent en M est ϕ, ainsi qu'on l'a vu :

$$\phi = \frac{\omega}{v}(x_1 - x_2).$$

Donc

$$\frac{\omega}{2v}(x_1 - x_2) = \frac{\phi}{2} = \frac{\pi\delta}{\lambda_0}.$$

On a par conséquent :

$$\boxed{\phi = \frac{2\pi\delta}{\lambda_0}}$$

On appelle **ordre d'interférence en M** la quantité

$$\boxed{p = \frac{\delta}{\lambda_0} = \frac{\phi}{2\pi}}$$

L'éclairement s'écrit :

$$\boxed{\mathcal{E} = \mathcal{E}_0 \cos^2\frac{\pi\delta}{\lambda_0} = \mathcal{E}_0 \cos^2\frac{\phi}{2}}$$

Les **franges brillantes** correspondent à :

$$\cos^2\frac{\phi}{2} = 1 \quad \text{soit } \frac{\pi\delta}{\lambda_0} = p\pi \quad (p \in \mathbb{Z}) \text{ donc } \delta = p\lambda_0.$$

Les **franges noires** correspondent à :

$$\cos^2\frac{\phi}{2} = 0 \quad \text{soit } \frac{\pi\delta}{\lambda_0} = (2p+1)\frac{\pi}{2} \quad (p \in \mathbb{Z}) \text{ donc } \delta = (2p+1)\frac{\lambda_0}{2}.$$

On appelle **frange centrale** la frange pour laquelle $\delta = 0$. Ici c'est une frange brillante.

A. Forme géométrique des franges

Considérons une frange brillante caractérisée par $\delta = p\lambda_0$ (p entier). Supposons que tout le dispositif interférentiel soit dans un milieu homogène et isotrope d'indice n

$$\delta = (S_1M) - (S_2M) = n(S_1M - S_2M).$$

Pour la frange brillante considérée :

$$S_1M - S_2M = \frac{p\lambda_0}{n} = p\lambda .$$

Ainsi cette frange est constituée par l'ensemble des points M pour lesquels $\boldsymbol{S_1M - S_2M =}$ **constante**.

Cet ensemble est une **nappe d'hyperboloïdes de révolution des foyers S_1 et S_2**. L'intersection des différentes nappes d'hyperboloïdes par le plan de l'écran parallèle à S_1S_2 donne les franges brillantes et noires qui sont donc des **branches d'hyperboles**. Etant donné la faible étendue de la zone d'interférences, ces branches d'hyperboles sont **assimilables à leurs tangentes** : c'est pourquoi **les franges paraissent rectilignes**.

Les figures ci-dessous représentent des nappes d'hyperboloïdes et leurs intersections par le plan de l'écran. On a représenté également les intersections pour des plans perpendulaires à S_1S_2 : ces intersections sont des cercles centrés sur la droite S_1S_2.

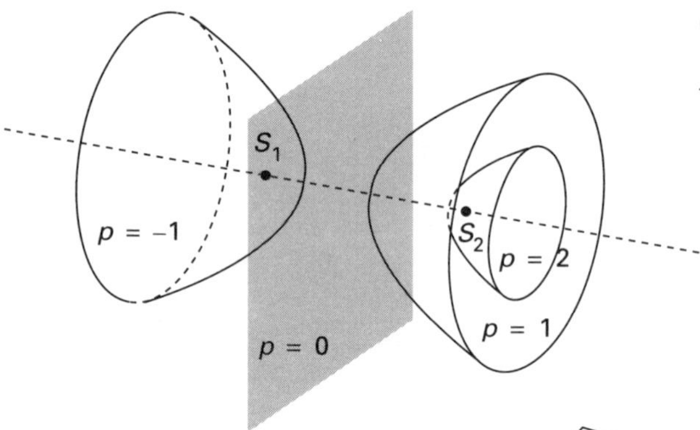

Quelques nappes d'hyperboloïdes correspondant aux franges brillantes $p = -1$, $p = 0$, $p = 1$, $p = 2$.

Branches d'hyperboles correspondant aux franges brillantes (en arrière du plan de l'écran on aperçoit les cercles, intersections des nappes d'hyperboloïdes avec un plan perpendiculaire à S_1S_2).

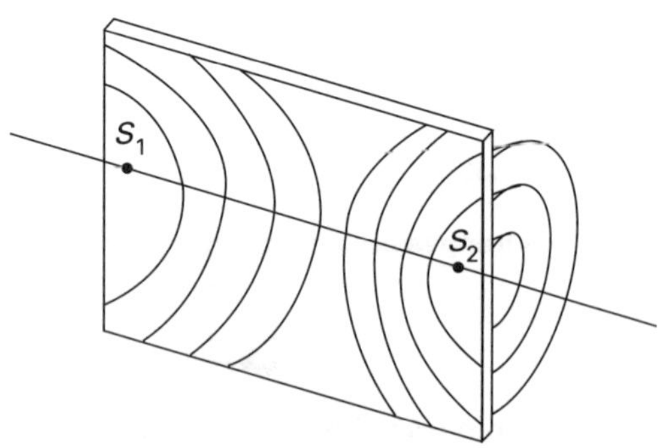

B. Calcul de la différence de marche

Calculons maintenant la différence de marche en M en utilisant les notations de la figure ci-contre

$S_1S_2 = a \qquad O_1S_2 = O_1S_2 = \frac{a}{2}$

$O_1O_2 = D$

$\overline{O_2M} = X.$

On supposera toujours :

$D \gg a$ et $|X|$.

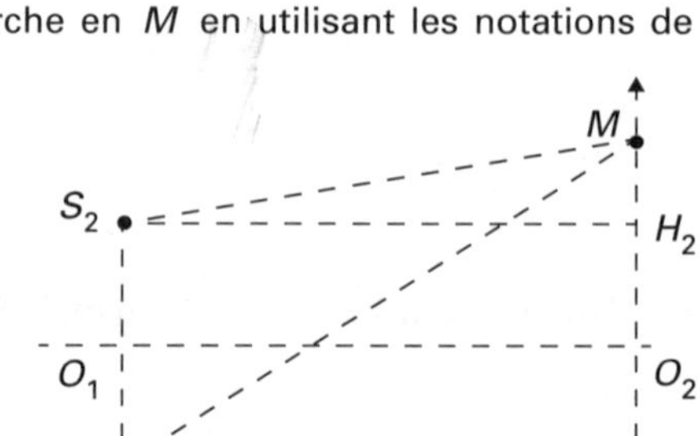

La position du point M sur l'écran (E) est repérée par l'abscisse $\overline{O_2M} = X$

$$\delta = (S_1M) - (S_2M) = n(S_1M - S_2M)$$

$$\left.\begin{aligned} S_1M^2 &= D^2 + \left(\frac{a}{2} + X\right)^2 \\ S_2M^2 &= D^2 + \left(X - \frac{a}{2}\right)^2 \end{aligned}\right\} \quad S_1M^2 - S_2M^2 = 2aX$$

Comme

$$D \gg a \text{ et } |X| \qquad S_1M + S_2M \simeq 2D,$$

donc :

$$S_1M - S_2M = \frac{aX}{D}$$

et par suite

$$\boxed{\delta = \frac{naX}{D}}$$

Si tout le système est plongé dans l'air $n \simeq 1$ d'où :

$$\delta_{air} = \frac{aX}{D}.$$

Pour les franges brillantes $\delta = p\lambda_0 = p\lambda n$ (λ_0 longueur d'onde dans le vide, λ longeur d'onde dans le milieu d'indice n). L'abscisse X d'une frange brillante est alors :

$$\boxed{X = p\frac{\lambda D}{a}}$$

Pour les franges noires $\delta = (2p+1)\dfrac{\lambda_0}{2}$, l'abscisse d'une frange noire est :

$$\boxed{X = (2p+1)\frac{\lambda D}{a}}$$

On appelle **interfrange** la distance i entre les centres de deux franges brillantes consécutives (ou de deux franges noires consécutives)

$$\Delta X = i \text{ si } \Delta k = 1$$

donc

$$\boxed{i = \frac{\lambda D}{a}}$$

Les franges brillantes ont alors une abscisse :

$$\boxed{X = pi}$$

Les franges noires ont une abscisse :

$$\boxed{X = (2p+1)\frac{i}{2}}$$

On peut exprimer l'éclairement de l'écran en fonction de X :

$$\boxed{\mathscr{E} = \mathscr{E}_0 \cos^2\frac{\pi X}{i}}$$

6 - DÉPLACEMENT DE LA SOURCE PONCTUELLE

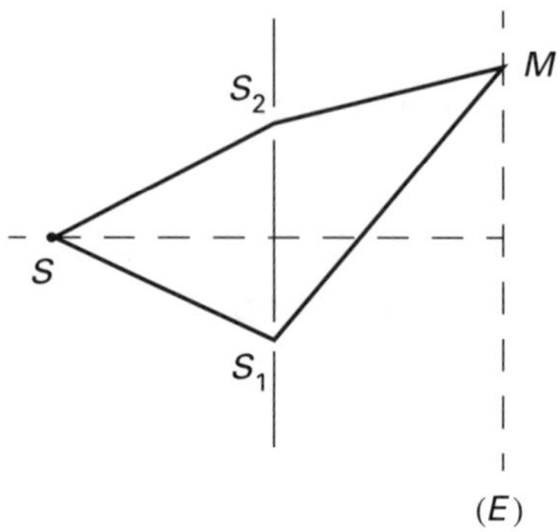

Considérons le dispositif des trous d'Young et supposons d'abord que la source ponctuelle S soit sur la médiatrice de S_1S_2. Alors les ondes émises par S qui arrivent en S_1 et S_2 sont en phase et l'on se trouve exactement dans les conditions de l'étude théorique précédente.

Supposons maintenant que la source soit légèrement déplacée en S' d'une quantité X' comptée sur l'axe SX' :

$$X' = \overline{SS'}.$$

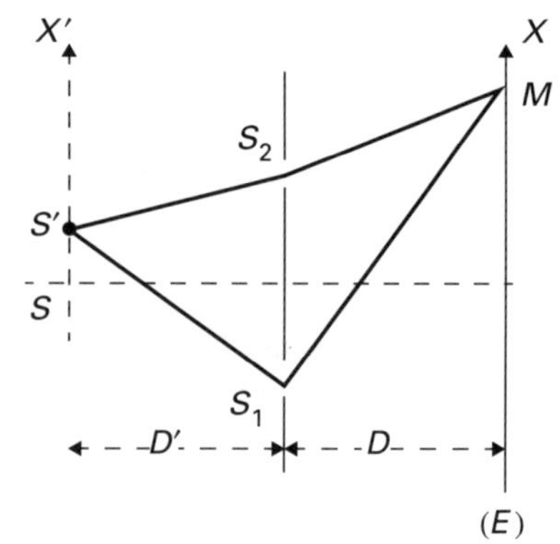

Les ondes émises par S' sont alors déphasées en S_1 et S_2. La différence de marche totale en M doit inclure ce déphasage et s'écrit donc :

$$\delta = (S'S_1M) - (S'S_2M).$$

Si l'on suppose le dispositif entièrement placé dans un milieu d'indice n le même en tout point :

$$\delta = n[S'S_1 + S_1M - S'S_2 - S_2M];$$

$$\delta = n(S'S_1 - S'S_2) + n(S_1M - S_2M).$$

Or

$$S_1M - S_2M = \frac{aX}{D}$$

et par calcul similaire :

$$S'S_1 - S'S_2 = \frac{aX'}{D'}$$ (en supposant évidemment $D' \gg a$ et $|X'|$).

Donc

$$\delta = na\left(\frac{X}{D} + \frac{X'}{D'}\right).$$

Les nouvelles franges brillantes sont telles que :

$$na\left(\frac{X}{D} + \frac{X'}{D'}\right) = p\lambda_0$$

soit

$$\frac{X}{D} + \frac{X'}{D'} = p\frac{\lambda}{a}$$

ou

$$X = p\frac{\lambda D}{a} - \frac{D}{D'}X'.$$

Les nouvelles franges noires sont telles que :

$$na\left(\frac{X}{D} + \frac{X'}{D'}\right) = (2p+1)\frac{\lambda_0}{2}$$

soit

$$X = (2p+1)\frac{\lambda D}{2a} - \frac{D}{D'}X'.$$

L'interfrange reste inchangée :

$$i = \frac{\lambda D}{a}.$$

La nouvelle frange centrale a une abscisse X_0 telle que $X_0 = \frac{D}{D'}X'$.

Tout le système de franges est donc déplacé en bloc, l'interfrange étant inchangée.

7 - EMPLOI D'UNE FENTE-SOURCE TRÈS FINE

Jusqu'à maintenant, nous avons supposé que la source principale S ainsi que les sources secondaires S_1 et S_2 formées au moyen du dispositif interférentiel étaient ponctuelles.

Nous envisageons maintenant une fente-source extrêmement fine (de largeur inférieure au dixième de millimètre). Chacun des points de celle-ci donne à travers le dispositif interférentiel un système de franges d'interférences. Les différents points-sources émettent des ondes incohérentes entre elles puisqu'elles proviennent de sources différentes. En un point de l'écran on obtiendra donc une superposition des différents systèmes de franges légèrement décalés les uns par rapport aux autres, dont les éclairements s'ajouteront en raison de l'incohérence. Pour les points-sources situés au voisinage immédiat du milieu de la fente, les franges brillantes des différents systèmes seront pratiquement toutes confondues ; il en sera de même des franges noires : on obtiendra donc encore des franges brillantes et noires, mais mieux contrastées, puisque l'éclairement des franges brillantes sera plus grand.

Pour les points-sources situés près des deux bords opposés de la fente, les systèmes de franges sont relativement décalés, de sorte que les franges brillantes d'un système se superposent partiellement aux franges noires de l'autre : il y aura brouillage des franges.

Ainsi, avec une fente-source très fine, on obtient des franges brillantes et des franges noires en moins grand nombre qu'avec un point-source, mais mieux contrastées.

8 - EMPLOI D'UNE FENTE-SOURCE ÉTENDUE

Reprenons le dispositif des trous d'Young (ou des fentes d'Young, les deux fentes étant extrêmement fines) et éclairons celui-ci au moyen d'une fente-source étendue de largeur $2b$ centrée sur l'axe de symétrie du dispositif interférentiel. Nous supposerons encore que la fente-source envoie des ondes quasi planes dont les directions de propagation sont presque confondues.

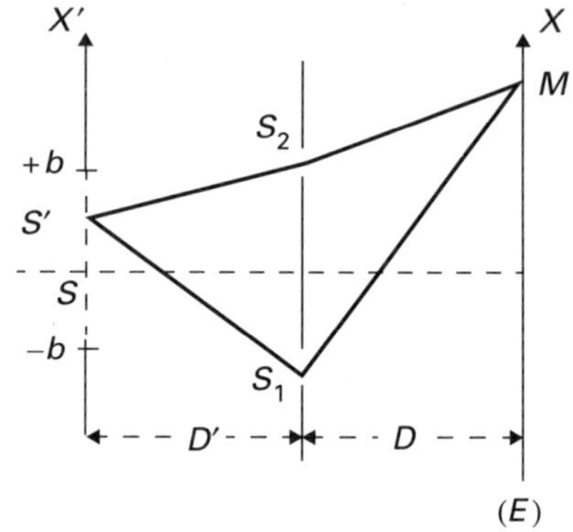

Soit un point S' de la fente-source émettant une vibration de la forme $y = a_1 \cos\omega t$. Les ondes ayant parcouru les trajets $S'S_1M$ et $S'S_2M$ présentent en M sur l'écran une différence de marche que l'on a déjà calculée en 6. Nous supposerons encore que l'ensemble du dispositif est placé dans un milieu d'indice n.

La différence de marche δ s'écrit donc :

$$\delta = na\left(\frac{X}{D} + \frac{X'}{D'}\right).$$

L'éclairement en M correspondant est proportionnel au carré de l'amplitude de la vibration. Il a déjà été calculé en 5 :

$$\mathscr{E} = \mathscr{E}_0 \cos^2\frac{\pi\delta}{\lambda_0}.$$

Les différentes ondes émises par les différents points de la source sont évidemment incohérentes entre elles : l'éclairement résultant en M est la somme des éclairements.

Supposons que les différents points de la fente-source émettent des ondes ayant toutes même amplitude a_1 : on dit que la luminance de la source est uniforme ; c'est très souvent le cas en pratique. Une bande de largeur dX' centrée à l'abscisse X' de S' créera donc un éclairement en M proportionnel à dX' de la forme :

$$d\mathscr{E} = \alpha\mathscr{E}_0 dX' \cos^2\frac{\pi\delta}{\lambda_0} \quad (\alpha \text{ coefficient de proportionnalité})$$

soit

$$d\mathscr{E} = \alpha\mathscr{E}_0 \cos^2\frac{\pi\, na}{\lambda_0}\left(\frac{X}{D} + \frac{X'}{D'}\right)dX'.$$

L'éclairement résultant sera obtenu en intégrant sur X' variant entre $-b$ et $+b$

$$d\mathscr{E} = \alpha\frac{\mathscr{E}_0}{2}\left[1 + \cos\frac{2\pi\, na}{\lambda_0}\left(\frac{X}{D} + \frac{X'}{D'}\right)\right]dX'$$

$$\mathscr{E} = \int d\mathscr{E} = \alpha\frac{\mathscr{E}_0}{2}\left[2b + \left(\frac{\sin\frac{2\pi\, na}{\lambda_0}\left(\frac{X}{D} + \frac{X'}{D'}\right)}{\frac{2\pi\, na}{\lambda_0 D'}}\right)_{-b}^{+b}\right]$$

$$\mathscr{E} = \alpha\frac{\mathscr{E}_0}{2}\left[2b + 2\frac{\sin\frac{2\pi\ na\ b}{\lambda_0\ D'}\cdot\cos\frac{2\pi\ na\ X}{\lambda_0\ D}}{\frac{2\pi\ na}{\lambda_0\ D'}}\right].$$

En mettant $2b$ en facteur commun, il vient :

$$\mathscr{E} = \alpha\mathscr{E}_0 b\left[1 + \frac{\sin\frac{2\pi\ na\ b}{\lambda_0\ D'}}{\frac{2\ na\ b}{\lambda_0\ D'}}\cos\frac{2\pi naX}{\lambda_0\ D}\right].$$

Posons $\mathscr{E}_0' = \alpha\mathscr{E}_0\ b$. L'éclairement s'écrit :

$$\boxed{\mathscr{E} = \mathscr{E}_0'\left[1 + V(b)\cos\frac{2\pi\ na\ X}{\lambda_0\ D}\right]}$$

avec

$$\boxed{V(b) = \frac{\sin\frac{2\pi\ na\ b}{\lambda_0\ D'}}{\frac{2\pi\ na\ b}{\lambda_0\ D'}}}$$

Comme $\frac{n}{\lambda_0} = \frac{1}{\lambda}$, λ étant la longueur d'onde dans le milieu :

$$\mathscr{E} = \mathscr{E}_0'\left[1 + V(b)\cos\frac{2\pi\ a\ X}{\lambda D}\right]$$

et

$$V(b) = \frac{\sin\frac{2\pi\ a\ b}{\lambda D'}}{\frac{2\pi\ a\ b}{\lambda D'}}.$$

Le facteur $V(b)$ s'appelle **facteur de visibilité** des franges. Étudions-le rapidement :

– quand $b \to 0$ $\quad V(b) \to 1$;

– $V(b)$ s'annule la première fois lorsque $\frac{2\pi\ ab}{\lambda D'} = \pi$ soit $b = \frac{\lambda D'}{2a}$;

– $V(b)$ s'annule ensuite pour $2\left(\frac{\lambda D'}{2a}\right)$, $3\left(\frac{\lambda D'}{2a}\right)$, etc.

Les variations de la fonction $V(b)$ sont représentées ci-contre.

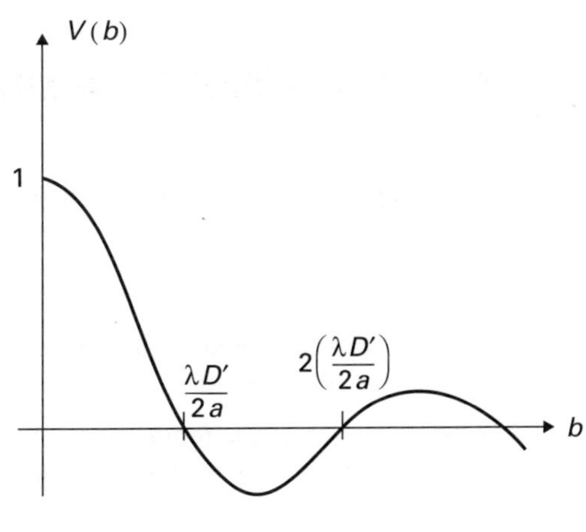

Quand $V(b)$ est positif, $\mathscr{E}$ est maximal pour $\cos\frac{2\pi\ aX}{\lambda D} = 1$ et

$$\mathscr{E}_{max} = \mathscr{E}_0'\ [1 + V(b)].$$

$\mathscr{E}$ est minimal pour $\cos\frac{2\pi\ aX}{\lambda D} = -1$

et $\qquad \mathscr{E}_{mini} = \mathscr{E}_0'\ [1 - V(b)].$

Ces maximums et minimums sont inversés lorsque $V(b)$ est négatif.

On caractérise le **contraste** des franges par

$$\frac{\mathcal{E}_{max} - \mathcal{E}_{mini}}{\mathcal{E}_{max} + \mathcal{E}_{mini}}.$$

On voit que ce contraste vaut $V(b)$, ce qui justifie l'appellation facteur de visibilité.

Comme $V(b) < 1$, les franges d'éclairement minimal ne sont pas noires mais **sombres**.

Étudions ce qui se passe lorsqu'on élargit progressivement la fente-source à partir de la valeur $b = 0$.

Quand $b \ll \frac{D'}{2a}$ $V(b)$ est voisin de 1 et les franges sont très similaires à celles que l'on obtient avec une source ponctuelle.

Quand b croît, l'éclairement des franges brillantes diminue, celui des franges sombres croît de sorte que le contraste diminue.

Quand $b = \frac{\lambda D'}{2a}$ les franges disparaissent, l'éclairement est uniforme et vaut $\mathcal{E}'_0$.

Quand b dépasse la valeur $\frac{\lambda D'}{2a}$ les franges réapparaissent, mais $V(b)$ devenant négatif, les positions des franges brillantes et noires sont inversées.

Quand b atteint la valeur $2\left(\frac{\lambda D'}{2a}\right)$, les franges disparaissent à nouveau, etc.

Comme $|V(b)|$ est rapidement faible, on ne voit en fait des franges que lorsque b est très petite.

Cherchons la valeur de b pour laquelle $V(b)$ s'annule la première fois : nous prendrons $\lambda = 500\,nm$, $D' = 1\,m$, $a = 1\,mm$ alors

$$\frac{\lambda D'}{2a} = 0,25 \cdot 10^{-3}\,m = 0,25\,mm$$

la largeur de la fente correspondante est **0,5 mm**.

B - INTERFÉRENCES EN LUMIÈRE POLYCHROMATIQUE

9 - INTERFÉRENCES EN LUMIÈRE BLANCHE

La lumière blanche peut être considérée comme formée d'une infinité de radiations monochromatiques dont les longueurs d'onde dans le vide (ou l'air) sont comprises sensiblement entre 400 et 750 nm. L'interfrange varie avec la longueur d'onde, toutes choses égales par ailleurs.

Si l'on suppose que la fente-source est très fine, pour chaque radiation monochromatique il se formera un système de franges d'interférences bien contrastées. Toutes les radiations constituant la lumière blanche sont incohérentes entre elles. Sur l'écran, les différents systèmes de franges vont se superposer et les éclairements en un point de l'écran s'ajouteront. Pour toutes les radiations $\delta = 0$ correspond à $p = 0$: on a une frange centrale brillante pour toutes les radiations ; l'addition de tous les éclairements conduira ainsi à une **frange centrale blanche** contenant toutes les radiations du spectre visible. Comme l'interfrange est proportionnel à la longueur d'onde, cette frange blanche est irisée de rouge ainsi que le montre la courbe ci-dessous :

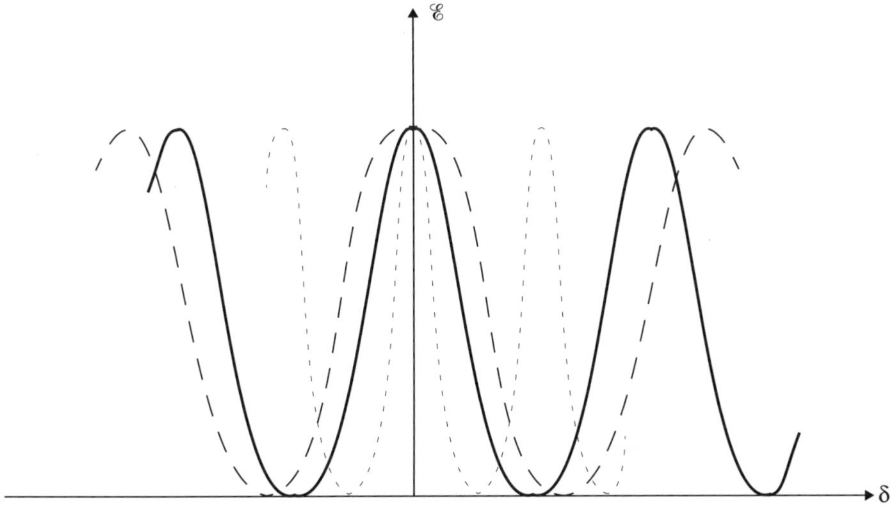

Sur cette courbe on a représenté les variations de $\mathscr{E}$ en fonction de δ pour le violet (points), le jaune (traits pleins), le rouge (tirets).

Très rapidement, les franges brillantes pour une longueur d'onde se superposent aux franges noires d'une autre longueur d'onde de sorte qu'on n'observe plus, en fait, que du blanc. Mais, dans ce blanc, il manque des radiations (celles correspondant aux franges noires). On dit qu'il s'agit d'un **blanc d'ordre supérieur**.

On peut mettre en évidence l'absence de certaines radiations au moyen d'un spectroscope. Les radiations absentes se manifestent par **des cannelures noires.** On dit qu'on a un **spectre cannelé.** Les cannelures noires correspondent à

$$\delta = (2p+1)\frac{\lambda}{2},$$

soit

$$\frac{aX}{D} = (2p+1)\frac{\lambda}{2}.$$

On détermine en un point du champ d'interférences (X fixé) les valeurs possibles pour p dans l'intervalle de longueurs d'onde considéré ; on en déduit alors les valeurs correspondantes de λ.

10 - BROUILLAGE DES FRANGES DÛ À LA LARGEUR DE LA RAIE

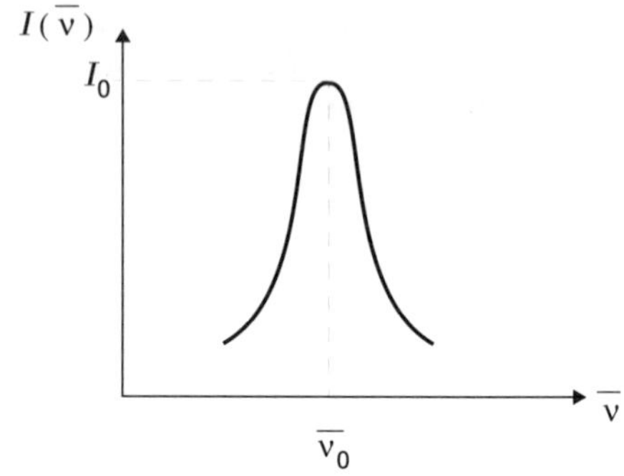

Nous avons vu qu'une raie n'est jamais rigoureusement monochromatique mais, au contraire, possède une certaine largeur. De ce fait, il y a un brouillage plus ou moins marqué des franges ainsi que nous allons le montrer.

Envisageons une raie spectrale ayant un profil gaussien autour d'un nombre d'ondes $\bar{\nu}_0$: l'intensité $I(\bar{\nu})$ de la lumière émise étant de la forme

$$I(\bar{\nu}) = I_0 \exp\left[-\left(\frac{\bar{\nu}-\bar{\nu}_0}{\bar{\nu}_m}\right)^2\right]$$

Le facteur $\bar{\nu}_m$ est supposé tel que $I(\bar{\nu})$ décroisse rapidement au voisinage de I_0. Il est donc petit devant $\bar{\nu}$ et $\bar{\nu}_0$.

Une bande spectrale de largeur $d\bar{\nu}$ créée en un point M de l'écran où la différence de marche est $\delta = \dfrac{naX}{D}$ un éclairement que l'on peut considérer comme proportionnel à $d\bar{\nu}$ et $I(\bar{\nu})$, $\bar{\nu}$ étant le nombre d'ondes de la bande spectrale. Comme $\bar{\nu} = \dfrac{1}{\lambda}$, λ étant la longeur d'onde dans le milieu considéré

$$d\mathscr{E} = \alpha\mathscr{E}_0 \cos^2\frac{\pi a X\bar{\nu}}{D} \exp\left[-\left(\frac{\bar{\nu}-\bar{\nu}_0}{\bar{\nu}_m}\right)^2\right] d\bar{\nu}$$

α étant une constante de proportionnalité.

Toutes les bandes de largeur $d\bar{\nu}$ en lesquelles on peut décomposer la raie sont incohérentes entre elles : les éclairements s'ajouteront. L'éclairement résultant en M sera, par suite :

$$\mathscr{E} = \alpha\mathscr{E}_0 \int_0^{\infty} \cos^2\frac{\pi a X\bar{\nu}}{D} \exp\left[-\left(\frac{\bar{\nu}-\bar{\nu}_0}{\bar{\nu}_m}\right)^2\right] d\bar{\nu}\,;$$

$$\mathscr{E} = \frac{\alpha\mathscr{E}_0}{2} \int_0^{\infty} \left(1+\cos\frac{2\pi a X\bar{\nu}}{D}\right) \exp\left[-\left(\frac{\bar{\nu}-\bar{\nu}_0}{\bar{\nu}_m}\right)^2\right] d\bar{\nu}\,;$$

$$\mathscr{E} = \frac{\alpha\mathscr{E}_0}{2} \int_0^{\infty} \exp\left[-\left(\frac{\bar{\nu}-\bar{\nu}_0}{\bar{\nu}_m}\right)^2\right] d\bar{\nu} + \frac{\alpha\mathscr{E}_0}{2} \int_0^{\infty} \cos\frac{2\pi a X\bar{\nu}}{D} \exp\left[-\left(\frac{\bar{\nu}-\bar{\nu}_0}{\bar{\nu}_m}\right)^2\right] d\bar{\nu}.$$

Nous allons utiliser maintenant les intégrales suivantes :

$$\int_{-\infty}^{+\infty} e^{-X^2} dX = \sqrt{\pi}, \quad \int_{-\infty}^{+\infty} e^{-X^2} \cos kX\, dX = \sqrt{\pi}\, e^{-\frac{K^2}{4}}, \quad \int_{-\infty}^{+\infty} e^{-X^2} \sin kX\, dX = 0.$$

Comme $I(\bar{\nu})$ décroît très rapidement autour de $\bar{\nu}_0$, on peut étendre les intégrales de $\mathscr{E}$ de $]0, +\infty[$ à $]-\infty, +\infty[$. Un nombre d'ondes négatif n'a pas de signification physique, mais on ne change rien lorsqu'on ajoute des termes nuls. Donc

$$\int_0^{\infty} \exp\left[-\left(\frac{\bar{\nu}-\bar{\nu}_0}{\bar{\nu}_m}\right)^2\right] d\bar{\nu} = \bar{\nu}_m \int_{-\infty}^{\infty} \exp\left[-\left(\frac{\bar{\nu}-\bar{\nu}_0}{\bar{\nu}_m}\right)^2\right] d\left(\frac{\bar{\nu}-\bar{\nu}_0}{\bar{\nu}_m}\right) = \bar{\nu}_m\sqrt{\pi}.$$

$$\int_0^{\infty} \cos\frac{2\pi a X\bar{\nu}}{D} \exp\left[-\left(\frac{\bar{\nu}-\bar{\nu}_0}{\bar{\nu}_m}\right)^2\right] d\bar{\nu} = \int_{-\infty}^{\infty} \cos\left[\frac{2\pi a X\bar{\nu}_0}{D}\left(\frac{\bar{\nu}-\bar{\nu}_0}{\bar{\nu}_m}\right) + \frac{2\pi a X\bar{\nu}_0}{D}\right] \exp\left[-\left(\frac{\bar{\nu}-\bar{\nu}_0}{\bar{\nu}_m}\right)^2\right] d\bar{\nu}$$

$$= \int_{-\infty}^{\infty} \cos\frac{2\pi a X\bar{\nu}_0}{D} \cos\frac{2\pi a X\bar{\nu}_m}{D}\left(\frac{\bar{\nu}-\bar{\nu}_0}{\bar{\nu}_m}\right) \exp\left[-\left(\frac{\bar{\nu}-\bar{\nu}_0}{\bar{\nu}_m}\right)^2\right] d\bar{\nu}$$

$$- \int_{-\infty}^{\infty} \sin\frac{2\pi a X\bar{\nu}_0}{D} \sin\frac{2\pi a X\bar{\nu}_m}{D}\left(\frac{\bar{\nu}-\bar{\nu}_0}{\bar{\nu}_m}\right) \exp\left[-\left(\frac{\bar{\nu}-\bar{\nu}_0}{\bar{\nu}_m}\right)^2\right] d\bar{\nu}$$

$$= \bar{\nu}_m \cos\frac{2\pi a X\bar{\nu}_0}{D} \int_{-\infty}^{+\infty} \cos\frac{2\pi a X\bar{\nu}_m}{D}\left(\frac{\bar{\nu}-\bar{\nu}_0}{\bar{\nu}_m}\right) \exp\left[-\left(\frac{\bar{\nu}-\bar{\nu}_0}{\bar{\nu}_m}\right)^2\right] d\left(\frac{\bar{\nu}-\bar{\nu}_0}{\bar{\nu}_m}\right)$$

$$- \bar{\nu}_m \sin\frac{2\pi a X\bar{\nu}_0}{D} \int_{-\infty}^{+\infty} \sin\frac{2\pi a X\bar{\nu}_m}{D}\left(\frac{\bar{\nu}-\bar{\nu}_0}{\bar{\nu}_m}\right) \exp\left[-\left(\frac{\bar{\nu}-\bar{\nu}_0}{\bar{\nu}_m}\right)^2\right] d\left(\frac{\bar{\nu}-\bar{\nu}_0}{\bar{\nu}_m}\right)$$

$$= \bar{\nu}_m \cos\frac{2\pi a X\bar{\nu}_0}{D} \sqrt{\pi} \exp\left(-\frac{\pi^2 a^2 \bar{\nu}_m^2 X^2}{D^2}\right).$$

En définitive, l'éclairement s'écrit donc :

$$\mathscr{E} = \frac{\alpha\mathscr{E}_0}{2}\bar{\nu}_m\sqrt{\pi} + \frac{\alpha\mathscr{E}_0}{2}\bar{\nu}_m \cos\frac{2\pi a X\bar{\nu}_0}{D}\sqrt{\pi}\exp\left(-\frac{\pi^2 a^2 \bar{\nu}_m^2 x^2}{D^2}\right)$$

ou

$$\mathscr{E} = \frac{\alpha\mathscr{E}_0}{2}\bar{\nu}_m\sqrt{\pi}\left(1 + \exp\left(-\frac{\pi^2 a^2 \bar{\nu}_m^2 x^2}{D^2}\right)\cos\frac{2\pi a X\bar{\nu}_0}{D}\right)$$

de la forme

$$\boxed{\begin{aligned} \mathscr{E} &= \mathscr{E}'_0\left[1 + V(X)\cos\frac{2\pi a X\bar{\nu}_0}{D}\right] \\ V(X) &= \exp\left(-\frac{\pi^2 \bar{\nu}_m^2 X^2}{D^2}\right) \end{aligned}}$$

avec

La courbe donnant les variations de $V(X)$ est la suivante :

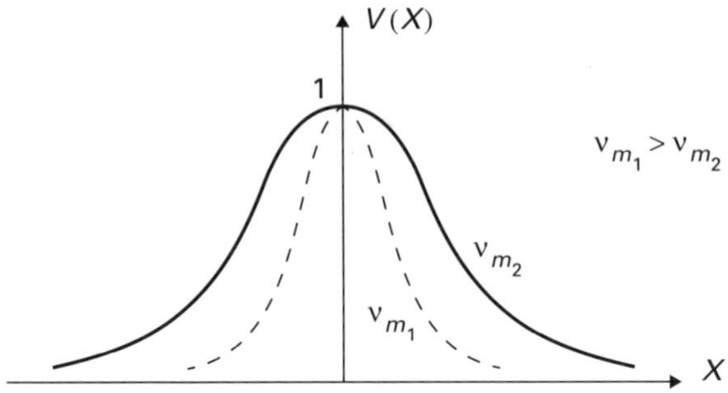

Si la raie est très fine, $\overline{\nu_m}$ est très petit, $V(X)$ reste voisin de 1 sur une large plage de valeurs de X : les phénomènes sont voisins de ceux que l'on aurait en lumière rigoureusement monochromatique.

Si la raie est large, $V(X)$ n'est appréciable qu'au voisinage de $X = 0$. En dehors de la frange centrale, les franges sont **brouillées**.

11 - CONCLUSION

L'étude ci-dessus des phénomènes d'interférences lumineuses montre qu'il s'agit, en fait, de phénomènes complexes et qu'il est difficile d'obtenir un nombre convenable de franges d'interférences bien contrastées en raison de l'**incohérence partielle spatiale** de la source (du fait de la largeur de la fente-source) et de l'**incohérence partielle temporelle** de la lumière « monochromatique » (du fait de la largeur de la raie spectrale).

Ces difficultés liées à l'incohérence partielle peuvent être en partie levées lorsqu'on utilise une source pratiquement cohérente, tel un laser.

Annexe :
INTERFÉRENCES EN LUMIÈRE POLARISÉE

Dans tout ce chapitre, nous avons utilisé l'approximation scalaire, c'est-à-dire que nous avons représenté une onde lumineuse par une fonction $s(M, t)$.

La lumière naturelle peut être considérée comme résultant de la composition de deux vibrations perpendiculaires entre elles dont le déphasage est aléatoire.

Ces deux vibrations sont donc incohérentes et sur un écran on observe une intensité lumineuse, somme des intensités dues à chaque vibration.

Comme il n'y a dans cette lumière aucune direction privilégiée, on peut admettre que ces intensités sont égales.

Les phénomènes d'interférences peuvent aussi être observés avec de la lumière polarisée. Mais alors il faut tenir compte de l'aspect vectoriel des ondes.

Décrivons le phénomène d'interférences avec des trous d'Young.

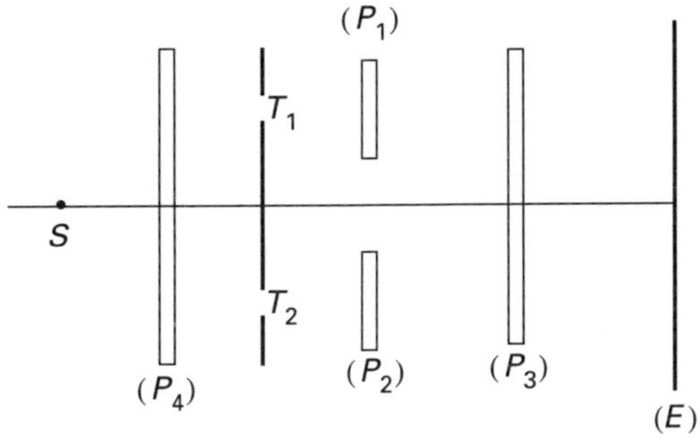

* Une source ponctuelle S de lumière monochromatique *naturelle* éclaire les trous. Sur l'écran (E) on observe les franges d'interférences habituelles.

* Plaçons alors juste derrière les trous deux polariseurs (P_1) et (P_2) **croisés**. Les franges précédentes disparaissent car, pour qu'il y ait interférences, il faut que les vibrations soient quasi parallèles. Or, (P_1) et (P_2) envoient des vibrations perpendiculaires.

* Plaçons alors juste après (P_1) et (P_2) un polariseur (P_3). Celui-ci ne laisse passer qu'une seule direction de polarisation. Mais on n'obtient toujours pas de franges d'interférences car les vibrations qui se superposent sur (E) proviennent de chacune des composantes incohérentes de la lumière naturelle.

Le schéma ci-dessous résume ce qui précède.

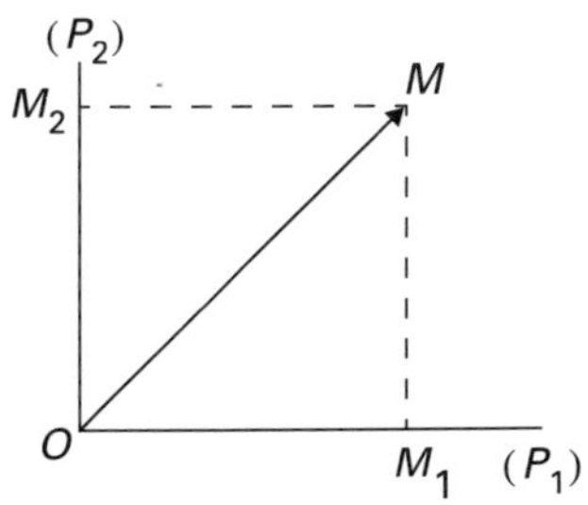

Soit $\overrightarrow{OM}$ la vibration émise par la lumière naturelle. (P_1) laisse passer la composante $\overrightarrow{OM_1}$, (P_2) laisse passer la composante $\overrightarrow{OM_2}$:

ces deux composantes sont incohérentes.

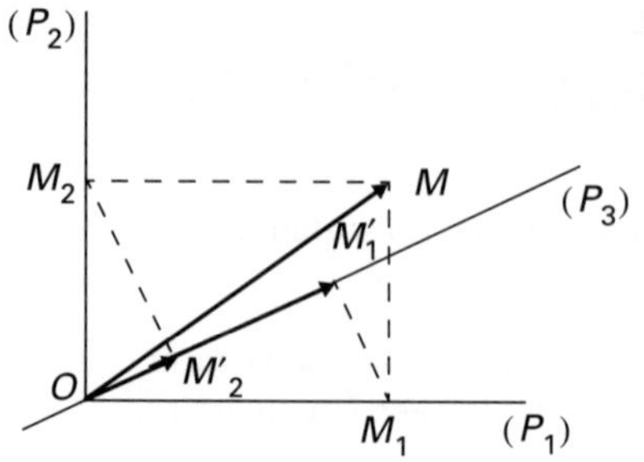

Lorsqu'on place (P_3), seules sont transmises les composantes $\overrightarrow{OM_1}$ et $\overrightarrow{OM_2}$, qui, certes, ont la même direction, mais qui proviennent de deux composantes incohérentes.

* Plaçons maintenant en avant des trous un polariseur (P_4). Les deux vibrations perpendiculaires que laissent passer (P_1) et (P_2) sont maintenant cohérentes car elles proviennent de la même vibration, unique, donnée par (P_4). (P_3) les rend parallèles et elles peuvent donc interférer dans la région de superposition des faisceaux : les franges réapparaissent sur (E).

EXERCICES TYPES

01 - MIROIRS DE FRESNEL

Des miroirs de Fresnel font un angle α. Une fente-source très fine, parallèle à l'arête du dièdre, est située à 1 m de celle-ci. Elle émet une lumière monochromatique de longueur d'onde $\lambda = 0{,}5\ \mu m$.

1/ Quelle doit être la valeur de α pour que les sources virtuelles S_1 et S_2 soient distantes de 1 mm ?

2/ On observe les franges d'interférences sur un écran parallèle à S_1S_2 situé à 50 cm de l'arête. Quel est l'interfrange ?

02 - FENTES D'YOUNG

Deux fentes d'Young sont distantes de 4 mm. Elles sont éclairées par la lumière jaune du sodium formée par les radiations de longueurs d'onde $\lambda_1 = 0{,}5890\ \mu m$ et $\lambda_2 = 0{,}5896\ \mu m$. On observe les franges d'interférences sur un écran situé à 1 m des fentes. À quelle distance de la frange centrale y a-t-il disparition des franges pour la première fois ?

03 - EXPÉRIENCE DE FIZEAU

On réalise le dispositif classique d'Young : une fente fine S, éclairée par la lumière monochromatique de longueur d'onde dans le vide $\lambda = 0{,}5893\ \mu$, est placée à égale distance de deux fentes fines S_1 et S_2, parallèles entre elles et à S, percées dans un écran e et dont l'écartement est 1 mm.

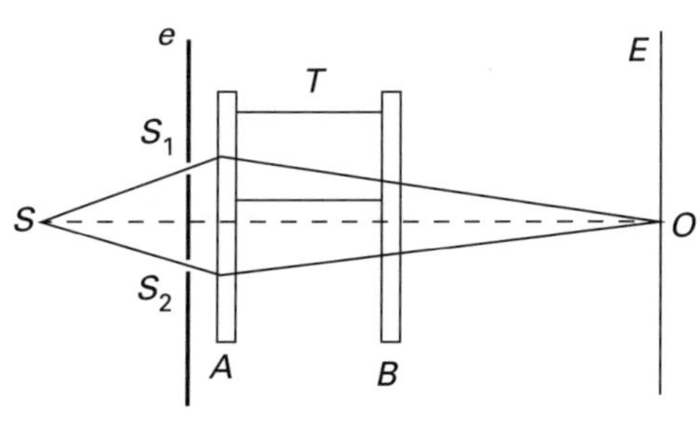

1/ On observe des franges d'interférences sur un écran E, parallèle à e et situé à 2 m de celui-ci. Quelle est la valeur de l'interfrange ?

2/ On introduit sur le trajet du faisceau issu de S_1 un tube T fermé par deux glaces plan parallèles A et B, de dimensions telles qu'elles soient aussi traversées par les rayons provenant de S_2.

a) Le tube T étant en communication avec l'extérieur, qu'observe-t-on sur l'écran E ?

b) On fait le vide dans le tube T. Que devient le système de franges précédent ?

c) La longueur du tube T étant de 20 cm, à 1 mm près, déterminer la valeur de l'indice de réfraction de l'air dans les conditions de l'expérience, sachant que, pendant le pompage, on a vu défiler 99 franges brillantes au centre O de la figure d'interférences initiales et que, l'opération terminée, on observe en ce point une frange sombre.

Avec quelle précision cet indice est-il déterminé, sachant qu'on apprécie la position des franges à 1/4 d'interfrange près ?

3/ On substitue au monochromateur une source de lumière blanche et à l'écran E la fente d'un spectroscope, placée en O parallèlement aux fentes S_1 et S_2. Le vide ayant été fait dans le tube T, qu'observe-t-on dans le spectroscope ?

On admettra que l'indice de réfraction de l'air a la même valeur pour toutes les radiations ; limites du spectre visible : 0,4 et 0,8 μm.

04 - FENTES D'YOUNG : DÉPLACEMENT DES FRANGES

Une source S monochromatique éclaire deux fentes fines S_1 et S_2 parallèles, distantes l'une de l'autre de 3 mm et distantes de S de 50 cm. La source est sur la perpendiculaire au plan de S_1S_2 et est équidistante de S_1 et S_2. On observe des interférences sur un écran E placé à $d = 3$ m du plan de S_1S_2 et on compte 6 franges brillantes de part et d'autre de la frange centrale O, occupant dans leur ensemble une longueur $\ell = 7{,}2$ mm.

1/ Calculer la longueur d'onde λ de la radiation émise par S.

2/ Avec quelle approximation connaît-on λ, sachant qu'on a mesuré ℓ au 1/10 mm, S_1S_2 à 1/10 mm près, et d à 1 cm près ?

3/ On déplace S de 2,5 mm vers le haut de la figure : de combien et dans quel sens se déplace la frange centrale ?

4/ On ramène celle-ci à sa position primitive O en plaçant devant l'une des deux fentes une lame à faces planes et parallèles, d'indice 3/2 : où doit-on la mettre ? Quelle épaisseur convient-il de lui donner ?

05 - SPECTRE CANNELÉ

On considère le dispositif des fentes d'Young. Celles-ci sont distantes de 1,2 mm. On éclaire au moyen de lumière blanche contenant toutes les radiations comprises entre 0,4 μm et 0,75 μm. On observe les interférences sur un écran situé à 1 m des fentes. Sur cet écran, à 3,6 mm du centre du champ, on dispose la fente d'un spectroscope. Combien y a-t-il de cannelures sombres et à quelles longueurs d'onde correspondent-elles ?

06 - INTERPOSITION D'UNE LAME À FACES PARALLÈLES

On considère le dispositif des fentes d'Young F_1 et F_2, placées dans l'air d'indice 1. On éclaire celui-ci au moyen d'une fente-source très fine émettant une lumière monochromatique de longueur d'onde λ. Devant la fente F_1 on place une lame à faces parallèles d'indice n, d'épaisseur e.

Calculer l'interfrange et la position de la frange centrale d'interférences.

07 - DEMI-LENTILLES DE BILLET

On coupe en deux par un plan diamétral une lentille convergente de distance focale $f = 0{,}5$ m et de rayon d'ouverture 2 cm. On écarte les deux demi-lentilles obtenues symétriquement de $e = 1{,}2$ mm perpendiculairement à l'axe de révolution initial de la lentille unique. Sur cet axe, à une distance $p = 1$ m en avant de la position initiale du centre optique de la lentille unique, on place une fente-source infiniment fine S émettant une lumière monochromatique de longueur d'onde $\lambda = 0{,}55$ μm.

1/ Déterminer les positions des images S_1 et S_2 de S à travers les demi-lentilles.

2/ Expliquer l'existence de franges d'interférences sur un écran (E) perpendiculaire à l'axe de révolution, convenablement placé.

3/ Déterminer la distance minimale d des demi-lentilles à l'écran pour laquelle il y a interférences.

4/ L'écran est placé à 2 m des demi-lentilles. Calculer l'interfrange, la largeur du champ d'interférences et le nombre de franges brillantes et noires.

08 - MIROIR DE LLOYD

Une lame de verre (M), plane, est éclairée sous une incidence rasante par une source ponctuelle S placée à une faible distance $h = 1$ mm au-dessus du plan de la lame. Cette source émet une lumière monochromatique de longueur d'onde $\lambda = 0{,}546$ μm.

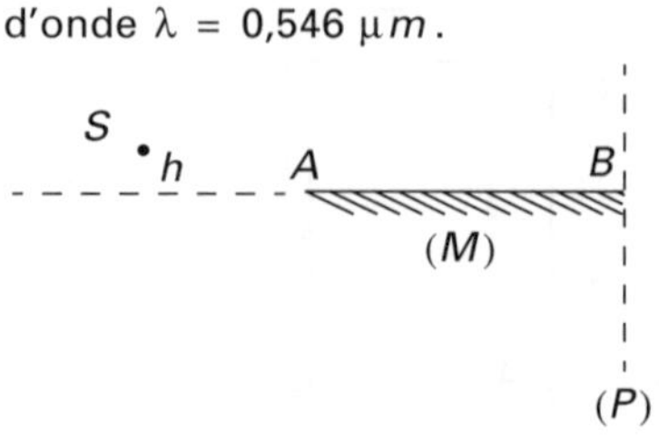

Montrer que dans le plan (P) perpendiculaire au miroir en son extrémité opposée à S se forment des franges d'interférences.

Calculer l'interfrange, la largeur du champ d'interférences et le nombre de franges brillantes et noires. On signale que la réflexion vitreuse (d'un milieu moins réfringent sur un milieu plus réfringent) introduit une différence de marche physique supplémentaire $\frac{\lambda}{2}$.

A et B étant les deux extrémités du miroir dans le plan de figure, on posera $SA = 20$ cm, $AB = 10$ cm.

09 - MIROIR DE LLOYD ÉCLAIRÉ PAR DEUX SOURCES

Un miroir de Lloyd est éclairé au moyen d'une lumière monochromatique de longueur d'onde $\lambda = 0{,}546\ \mu m$ au moyen de deux sources S_1 et S_2 incohérentes entre elles situées sur la même perpendiculaire au miroir à des distances h_1 et h_2 très proches.

Décrire le phénomène observé dans le plan (P) perpendiculaire au miroir à son extrémité. Quelle est la plus petite distance $h_1 - h_2$ entre les deux fentes pour laquelle coïncident exactement la dixième frange noire du système d'interférences dû à S_1 et une frange brillante du système d'interférences dû à S_2.

10 - MIROIR DE LLOYD : ÉLARGISSEMENT DE LA FENTE-SOURCE

On considère le dispositif du miroir de Lloyd. La source ponctuelle S est déplacée de dh. En quoi le système de franges sur le plan (P) perpendiculaire au miroir à son extrémité est-il modifié ?

Centrée en S à la distance h du plan du miroir, on place une fente-source de largeur variant à partir de O. Étudier le phénomène d'interférences sur l'écran (E).

11 - BIPRISME DE FRESNEL

Deux prismes rectangles identiques d'indice n de petit angle A sont accolés par leur base de façon à former un triangle isocèle dans le plan de section principale. Le biprisme ainsi formé est éclairé par un faisceau de lumière monochromatique de longueur d'onde λ provenant d'une source S située à une distance d du biprisme et sur l'axe de symétrie. Montrer que sur un écran situé à une distance d' du biprisme on observe des interférences. En calculer l'interfrange. Déterminer la largeur du champ d'interférences et le nombre de franges. La déviation D introduite par le prisme est $D = (n-1)A$.

Application numérique :

$A = 10'$, $n = 1{,}5$, $\lambda = 0{,}546\ \mu m$, $d = d' = 1\ m$.

12 - FRANGES CIRCULAIRES AVEC LES MIROIRS DE FRESNEL

Dans le dispositif des miroirs de Fresnel, l'écran (E) est disposé perpendiculairement à la droite S_1S_2. On posera $S_1S_2 = a$, distances de S_1 à (E) : $D + \frac{a}{2}$, de S_2 à (E) : $D - \frac{a}{2}$, $D \gg a$.

Montrer qu'on observe des franges d'interférences circulaires sur (E). Calculer les rayons des franges brillantes.

13 - MESURE D'UN INDICE DE RÉFRACTION

On considère le dispositif des fentes d'Young et l'on place devant l'une des fentes un tube de verre de 2,5 cm de long. On éclaire le dispositif au moyen de la raie de longueur d'onde $\lambda = 656{,}282\ nm$. On dispose d'abord dans ce tube de verre de l'air sous la pression atmosphérique normale (indice de l'air 1,00029). On remplace alors cet air par un gaz inconnu dont on veut mesurer l'indice de réfraction. En un point de l'écran défilent alors 22 franges. Calculer l'indice du gaz.

14 - FRANGES DE MESLIN

Deux demi-lentilles sont légèrement décalées suivant leur axe de symétrie d'une distance d. Elles sont éclairées par une source ponctuelle S placée à l'infini sur l'axe et émettant une lumière monochromatique de longueur d'onde λ.

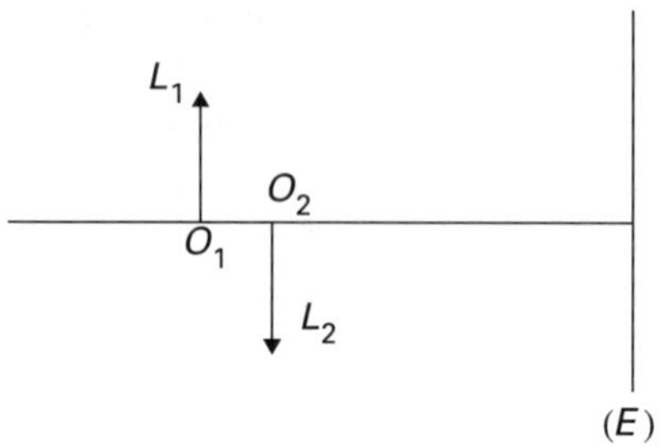

Montrer qu'on obtient des franges d'interférences sur un écran (E) perpendiculaire à l'axe convenablement placé.

Montrer que ces franges sont circulaires. On signale qûe le cercle de rayon nul est noir, car un des faisceaux qui interfèrent a traversé l'axe, l'autre non, ce qui introduit une différence de marche physique $\frac{\lambda}{2}$ (le passage d'une onde par un foyer est accompagné d'un déphasage de π).

INDICATIONS

01 - L'angle étant forcément petit, assimiler l'arc S_1S_2 à la corde S_1S_2. Pour le calcul de i, utiliser directement la formule du cours.

02 - Il y a disparition des franges pour la première fois à la distance X lorsque se superposent en ce point la frange brillante d'une radiation et la frange noire de l'autre radiation.

03 - Appliquer la formule du cours donnant i. Calculer la variation de chemin optique due à la lame. Les vibrations pour lesquelles, au point considéré, on a une frange noire donnent, à travers le spectroscope, des cannelures sombres.

04 - Il suffit d'appliquer la formule donnant l'interfrange puis de faire ensuite un calcul d'incertitudes avec variables indépendantes. Quelle est, par définition, la frange centrale ?

05 - Les cannelures sombres correspondent aux radiations pour lesquelles, au point considéré, il y a des franges noires.

06 - Calculer la différence de marche.

07 - Admettre, pour ce qui est de la formation des images, que les demi-lentilles se comportent comme la lentille unique d'où elles proviennent. Tout le reste est calcul géométrique élémentaire.

08 - À quoi les interférences peuvent-elles être dues ?

09 - Si les sources sont incohérentes, les éclairements s'ajoutent.

10 - Calculer la variation élémentaire d'interfrange due à un déplacement élémentaire de la source.

11 - Chaque demi-prisme donne une source secondaire et on est ainsi ramené au cas classique.

12 - Calculer la différence de marche.

13 - Calculer la variation de différence de marche due à la variation d'indice.

14 - À quoi les interférences peuvent-elles être dues ?

SOLUTIONS

01 - 1/ On sait que, dans les miroirs de Fresnel, l'angle $\widehat{S_1OS_2}$ vaut 2α. En assimilant la corde S_1S_2 à l'arc $\widehat{S_1S_2}$, on obtient

$$a = S_1S_2 = 2\alpha \cdot OS.$$

D'où

$$\boxed{\alpha = 5 \cdot 10^{-4} \text{ rad} = 1{,}67'}$$

2/ L'interfrange est donné par

$$i = \frac{\lambda D}{a}.$$

Soit

$$\boxed{i = 0{,}75 \text{ mm}}$$

02 - Les deux radiations constituent des sources incohérentes. Elles donnent deux systèmes de franges d'interfranges $i_1 = \dfrac{\lambda_1 D}{a}$ et $i_2 = \dfrac{\lambda_2 D}{a}$ légèrement différents. Ces systèmes de franges possèdent la même frange centrale. Il y aura disparition des franges lorsque la frange brillante d'ordre p pour la radiation λ_1 se superposera à la frange noire d'ordre p pour la radiation λ_2 donc à la distance X du centre telle que :

$$X = pi_1 = (2p+1)\frac{i_2}{2}$$

soit

$$p\frac{\lambda_1 D}{a} = \left(p + \frac{1}{2}\right)\frac{\lambda_2 D}{a}$$

p devant être entier, nous prendrons l'entier le plus proche, soit :

$$p = 491.$$

En reportant dans l'expression de X, il vient

$$\boxed{X = 72{,}3 \text{ mm}}$$

03 - 1/ On sait que :

$$i = \frac{\lambda D}{a}$$

soit

$$i = 1{,}18\,mm$$

2/ a) Les lames à faces parallèles sont traversées par les deux faisceaux. Lorsque T est en communication avec l'extérieur il ne se passe rien.

b) Lorsqu'on fait le vide dans le tube, le chemin optique doit augmenter pour le trajet lumineux traversant celui-ci : le système de franges se déplace en bloc vers le bas.

c) Le chemin optique a varié de $(n-1)e$ lors du pompage, ce qui correspond à 99,5 interfranges.

Puisque, en un point de l'écran, $\delta = \dfrac{aX}{D}$

$$\Delta\delta = \frac{a}{D}\Delta X.$$

Or $\Delta X = 99,5\ i = 99,5\ \dfrac{\lambda D}{a}$.

D'où :

$$(n-1)\,e = \frac{a}{D}\ 99,5\ \frac{\lambda D}{a} = 99,5\ \lambda.$$

Soit :

$$\boxed{n = 1,000\ 293}$$

L'incertitude sur la variation de chemin optique est telle que :

$$\frac{\Delta(\Delta\delta)}{\Delta\delta} = \frac{\Delta a}{a} + \frac{\Delta D}{D} + \frac{\Delta(\Delta X)}{\Delta X}.$$

Or, $\Delta(\Delta X) = \dfrac{i}{4}$. Donc

$$\frac{\Delta(\Delta\delta)}{\Delta\delta} = \frac{\frac{i}{4}}{99,5\,i} = \frac{1}{4.99,5} = 2,51 \cdot 10^{-3}.$$

(en négligeant les incertitudes sur a et D, l'énoncé ne donnant aucune précision à ce sujet.

Comme $\Delta\delta = (n-1)\,e$:

$$\frac{\Delta(\Delta\delta)}{\Delta\delta} = \frac{\Delta n}{n-1} + \frac{\Delta e}{e}$$

soit

$$\frac{\Delta n}{n-1} = 2,51 \cdot 10^{-3} + \frac{1}{200} = 7,51 \cdot 10^{-3}$$

(dans les calculs d'incertitudes avec variables indépendantes on ajoute toujours les incertitudes).

D'où

$$\Delta n = 2,2 \cdot 10^{-6}.$$

On arrondit à la valeur supérieure, soit :

$$\Delta n = 3 \cdot 10^{-6}.$$

La précision est donc :

$$\boxed{\frac{\Delta n}{n} \simeq 3 \cdot 10^{-6}}$$

3/ On observe un spectre cannelé centré comme en 2 –, c'est-à-dire à la distance $99{,}5 \cdot 1{,}18$ mm, soit : 117,4 mm. Les cannelures sombres correspondent aux radiations pour lesquelles en O il y a une frange noire, donc

$$117{,}4 \cdot \frac{1}{2\,000} = (2p+1)\frac{\lambda}{2}$$

soit, en microns :

$$(2p+1)\lambda = 117{,}4 .$$

On doit avoir $0{,}4\ \mu m < \lambda < 0{,}8\ \mu m$.

Pour $\lambda = 0{,}4\ \mu m$ $\qquad p = 146{,}25.$

Pour $\lambda = 0{,}8\ \mu m$ $\qquad p = 72{,}87.$

Comme p doit être entier, les valeurs possibles de p sont tous les entiers tels que

$$73 \leq p \leq 146.$$

Il y a donc *74 cannelures sombres* dont les longueurs d'onde peuvent être obtenues en reportant dans l'expression $(2p+1)\lambda = 117{,}4$ les différentes valeurs de p.

04 - 1/ La distance ℓ représente 12 interfranges – Donc

$$i = \frac{7{,}2}{12} = 0{,}6 \text{ mm}.$$

Comme $i = \dfrac{\lambda d}{a}$, $d = 3$m, $a = 3$ mm,

$$\boxed{\lambda = 0{,}6\ \mu m}$$

2/ Comme $i = \dfrac{\ell}{12}$,

$$\frac{\ell}{12} = \frac{\lambda d}{a}.$$

Soit

$$\lambda = \frac{\ell a}{12 d}.$$

Les variables étant toutes indépendantes :

$$\frac{\Delta\lambda}{\lambda} = \frac{\Delta\ell}{\ell} + \frac{\Delta a}{a} + \frac{\Delta d}{d}$$

Les Δ représentant les incertitudes absolues.

Donc :

$$\frac{\Delta\lambda}{\lambda} = \frac{0{,}1}{7{,}2} + \frac{0{,}1}{3} + \frac{1}{300}$$

$$\boxed{\frac{\Delta\lambda}{\lambda} \simeq 0{,}05 = 5\%}$$

3/ Lorsqu'on déplace la fente-source de X' dans un sens, le système de franges se déplace dans l'autre sens de manière homothétique.

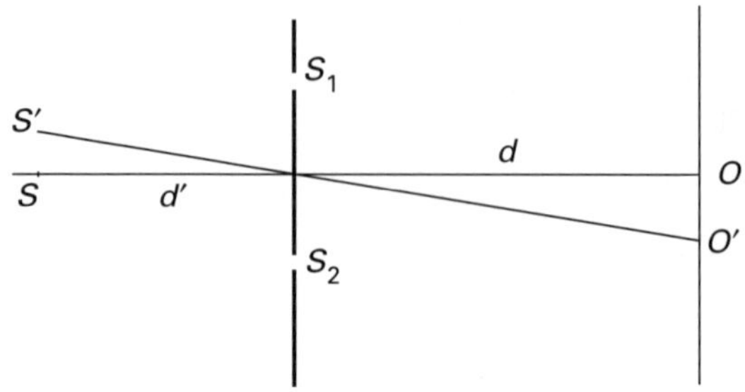

La frange centrale vient en O' tel que : $\frac{OO'}{d} = \frac{SS'}{d'}$

$$OO' = \frac{X'd}{d'}.$$

Soit

$$\boxed{OO' = 15 \text{ mm}}$$

4/ Pour que la frange centrale revienne en O il faut placer derrière S_1 une lame à faces parallèles de manière que $(S'S_1O) = (S'S_2O)$. Donc

$$S'S_1 + S_1O - e + ne = S'S_2 + S_2O$$

Or,

$$S'S_2 - S'S_1 = \frac{aX'}{d'}, \quad S_1O = S_2O \text{ ; d'où :}$$

$$(n-1)\,e = \frac{aX'}{d'}$$

soit

$$\boxed{e = \frac{aX'}{(n-1)\,d'}}$$

Application numérique :

$$e = 30 \mu m$$

05 - Les cannelures sombres correspondent aux radiations pour lesquelles au point de l'écran considéré il y a une frange noire. Avec les notations habituelles.

$$X = (2p+1)\frac{\lambda D}{2a}$$

soit

$$\lambda = \frac{2aX}{(2p+1)\,D}.$$

En exprimant toutes les longueurs en microns, on obtient

$$\lambda = \frac{8{,}64}{2p+1}.$$

Pour $\lambda = 0{,}4 \mu m$ $\quad p = 10{,}3.$

Pour $\lambda = 0{,}75 \mu m$ $\quad p = 5{,}2.$

Comme p doit être entier les seules valeurs possibles sont : 6, 7, 8, 9, 10

Il y a donc *5 cannelures sombres.*

Leurs longueurs d'onde s'obtiennent en reportant les valeurs de p dans l'expression ci-dessus :

$$\underline{0{,}664\mu m} \;;\; \underline{0{,}576\mu m} \;;\; \underline{0{,}508\mu m} \;;\; \underline{0{,}454\mu m} \;;\; \underline{0{,}411\mu m}.$$

06 - En un point M de l'écran (E), la différence de marche est

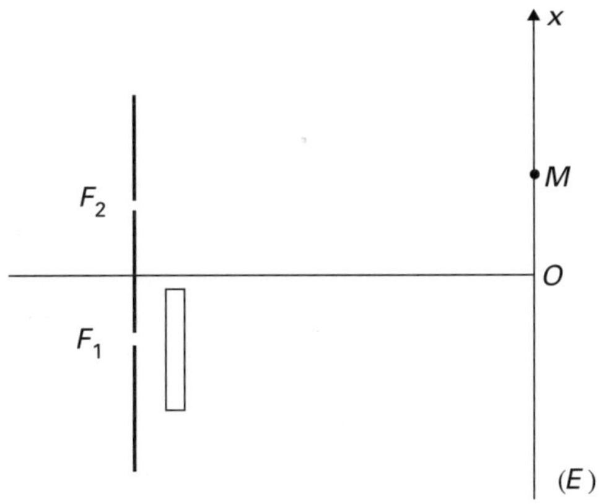

$$\delta = (F_1M) - (F_2M)$$

$$\delta = F_1M - e + ne - F_2M.$$

Or

$$F_1M - F_2M = \frac{ax}{D}$$

d'où

$$\delta = \frac{ax}{D} + (n-1)\,e.$$

On en déduit l'interfrange

$$\boxed{i = \frac{\lambda D}{a}}$$

La frange centrale à l'abscisse X_0 telle $\delta = 0$, soit

$$\boxed{X_0 = -\frac{(n-1)\,eD}{a}}$$

Le système de franges est donc déplacé en bloc du côté de la lame.

07 - 1/ Les images S_1 et S_2 sont dans le plan de front conjugué du plan de front contenant S par rapport aux demi-lentilles

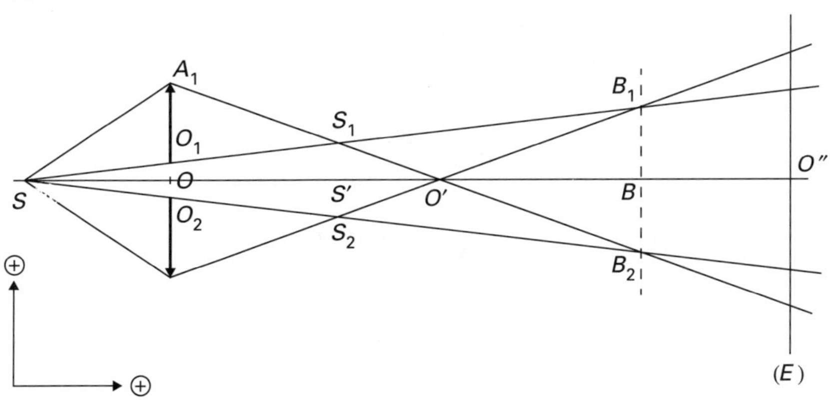

$$\frac{1}{\overline{OS'}} - \frac{1}{\overline{OS}} = \frac{1}{f'}$$

d'où

$$\boxed{\overline{OS'} = 1\text{m}}$$

On en déduit

$$\frac{\overline{S_1S_2}}{\overline{O_1O_2}} = \frac{\overline{SS'}}{\overline{SO}} = 2$$

donc

$$\boxed{S_1S_2 = 2{,}4\text{mm}}$$

2/ S_1 et S_2 jouent le rôle de sources secondaires. Elles sont issues de la même source principale S. Elles sont donc synchrones et cohérentes.

Si l'on place un écran (E) qui coupe l'axe au-delà de O' on obtient des franges d'interférences dans la partie commune aux deux faisceaux.

3/ La distance minimale correspond à OO' :

$$\frac{\overline{O'S'}}{\overline{O'O}} = \frac{\overline{S'S_1}}{\overline{OA_1}} = \frac{1,2}{20,6}$$

$$20{,}6\ \overline{O'S'} = 1{,}2\,(\overline{O'S'} + \overline{S'O})$$

$$(20{,}6 - 1{,}2)\,\overline{O'S'} = -1{,}2\ \overline{O'S'} = -1{,}2 \cdot 1\,000 = -1200 \text{ mm}$$

donc

$$\overline{O'S'} = -\ 61{,}8 \text{ mm}$$

et

$$\boxed{d = 1061{,}8 \text{ mm}}$$

4/ Sur la figure ci-dessus, soient les points B_1, B, B_2.

On a :

$$\frac{\overline{BB_1}}{\overline{S'S_1}} = \frac{\overline{SB}}{\overline{SS'}} \qquad \overline{BB_1} = \frac{\overline{S'S_1}\cdot\overline{SB}}{\overline{SS'}}$$

$$\frac{\overline{BB_1}}{-\overline{OA_1}} = \frac{\overline{O'B}}{\overline{O'O}} \qquad \overline{BB_1} = -\frac{\overline{OA_1}\cdot\overline{O'B}}{\overline{O'O}}$$

On identifie les deux expressions de $\overline{BB_1}$:

$$\frac{\overline{S'S_1}\cdot\overline{SB}}{\overline{SS'}} = -\frac{\overline{OA_1}\,\overline{O'B}}{\overline{O'O}}$$

soit numériquement et en millimètres :

$$\frac{1{,}2\cdot\overline{SB}}{2\,000} = -\frac{20{,}6\cdot\overline{O'B}}{-1061{,}8} = \frac{20{,}6}{1061{,}8}(-2061{,}8+\overline{SB})$$

$$\overline{SB}\left(\frac{20{,}6}{1061{,}8}-\frac{1{,}2}{2\,000}\right) = \frac{20{,}6\,.\,2061{,}8}{1061{,}8}$$

$$\overline{SB} = 2127{,}6 \text{ mm}$$

donc $\overline{OB} = 1127{,}6$ mm.

L'écran (E) étant placé à 2m des demi-lentilles, le champ d'interférences est limité par les rayons SS_1 et SS_2.

L'interfrange est alors

$$i = \frac{0{,}55\cdot 10^{-3}\cdot 1000}{2{,}4}\text{ mm}$$

$$\boxed{i = 0{,}23 \text{ mm}}$$

soit L la largeur du champ :

$$\frac{\frac{L}{2}}{S'S_1} = \frac{SO''}{SS'}$$

$$\frac{L}{2{,}4} = \frac{3}{2} \qquad \boxed{L = 3{,}6 \text{ mm}}$$

On obtient alors *15 franges brillantes* (y compris la frange centrale) et *16 franges noires.*

08 - Il se forme des interférences entre le faisceau issu directement de S et le faisceau issu de S qui s'est réfléchi sur le miroir.

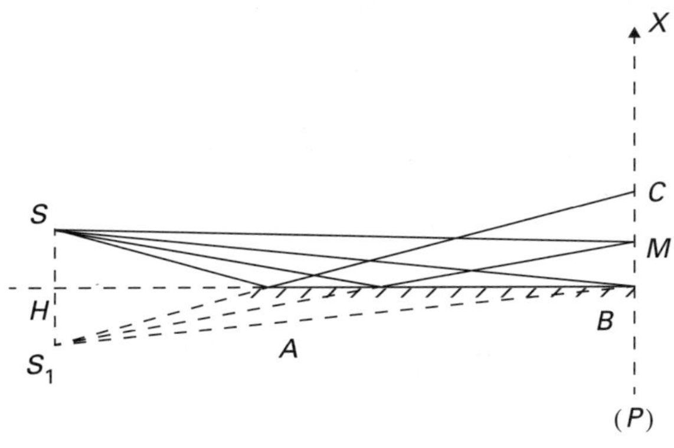

En un point M d'abscisse $BM = X$ sur l'axe BX la différence de marche entre les ondes qui interfèrent est :

$$\delta = \frac{S_1S\cdot X}{HB}+\frac{\lambda}{2},$$

le $\frac{\lambda}{2}$ provenant du fait que l'une des ondes a subi une réflexion vitreuse et pas l'autre.

En $B(X=0)$ $\delta = \frac{\lambda}{2}$ il y a donc une frange noire.

L'interfrange est

$$i = \frac{\lambda HB}{SS_1}$$

Soit, numériquement

$$\boxed{i = 0{,}082 \text{ mm}}$$

La largeur du champ d'interférences est définie par le rayon marginal SAC :

$$\frac{L}{HS_1} = \frac{AB}{AH} \quad \text{soit} \quad \boxed{L = 0{,}5 \text{ mm}}$$

Le nombre d'interfranges est

$$\frac{L}{i} = 6{,}09.$$

On obtient donc *7 franges noires* et *6 franges brillantes.*

09 - Chaque source donnera un système de franges d'interférences. Ces deux systèmes présentent une frange noire en B (voir exercice 8) et des interfranges différents valant :

$$i_1 = \frac{\lambda HB}{2h_1} \quad \text{et} \quad i_2 = \frac{\lambda HB}{2h_2}.$$

La dixième frange noire du système créée par S_1 a une abscisse X telle que

$$X = 9i_1.$$

Une frange brillante d'ordre p a une abscisse X telle que

$$X = (2p+1)\frac{i}{2},$$

p prenant la valeur 0 pour la première frange brillante. On veut donc avoir :

$$9i_1 = (2p+1)\frac{i_2}{2}$$

$$18i_1 = (2p+1)\,i_2$$

$$18\,\frac{\lambda HB}{2h_1} = (2p+1)\,\frac{\lambda HB}{2h_2}$$

$$\frac{18}{h_1} = \frac{2p+1}{h_2}.$$

La différence $h_2 - h_1$ s'écrit :

$$h_2 - h_1 = h_1\,\frac{2p-17}{18}.$$

La plus petite valeur de p possible est $p = 9$.

Alors :

$$h_2 - h_1 = \frac{h_1}{18}.$$

Dans ces conditions, la dixième frange noire du système d'interférences dû à S_1 coïncide avec la dixième frange brillante du système d'interférences dû à S_2.

10 - Si l'on déplace la source de dh, on modifie la distance entre les sources de $2dh$. L'interfrange est alors modifié

$$i = \frac{\lambda HB}{SS_1} \qquad \frac{di}{i} = -\frac{dSS_1}{SS_1} \qquad \text{donc} \qquad di = -\frac{2idh}{SS_1}.$$

Par ailleurs la largeur du champ d'interférences est aussi modifiée.

Si l'on écarte progressivement la fente-source, cela revient à introduire des sources incohérentes et, comme à l'exercice 4, on aura un brouillage progressif des franges.

11 -

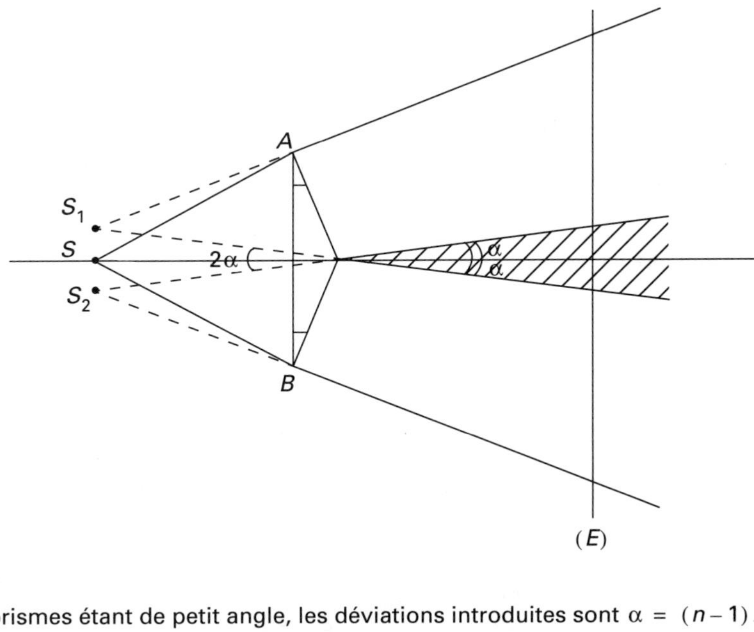

Les deux prismes étant de petit angle, les déviations introduites sont $\alpha = (n-1)A$.

Dans la partie hachurée, les faisceaux issus des sources secondaires S_1 et S_2 se recouvrent. Comme S_1 et S_2 sont les images de S à travers les deux prismes, ces sources secondaires sont cohérentes. Dans la partie commune aux deux faisceaux on observera donc des interférences. On a alors

$$S_1S_2 = 2\alpha d, \quad D = d + d'$$

donc :

$$\boxed{i = \frac{\lambda(d+d')}{2\alpha d}}$$

Application numérique :

$$\boxed{i = 0{,}36 \text{ mm}}$$

La largeur du champ d'interférences est évidemment :

$$L = 2\alpha d',$$

Soit :

$$\boxed{L = 3 \text{ mm}}$$

Le nombre d'interfrange est $\frac{L}{i} = 8{,}33$.

Il y a donc *9 franges brillantes et 8 franges noires.*

12 - En un point de l'écran arrivent les ondes issues de S_1 et S_2 qui sont deux sources secondaires synchrones et cohérentes : elles interféreront donc.

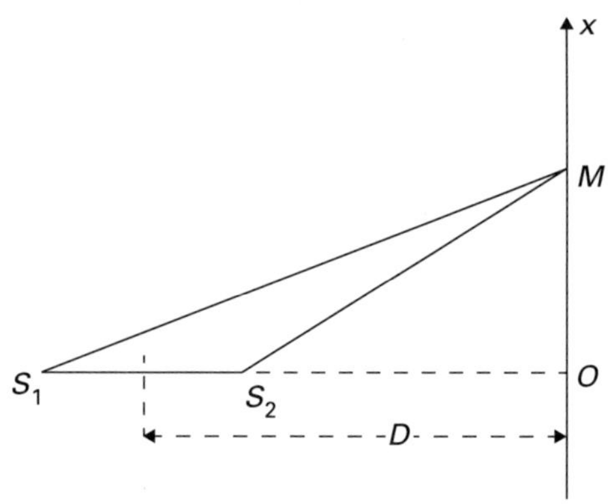

Au point M d'abscisse $\overline{OM} = X$,

on a :

$$\delta = (S_1M) - (S_2M).$$

Si l'on suppose que tout le dispositif est placé dans l'air

$$\delta = S_1M - S_2M.$$

Or, $S_1M^2 = \left(D + \frac{a}{2}\right)^2 + X^2$ $\qquad S_2M^2 = \left(D - \frac{a}{2}\right)^2 + X^2$

$$S_1M = \left(D + \frac{a}{2}\right)\sqrt{1 + \frac{X^2}{\left(D + \frac{a}{2}\right)^2}} \simeq \left(D + \frac{a}{2}\right)\left(1 + \frac{X^2}{2\left(D + \frac{a}{2}\right)^2}\right)$$

et de même

$$S_2M \simeq \left(D - \frac{a}{2}\right)\left(1 + \frac{X^2}{2\left(D + \frac{a}{2}\right)^2}\right).$$

Donc :

$$\delta = D + \frac{a}{2} + \frac{X^2}{2\left(D + \frac{a}{2}\right)^2} - D + \frac{a}{2} - \frac{X^2}{2\left(D - \frac{a}{2}\right)};$$

$$\delta = a - \frac{2a}{4D^2 - a^2}X^2.$$

Les franges brillantes sont données par $\delta = p\lambda$, $p \in \mathbb{Z}$

soit

$$\boxed{X = \sqrt{\frac{4D^2 - a^2}{2a}(a - p\lambda)}}$$

Ces franges sont bien *circulaires* ; on voit qu'elles ne sont pas équidistantes : l'*interfrange n'est pas constant.*

13 - La différence de marche en un point du champ est, lorsque c'est le gaz qui est dans le tube,

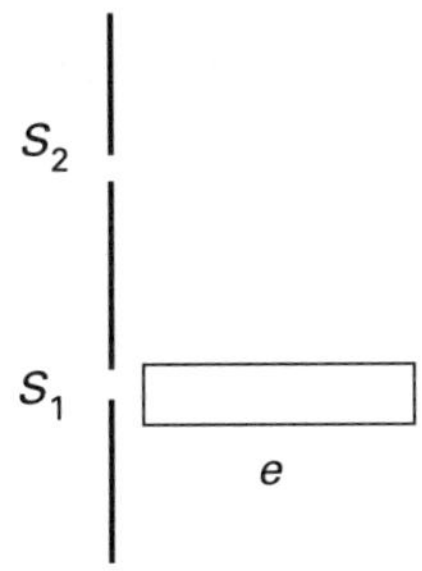

$$\delta = (S_1M) - (S_2M) = S_1M - S_2M - e + ne$$

n étant l'indice du gaz

d'où :

$$\delta = \frac{ax}{D} + (n-1)\,e.$$

Quand c'est l'air qui est dans le tube, de même :

$$\delta_a = \frac{ax}{D} + (n_a - 1)\,e$$

n_a étant l'indice de l'air.

Comme 22 franges défilent

$$|\delta_a - \delta| = 22\lambda$$

soit

$$|n_a - n| = \frac{22\lambda}{e}$$

Numériquement :

$$|n_a - n| = 0{,}000\ 58\,.$$

Comme n est forcément supérieur à 1, on a nécessairement

$$n_a - n = -\ 0{,}000\ 58$$

soit

$$\boxed{n = 1{,}000\ 87}$$

14 -

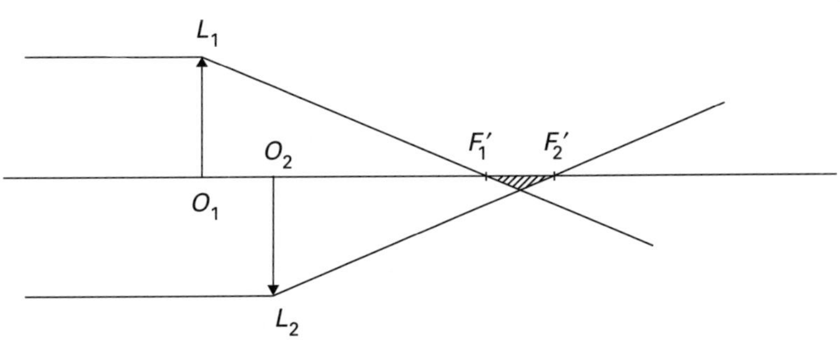

Il y a interférences entre les ondes issues de F_1' et celles qui convergent en F_2'. Il n'y a interférences que dans la zone hachurée ci-dessus.

Le faisceau incident étant parallèle, toutes les ondes ayant traversé L_1 sont en phase en F_1' ; il en est de même F_2' des ondes ayant traversé L_2. Ces ondes présentent sur les précédentes un retard d en différence de marche.

Soit en point M du champ d'interférences. Les ondes qui arrivent en ce point :

– présentent un retard de marche $F_1'M$ sur les ondes en F_1' ;

– présentent une avance de marche $F_2'M$ sur les ondes en F_2', donc un retard $d - F_2'M$ sur les ondes en F_1' ;

– à ces différences de marche il convient de rajouter $\frac{\lambda}{2}$, différence de marche due au passage de l'onde ayant traversé L_1 par F_1'. La différence de marche en M est donc

$$\delta = F_1'M - (d - F_2'M) + \frac{\lambda}{2}$$

soit

$$\delta = F_1'M + F_2'M - d + \frac{\lambda}{2}.$$

Les franges brillantes correspondent à $\delta = p\lambda$, soit $F_1'M + F_2'M$ = constante. Il en est de même des franges noires. Les franges sont donc dans l'espace des ellipsoïdes de révolution de foyers F_1' et F_2'. Si on coupe ces ellipsoïdes par le plan d'un écran (E) perpendiculaire à l'axe, on obtiendra donc des **franges ayant la forme de demi-cercles centrés sur l'axe**.

4 INTERFÉRENCES LOCALISÉES

1 - LE PROBLÈME DE LA LOCALISATION DES FRANGES : SOURCE PONCTUELLE ET SOURCE ÉTENDUE

* Considérons une **source ponctuelle** de lumière monochromatique S. Soit deux rayons R_1 et R_2 issus de S. Ces rayons traversent un dispositif interférentiel et se rencontrent en un point M.

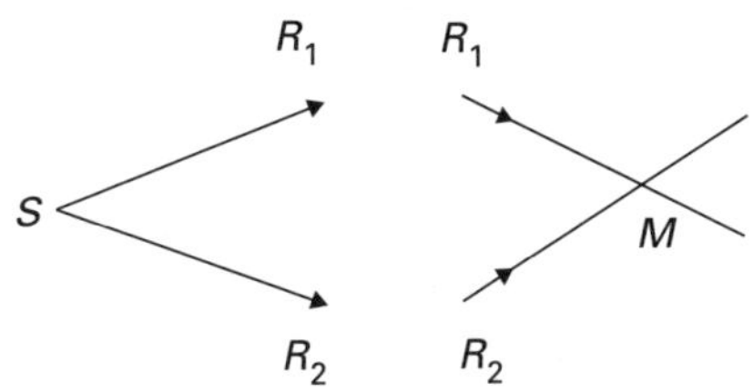

La différence de marche en M est :

$$\delta = (SR_2M) - (SR_1M) = p\lambda$$

p étant l'ordre d'interférence en M.

Une surface d'interférences est définie par δ = constante, soit p = constante. Une frange d'interférences est l'intersection d'une surface d'interférences par un plan d'observation. Dans le cas d'une source ponctuelle, on obtient des franges d'interférences dans toute la région de superposition des faisceaux issus de S : les franges sont non localisées.

Les surfaces d'onde, pour les deux faisceaux, sont définies par (SR_1M) = constante et (SR_2M) = constante. D'après le théorème de Malus, elles sont perpendiculaires aux rayons aux points d'intersection. Les plans tangents à ces surfaces d'onde se coupent suivant une droite (D) ; et si on se limite aux points voisins de M appartenant à cette droite, les relations ci-dessus sont satisfaites de sorte que $(SR_2M) - (SR_1M)$ est alors constante : (D) appartient donc à la surface d'interférences passant par M.

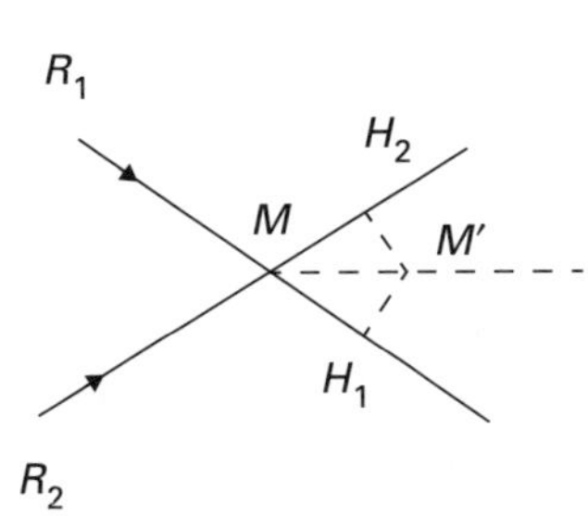

Soit un point M' situé près de M sur la bissectrice de l'angle R_1MR_2 : M' appartient au plan tangent à la surface d'interférences puisque $(M'H_1) = (M'H_2)$. Donc le plan tangent à la surface d'interférences en M est défini par la normale aux rayons R_1 et R_2 et la bissectrice intérieure de l'angle que forment ces rayons.

* Considérons maintenant une **source étendue** et deux points S et S' de celle-ci. S et S' constituent deux sources ponctuelles indépendantes, émettant donc des vibrations incohérentes. Elles donnent, chacune, lieu à un phénomène d'interférences en M, mais, du fait de l'incohérence, les éclairements (ou les intensités) s'ajoutent. Cela se produit pour l'ensemble des points S, S' en lesquels on peut décomposer la source étendue, de sorte qu'il y aura un brouillage complet des franges et que les interférences ne seront donc pas visibles.

Cherchons à quelle condition les franges sont observables avec une source étendue. Pour cela nous utiliserons le principe du retour inverse de la lumière. Soit une source ponctuelle placée en M et soient R_1, R'_1 deux rayons appartenant à l'un des faisceaux formés par le dispositif interférentiel et R_2, R'_2 deux rayons appartenant à l'autre faisceau. Soient S et S' deux points appartenant à la même surface d'onde. Par définition même :

$$(SR_1M) = (S'R'_1M) \quad \text{et} \quad (SR_2M) = (S'R'_2M).$$

Donc :

$$(SR_2M) - (SR_1M) = (S'R'_2M) - (S'R'_1M).$$

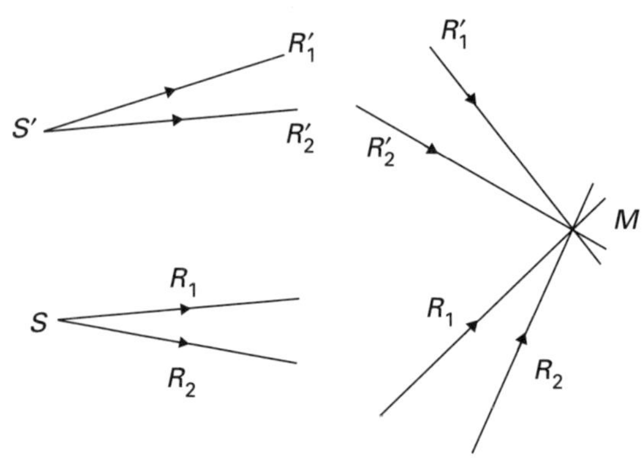

Inversement, et en revenant à S et S' considérés comme deux points d'une source étendue, si la condition ci-dessus est satisfaite, l'état d'interférences en M sera le même pour S et S' et on obtiendra ainsi des franges visibles. En utilisant à nouveau le retour inverse et en s'appuyant sur les raisonnements faits précédemment pour la source ponctuelle, on voit qu'il faut que S' appartienne au plan défini par la normale aux rayons R_1 et R_2 et la bissectrice intérieure de l'angle que forment ces rayons.

Ainsi, avec une fente-source normale au plan SR_1R_2 et normale à la bissectrice (D') de l'angle $\widehat{R_1SR_2}$, on observe des franges sur un écran normal à la bissectrice (D) et celles-ci sont normales au plan MR_1R_2.

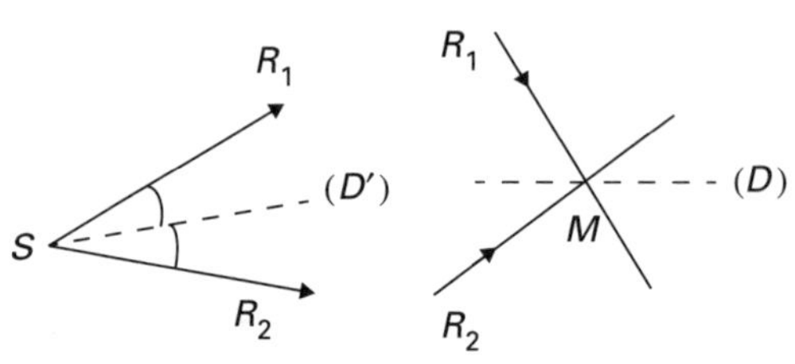

Lorsque la source est étendue, on n'obtient en général pas de franges d'interférences car la source ne peut pas être à la fois perpendiculaire à R_1 et à R_2 en tous ses points. Par contre, si R_1 et R_2 sont confondus il peut en être ainsi : il peut alors y avoir interférences avec une source étendue si les rayons qui interfèrent en M proviennent d'un seul rayon initial. Cela n'est réalisé que pour certaines positions de M. L'ensemble des positions occupées par M constitue la courbe de localisation : les franges d'interférences, lorsqu'elles existent, sont alors *localisées*.

2 - FRANGES D'ÉGALE ÉPAISSEUR OU FRANGES DE FIZEAU

A. Cas d'une lame à faces parallèles

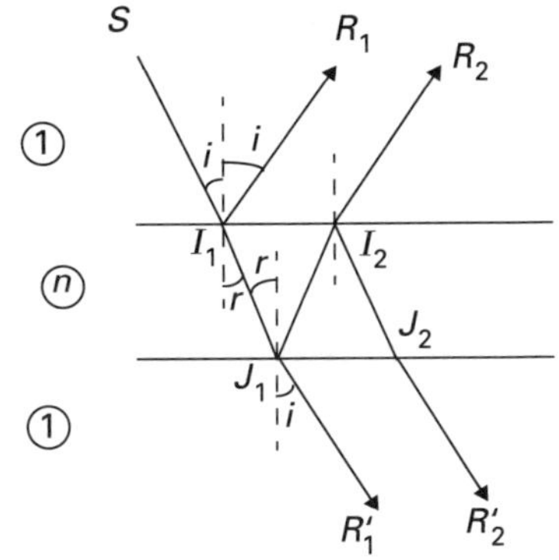

Soit une lame à faces parallèles d'épaisseur e formée d'un milieu transparent homogène et isotrope d'indice n. Nous supposerons que les deux faces de la lame sont baignées par l'air d'indice 1. Un rayon incident tel que SI_1 donne par réflexion et transmission deux familles de rayons :

- une famille R_1, R_2 ... de rayons réfléchis ;
- une famille R'_1, R'_2 ... de rayons transmis.

Dans chacune de ces familles les rayons sont parallèles entre eux.

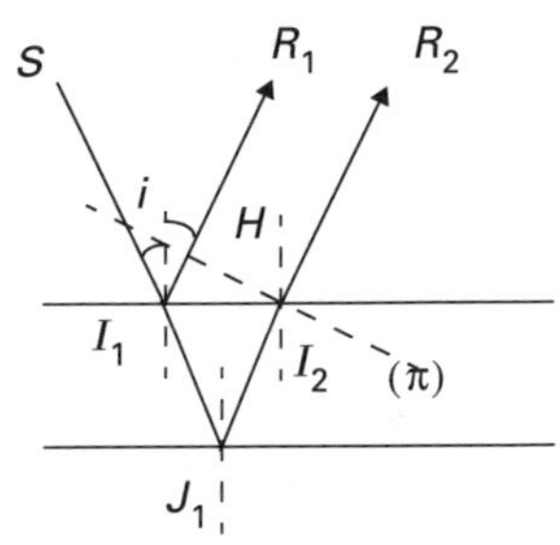

Calculons d'abord la différence de marche géométrique δ_1 existant entre deux rayons consécutifs. Il est facile de vérifier que celle-ci est la même dans chacune des familles. Considérons par exemple les deux rayons R_1 et R_2. Les ondes correspondantes sont en phase en I_1 ; les rayons R_1 et R_2 étant parallèles, (π) est un plan d'onde, de sorte qu'aucun déphasage n'existe au-delà de (π).

Ainsi le déphasage entre R_1 et R_2 est-il dû à la différence de trajet entre I_1H et $I_1 J_1 I_2$:

$$\delta_1 = (I_1 J_1 I_2) - (I_1 H).$$

Or, $(I_1 J_1 I_2) = 2n\, I_1 J_1 = \dfrac{2n\, e}{\cos r}$

$(I_1 H) = I_1 H = 2e \tan r \cos i$

donc $$\delta_1 = \frac{2n\, e}{\cos r} - 2e \tan r \sin i = \frac{2n\, e}{\cos r}(n - \sin r \sin i)\ .$$

Enfin $$\sin i = n \sin r$$

d'où $$\delta_1 = \frac{2e}{\cos r}(n - n\sin^2 r) = \frac{2n\, e}{\cos r}(1 - \sin^2 r)$$

soit $$\delta_1 = 2ne \cos r.$$

À cette différence de marche géométrique, il y a lieu d'ajouter éventuellement une différence de marche supplémentaire due à la nature des réflexions. Lors de la réflexion d'un milieu moins réfringent sur un milieu plus réfringent se produit un déphasage de π ($+\pi$ ou $-\pi$, cela ne change rien aux fonctions trigonométriques ; et il n'y a aucun moyen physique de faire la distinction) ; c'est-à-dire qu'il faut ajouter (ou retrancher) une différence de marche $\frac{\lambda}{2}$.

Pour la famille R_1, R_2... il faut donc ajouter $\frac{\lambda}{2}$ pour la réflexion en I_1 et la différence de marche totale entre deux rayons consécutifs est donc :

$$\boxed{\delta = 2ne\cos r + \frac{\lambda}{2}}$$

Pour la famille R'_1, R'_2 il n'y a rien à ajouter, les réflexions étant du même type en J_1 et I_2 et la différence de marche totale entre deux rayons consécutifs est donc :

$$\boxed{\delta' = 2ne\cos r}$$

B. Cas d'une lame d'épaisseur variable

Si l'épaisseur de la lame n'est pas constante, on peut localement l'assimiler à une lame à faces parallèles (pourvu que l'épaisseur ne varie que de l'ordre de grandeur des longueurs d'onde) et utiliser ainsi le calcul ci-dessus au voisinage d'un point tel que I_1.

1) En lumière monochromatique

- **Franges du coin d'air**

Un coin d'air est formé par deux lames à faces parallèles dont les faces en regard font un très petit angle. En général, on se place sous incidence normale.

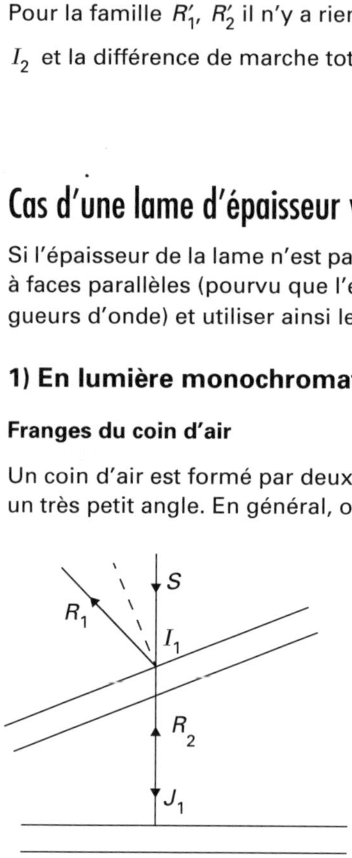

Chaque rayon incident tel que SI_1 donne deux rayons réfléchis tel que R_1 et R_2 : ceux-ci se rencontrent en I_1 et interfèrent puisque alors les conditions d'interférences sont remplies. On obtient des **franges d'interférences localisées sur la lame**.

La différence de marche entre R_1 et R_2 est

$$\delta = 2e + \frac{\lambda}{2}$$

e représentant l'épaisseur de la lame d'air au niveau de I_1J_1.

Une frange d'interférences correspond à $\delta = \text{constante}$, donc à $e = \text{constante}$: on obtient ainsi des **franges d'égale épaisseur**. Celles-ci seront brillantes pour $\delta = p\lambda$ (p entier) et noires pour $\delta = (2p+1)\frac{\lambda}{2}$ (p entier).

Si X représente l'abscisse du point d'incidence à partir de l'arête du dièdre et si α est l'angle fait par les faces en regard, $e \simeq \alpha X$ d'où

$$\delta = 2\alpha X + \frac{\lambda}{2}.$$

L'interfrange i s'obtient immédiatement :

$$i = \frac{\lambda}{2\alpha}.$$

Pour $X = 0$ (sur l'arête), $\delta = \frac{\lambda}{2}$: la frange est noire. Si l'on s'intéresse aux interférences par transmission, les franges brillantes et noires sont inversées (il faut supprimer dans l'expression de δ le terme supplémentaire $\frac{\lambda}{2}$) et sur l'arête la frange est brillante.

- **Anneaux de Newton**

Considérons une lame d'air comprise entre une surface plane et une calotte sphérique de très grand rayon.

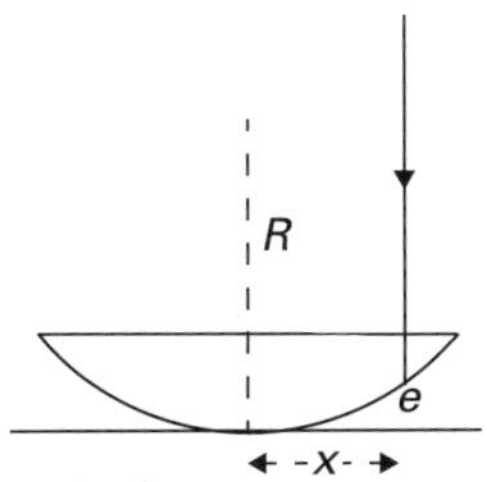

En s'intéressant encore aux interférences par réflexion,

$$\delta = 2e + \frac{\lambda}{2}.$$

L'épaisseur e s'exprime simplement en fonction de x et R :

$$e \simeq \frac{x^2}{2R}$$

(en faisant l'approximation $R >> e$ et x). D'où :

$$\delta = \frac{x^2}{R} + \frac{\lambda}{2}.$$

Les franges d'interférences correspondent à δ = constante, c'est-à-dire x = constante : on obtient des anneaux centrés sur l'axe de symétrie du dispositif, appelés anneaux de Newton. Ces anneaux sont localisés sur la lame.

Les anneaux brillants sont donnés par $\delta = p\lambda$ (p entier) soit :

$$x = \sqrt{2(p-1)\frac{\lambda R}{2}}.$$

Les anneaux noirs sont donnés par $\delta = (2p+1)\frac{\lambda}{2}$ (p entier) soit :

$$x = \sqrt{p\lambda R}.$$

On voit que, pour les anneaux par réflexion, les anneaux de Newton sont à centre noir. Pour les anneaux par transmission, les anneaux brillants et noirs sont inversés et le centre est brillant.

On constate que l'ordre d'interférences des anneaux est minimal au centre du champ et croît lorsqu'on s'éloigne de celui-ci.

2) En lumière blanche

Chacune des longueurs d'onde constituant la lumière blanche donne un système de franges. Les différentes vibrations sont incohérentes : les éclairements (ou les intensités) s'ajoutent donc. En un point correspondant à la différence de marche δ, l'intensité totale caractérise la teinte. Si l'épaisseur d'une lame varie, sa teinte varie : on obtient des *irisations* ; si l'épaisseur est constante, la lame a une teinte unique dite **teinte plate**.

3 - FRANGES D'ÉGALE INCLINAISON OU FRANGES D'HAIDINGER

A. Anneaux à l'infini

Reprenons la lame à faces parallèles du paragraphe 2 et éclairons-la au moyen d'une source étendue de lumière monochromatique. Observons les phénomènes obtenus par réflexion. À un incident tel que SI_1 correspondent des rayons R_1, R_2... parallèles entre eux. Les ondes correspondantes interfèrent à l'infini : on obtient des franges localisées à l'infini. Comme $\delta = 2ne\ \cos r + \frac{\lambda}{2}$, une frange correspond à une valeur donnée de r, donc à une valeur donnée de i : ce sont des franges d'égale inclinaison.

Si le rayon moyen de faisceau incident est normal à la lame, cette normale constitue un axe de symétrie pour les franges et l'on obtient donc finalement des **anneaux d'égale inclinaison localisés** à l'infini. On peut ramener le phénomène à distance finie en recevant les rayons émergents sur une lentille convergente et en observant les anneaux dans le plan focal image de celle-ci.

B. Lame d'air à faces parallèles

1) Aspect expérimental

Nous considérons ici une lame d'air à faces parallèles limitée par deux lames semi-transparentes (c'est-à-dire aussi semi-réfléchissantes) P_1 et P_2. Une source étendue de lumière monochromatique éclaire le système et l'on peut observer les phénomènes par réflexion ou par transmission. En raison de l'intérêt pratique de ce dernier cas nous nous y limiterons.

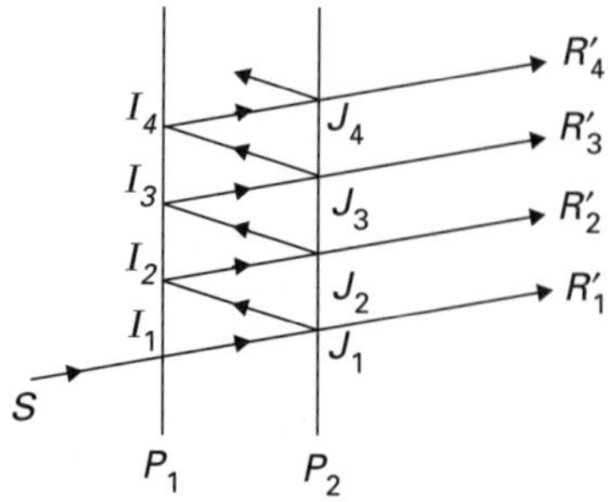

Les lames P_1 et P_2 sont, en réalité, de faible épaisseur, de sorte qu'un rayon traversant P_1 ou P_2 n'est pratiquement pas dévié. On obtient donc la marche des rayons lumineux représentée ci-contre.

Les différents rayons émergents sont parallèles, correspondent à des ondes cohérentes, puisque provenant du même rayon incident et interfèrent donc à l'infini.

2) Différence de marche entre deux rayons émergents consécutifs

Le calcul est le même qu'au paragraphe 2.

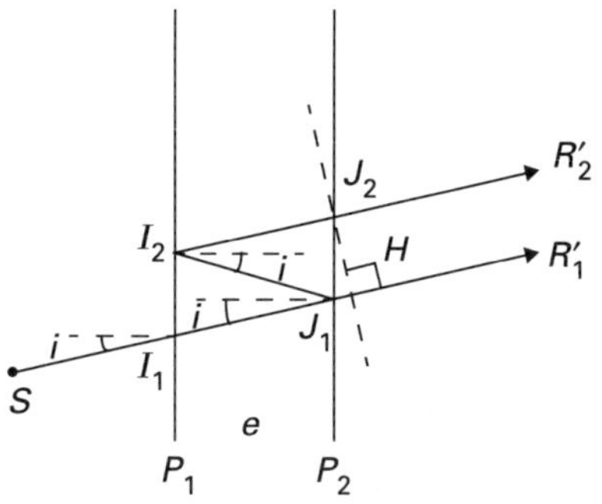

Cherchons la différence de marche entre deux ondes consécutives représentées par les rayons R'_1 et R'_2, R'_2 ayant effectué un aller-retour de plus que R'_1.

En J_1 ces ondes sont en phase, au-delà de J_2H aucun déphasage supplémentaire n'est introduit. La différence de marche géométrique entre les deux ondes sera donc :

$$\delta = (J_1\, I_2\, J_2) - (J_1 H) .$$

Si l'on suppose qu'il y a l'air entre P_1 et P_2, $n \simeq 1$:

$$(J_1\, I_2\, J_2) = 2J_1 I_2 = \frac{2e}{\cos i}$$

e étant la distance entre les faces réfléchissantes des lames et i l'angle d'incidence.

$$(J_1 H) = J_1 H = J_1\, J_2 \sin i = 2e \tan i \sin i = \frac{2e \sin^2 i}{\cos i}$$

d'où

$$\boxed{\delta = 2e \cos i}$$

La différence de phase correspondante est :

$$\varphi = \frac{2\pi\, \delta}{\lambda},$$

soit :

$$\boxed{\varphi = \frac{4\, \pi\, e \cos i}{\lambda}}$$

λ étant la longueur d'onde de la lumière.

Remarques

** Selon la nature de la réflexion sur P_1 et P_2 il faut quelquefois ajouter à chaque réflexion une différence de marche physique $\lambda/2$, c'est-à-dire une différence de phase physique π . Comme il y a ici deux réflexions d'écart entre deux rayons consécutifs, cela correspond à une différence de phase totale de 2π , ce qui ne change donc rien.*

** Indépendamment de ce déphasage supplémentaire, il faut signaler que le déphasage réel n'est de toute façon pas exactement égal à ce qui vient d'être calculé. En effet, la réflexion introduit un autre déphasage supplémentaire qui dépend de l'épaisseur de la couche semi-réfléchissante. Tout revient alors à modifier légèrement e. Aussi garderons-nous finalement les expressions ci-dessus de δ et φ.*

3) Franges d'interférences

Le phénomène qui se produit à l'infini est ramené à distance finie par une lentille convergente L_2.

Le montage expérimental est représenté ci-dessous :

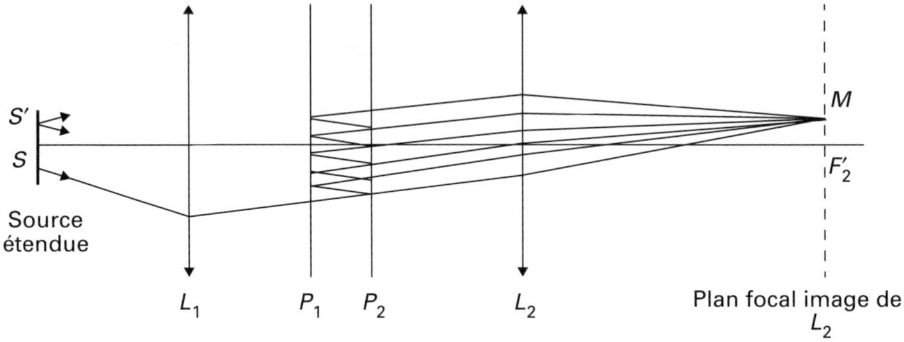

Les différents points S, S' ... de la source étendue émettent des rayons qui tombent sous différentes incidences sur P_1.

La lumière émergente est reçue sur la lentille convergente L_2. Les différents rayons viennent converger en un point M du plan focal image de la lentille. Lorsque $\delta = p\lambda$, toutes les ondes qui arrivent en M sont en phase et leur interférence est **constructive**. Si δ est légèrement différente de $p\lambda$, en raison du très grand nombre d'ondes qui arrivent en M, l'interférence sera **destructrice** : on pourra toujours associer à une onde une autre onde en opposition de phase. Si la source est étendue, on n'obtiendra de franges brillantes que dans les directions caractérisées par $\delta = p\lambda$. Comme les ondes interfèrent à l'infini, on dit que **les interférences sont localisées à l'infini**. Une frange donnée correspond à une valeur donnée de i, donc à une inclinaison donnée : il s'agit de **franges d'égale inclinaison**.

Dans le plan focal de L, on obtiendra donc, en raison de la symétrie de révolution, des **anneaux brillants**.

4) Rayon des anneaux

En pratique, l'incidence i des différents rayons qui tombent sur la lame P_1 est faible, de sorte que $\cos i \simeq 1 - \frac{i^2}{2}$. Les anneaux sont donc caractérisés par :

$$2e\left(1 - \frac{i^2}{2}\right) = p\lambda.$$

Le rayon $x = F'_2M$ de l'anneau d'ordre p est :

$$x = f\,i$$

f étant la distance focale image de L_2. Donc

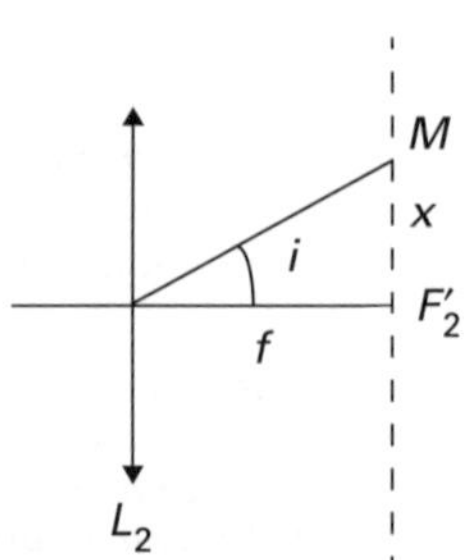

$$\boxed{x = f\sqrt{2\left(1 - \frac{p\lambda}{2e}\right)}}$$

Au centre du champ d'interférences $x = 0$. L'ordre d'interférences au centre est :

$$p_0 = \frac{2e}{\lambda}.$$

Si l'on augmente la distance entre les lames, il défile au centre du champ des anneaux que l'on peut compter : quand un anneau a été remplacé par un autre, l'épaisseur a varié de $\lambda/2$.

L'expression de x montre que ***x* décroît lorsque *p* croît**. L'ordre d'interférences est donc **maximal au centre**.

5) Intensité des anneaux

Les lames semi–réfléchissantes transmettent en partie la lumière, la réfléchissent en partie et enfin l'absorbent en partie. On peut les caractériser par trois coefficients relatifs aux intensités lumineuses ou, ce qui revient au même, aux flux lumineux. Ces coefficients sont :

* R **facteur de réflexion** défini par :

$$R = \frac{\text{intensité lumineuse réfléchie}}{\text{intensité lumineuse incidente}}.$$

* T **facteur de transmission** défini par :

$$T = \frac{\text{intensité lumineuse transmise}}{\text{intensité lumineuse incidente}}.$$

* A **facteur d'absorption** défini par :

$$A = \frac{\text{intensité lumineuse absorbée}}{\text{intensité lumineuse incidente}}.$$

La conservation de l'énergie impose la relation :

$$A + R + T = 1.$$

À ces coefficients relatifs aux intensités, on peut faire correspondre les coefficients $\sqrt{A}$, $t = \sqrt{T}$, $r = \sqrt{R}$ relatifs aux amplitudes. Soit a l'amplitude de la vibration incidente. Les amplitudes des vibrations émergentes sont :

– pour J_1R_1 $\quad at^2 = aT$;

– pour J_2R_2 $\quad at^2\,r^2 = aTR$.

La vibration incidente étant, en notation complexe $a\ e^{j\omega t}$, la vibration émergente totale est :

$$\underline{s} = aT\ e^{j\omega t} + aTR\ e^{j(\omega t - \varphi)} + aTR^2\ e^{j(\omega t - 2\varphi)} + \dots$$

soit

$$\underline{s} = \frac{aT}{1 - R\ e^{-j\varphi}} e^{\ j\omega t}$$

puisqu'il a une infinité d'ondes. L'intensité résultante est :

$$I = K\left(\frac{aT}{1 - R\,e^{-j\varphi}}\right)\left(\frac{aT}{1 - R\,e^{j\varphi}}\right) = K\,\frac{a^2T^2}{1 + R - 2R\,\cos\varphi}.$$

Soit $I_0 = K\,a^2$ l'intensité incidente :

$$I = \frac{I_0 T^2}{1 + R^2 - 2R\,\cos\varphi}.$$

Étudions la fonction $I(\varphi)$. On peut écrire :

$$I = \frac{I_0 T^2}{(1 - R)^2 + 4R\sin^2\frac{\varphi}{2}}$$

ou encore

$$\boxed{I = I_0\left(\frac{T}{1 - R}\right)^2 A(\varphi, R)}$$

avec

$$\boxed{A(\varphi, R) = \frac{1}{1 + m\,\sin^2\frac{\varphi}{2}}}$$

en posant

$$\boxed{m = \frac{4R}{(1 - R)^2}}$$

$A(\varphi, R)$ est appelée **fonction d'Airy**.

* $A(\varphi, R)$ est maximum quand $\sin^2\frac{\varphi}{2} = 0$, soit $\varphi = 2\,p\,\pi \qquad p \in \mathbb{Z}$

$$A_{\text{max}}(R) = 1$$

* $A(\varphi, R)$ est minimum quand $\sin^2\frac{\varphi}{2} = 1$, soit $\varphi = (2p + 1)\pi \qquad p \in \mathbb{Z}$

$$A_{\text{mini}}(R) = \frac{1}{1 + m}$$

ou

$$A_{\text{mini}}(R) = \left(\frac{1 - R}{1 + R}\right)^2.$$

Les variations de $A(\varphi, R)$ ont l'allure suivante, pour différentes valeurs de R :

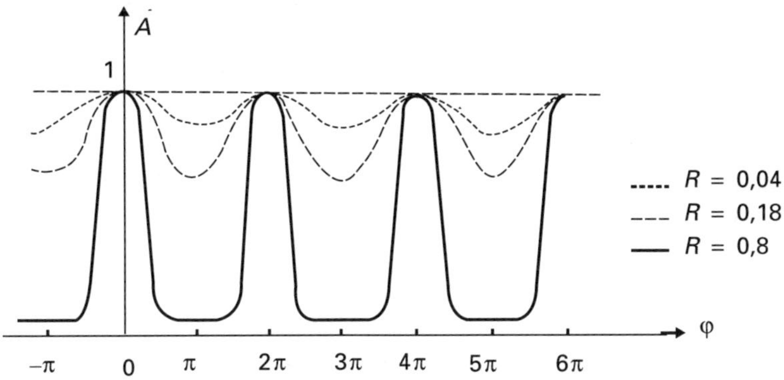

Prenons les valeurs numériques usuelles : $R = 0{,}9$, $T = 0{,}02$. Alors $m = 360$ et donc A_{mini} est très petit. Par ailleurs, avec ces mêmes valeurs numériques :

$$\left(\frac{T}{1-R}\right)^2 = 0{,}04$$

donc

$$I_{max} = 0{,}04\ I_0.$$

L'intensité de la lumière émergente n'est que 4 % au maximum de celle de la lumière incidente.

- **Contraste**

On définit le contraste par

$$C = \frac{A(2p\pi, R)}{A((2p-1)\pi, R)}$$

c'est-à-dire par

$$C = \frac{A_{max}}{A_{mini}}$$

soit

$$\boxed{C = 1 + m}$$

- **Finesse**

On définit la finesse des anneaux par :

$$\mathcal{F} = \frac{2\pi}{\Delta\varphi}$$

$\Delta\varphi$ étant la largeur à mi-hauteur de la portion de la courbe $A(\varphi, R)$ comprise entre $\varphi = (2p-1)\pi$ et $\varphi = (2p+1)\pi$.

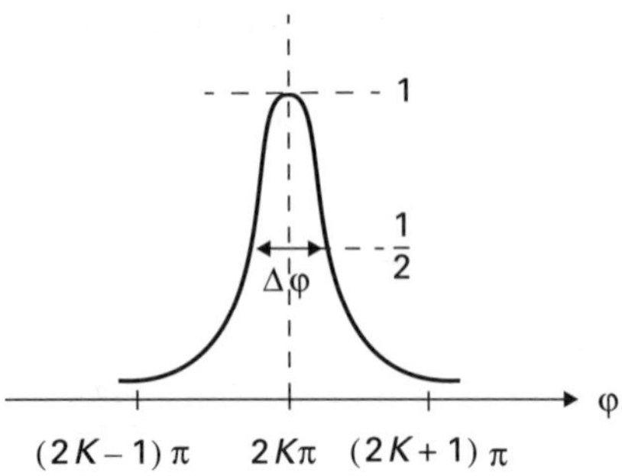

À mi-hauteur

$$A = \frac{A_{max}}{2} = \frac{1}{2}$$

donc

$$m \sin^2 \frac{\varphi}{2} = 1$$

soit

$$\sin^2 \frac{\varphi}{2} = \frac{1}{m}.$$

On peut alors poser

$$\varphi = 2p\,\pi + \frac{\Delta\varphi}{2}$$

et donc

$$\sin \frac{\varphi}{2} = \sin\left(p\,\pi + \frac{\Delta\varphi}{4}\right) = \frac{1}{\sqrt{m}}.$$

Si l'on suppose $\Delta\varphi$ petit (donc m grand) : $\frac{\Delta\varphi}{4} = \frac{1}{\sqrt{m}}$

donc $\Delta\varphi = \frac{4}{\sqrt{m}}$.

Par suite

$$\boxed{\mathcal{F} = \frac{\pi\sqrt{m}}{2} = \frac{\pi\sqrt{R}}{1-R}}$$

Avec la valeur ci-dessus de R : $\mathcal{F} \simeq 30$.

6) Étude de l'espace situé entre les lames

Nous nous proposons maintenant d'étudier l'espace qui est situé entre les deux lames. Pour cela, considérons deux séries de rayons tombant sur P_1 sous la même incidence i :

série A : rayons a_1, a_2 ...

série B : rayons b_1, b_2 ...

Nous nous proposons de caractériser l'état du milieu au point M situé à une distance z de la lame P_2.

Les rayons de la série A qui arrivent en M ont subi une transmission à travers P_1 et un nombre pair de réflexions sur P_1 et P_2. La différence de marche entre a_1 et a_2 en M est la même qu'en A_1 et vaut : $\delta = 2e\,\cos i$.

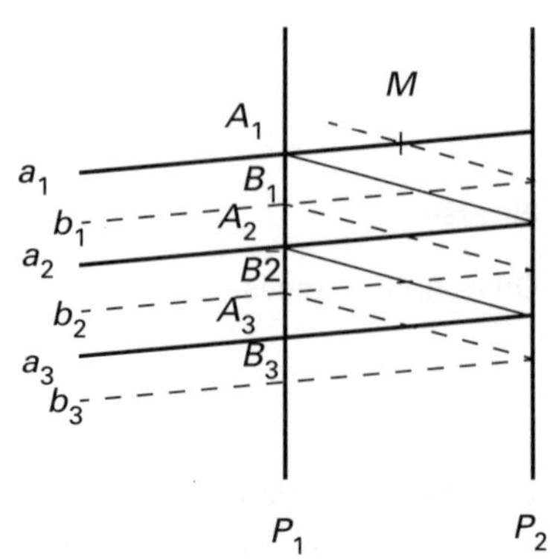

L'amplitude complexe correspondante en M est donc :

$$\underline{s}_a = a\sqrt{T} + a\sqrt{T}\ R\, e^{-j\varphi} + \ldots = a\sqrt{T}\ (1 + R\, e^{-j\varphi} + R^2\, e^{-2j\varphi} + \ldots)$$

$$\underline{s}_a = \frac{a\sqrt{T}}{1 - R\, e^{-j\varphi}}.$$

Les rayons de la série B ont subi une réflexion de plus que ceux de la série A avant d'arriver en M. La différence de marche est toujours la même. Nous supposerons ici que la réflexion n'introduit pas de différence de marche physique supplémentaire. L'amplitude en M pour ces rayons de la série B est par suite :

$$s_b = \frac{a\sqrt{T}\sqrt{R}}{1 - R\, e^{-j\varphi}}.$$

Ainsi en M viennent interférer les deux séries de rayons. Ces deux séries présentent en M une différence de phase ψ. Pour calculer celle-ci, il suffit de chercher la différence de marche en M des rayons a_1 et b_1.

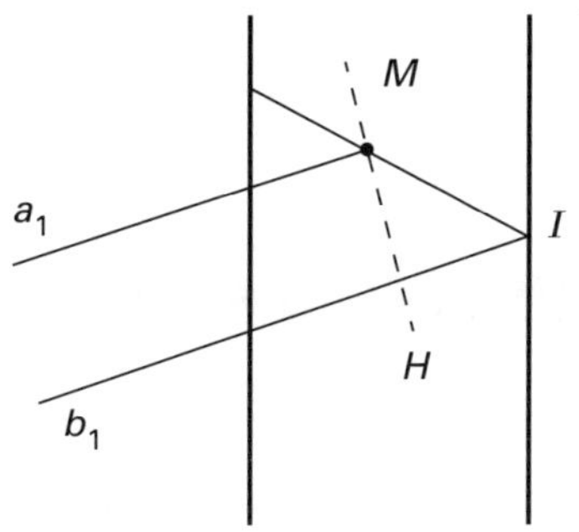

Cette différence de marche δ' est :

$$\delta' = HI + IM.$$

Or,

$$HI = IM \cos 2i$$

et

$$IM = \frac{z}{\cos i}$$

donc

$$\delta' = (1 + \cos 2i)\frac{z}{\cos i} = 2z\cos i$$

et par suite

$$\psi = \frac{2\pi\, \delta'}{\lambda} = \frac{4\pi\, z\cos i}{\lambda}.$$

L'onde résultante en M s'écrit :

$$\underline{s} = \underline{s}_a + \underline{s}_b\, e^{-j\psi} = \frac{a\sqrt{T}}{1 - R\, e^{-j\varphi}} + \frac{a\sqrt{T}\sqrt{R}}{1 - R\, e^{-j\varphi}}\, e^{-j\psi},$$

$$\underline{s} = \frac{a\sqrt{T}\,(1 + \sqrt{R}\, e^{-j\psi})}{1 - R\, e^{-j\varphi}}.$$

L'intensité résultante en M est donc :

$$I = K\, a^2\, T\, \frac{(1 + \sqrt{R}\, e^{-j\psi})\,(1 + \sqrt{R}\, e^{j\psi})}{(1 - R\, e^{-j\varphi})\,(1 - R\, e^{j\varphi})}.$$

soit finalement :

$$I = \frac{I_0 T}{(1-R)^2} \frac{1 + R + 2\sqrt{R}\ \cos\psi}{1 + m\ \sin^2\frac{\varphi}{2}}$$

On voit que I, pour i donné, ne dépend que de ψ, donc de z. Pour z constant, I est constant. On a donc un **phénomène d'ondes stationnaires, les plans d'égale intensité étant parallèles aux lames**.

Les plans d'intensité maximale correspondent à $\cos\psi = 1$, soit $z = \frac{p\lambda}{2\cos i}$ $(p \in \mathbb{Z})$

et $I_{max} = \dfrac{I_0 T (1 + \sqrt{R})^2}{(1-R)^2 \left(1 + m\ \sin^2\frac{\varphi}{2}\right)}$.

Les plans d'intensité minimale correspondent à $\cos\psi = -1$, soit $z = \frac{(2p+1)\lambda}{4\cos i}$ $(p \in \mathbb{Z})$

et $I_{mini} = \dfrac{I_0 T (1 - \sqrt{R})^2}{(1-R)^2 \left(1 + m\ \sin^2\frac{\varphi}{2}\right)}$.

4 - RÉALISATION PRATIQUE : L'INTERFÉROMÈTRE DE PÉROT ET FABRY

On réalise pratiquement les interférences décrites théoriquement ci-dessus au moyen d'un interféromètre conçu par Pérot et Fabry.

L'interféromètre est formé de deux lames dont les faces en regard P_1 et P_2 sont rigoureusement parallèles et semi-réfléchissantes. Il est éclairé au moyen d'une source de petite dimension émettant une lumière monochromatique ou non. Les anneaux d'interférences à l'infini sont observés au moyen d'un viseur réglé sur l'infini.

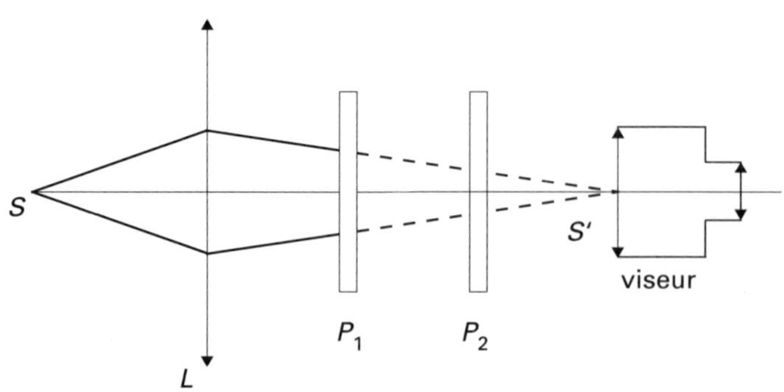

Le montage est tel que l'image de S à travers la lentille L se forme sensiblement sur la lentille objectif du viseur. Sur la figure ci-dessus, nous avons donné aux lames une forme légèrement prismatique que nous justifierons en B ci-dessous.

A. Réglage du parallélisme

Une condition nécessaire lors de l'emploi de l'appareil est que les surfaces semi–réfléchissantes P_1 et P_2 soient rigoureusement parallèles. On peut régler le parallélisme au moyen du montage ci-dessous :

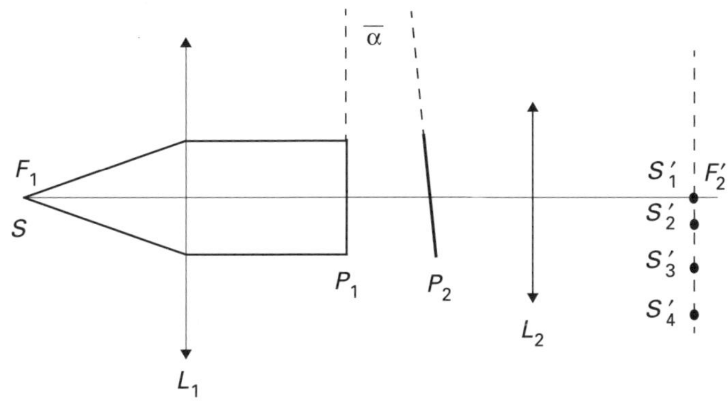

Si les surfaces semi-réfléchissantes sont rigoureusement parallèles, l'image de S à travers le système se forme en F'_2, foyer principal image de L_2.

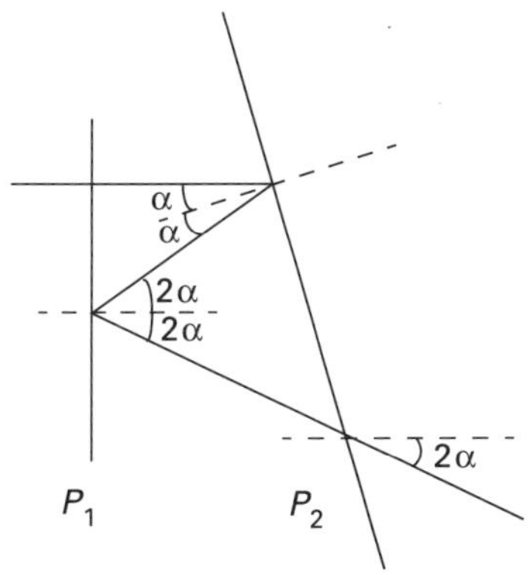

Si ces surfaces font un petit angle α entre elles, un rayon réfléchi deux fois avant de sortir fait un angle 2α avec la direction incidente ; un rayon réfléchi quatre fois fait un angle 4α, etc.

Dans le plan focal image de L_2, on obtiendra donc différentes images : S'_1 (correspondant à un rayon n'ayant pas subi de réflexion) ; S'_2 (correspondant à un rayon ayant subi deux réflexions), S'_3, S'_4, etc. toutes ces images étant distantes l'une de l'autre de $2\alpha\ f'_2$, f'_2 étant la distance focale image de L_2.

Il suffira de faire coïncider les différentes images de S pour s'assurer du parallélisme.

B. Forme des lames

Les deux lames ont leurs faces en regard aussi planes et parallèles que possible, les deux autres faces n'étant pas parallèles aux deux premières. On donne donc aux lames une **forme prismatique**. Ceci a pour but d'éviter des images parasites dues à des réflexions sur ces faces. Par ce moyen on rejette hors du champ d'observation les anneaux parasites.

La planéité doit être assurée avec une tolérance de l'ordre de $\frac{\lambda}{30}$ à $\frac{\lambda}{100}$ dans le spectre visible.

C. Matériau constituant les lames

Le matériau doit être transparent aux radiations employées et permettre d'obtenir des surfaces aussi planes et dénuées de défauts que possible. On utilise, pour cela, certains verres, du quartz et surtout de la silice fondue.

D. Matériau réfléchissant

L'étude théorique a montré que la finesse des anneaux est : $\mathcal{F} = \frac{\pi\sqrt{R}}{1-R}$.

La courbe représentative de la fonction $\mathcal{F}(R)$ est la suivante pour des valeurs utiles de R

R	0,5	0,6	0,7	0,8	0,9	0,95
$\mathcal{F}$	4,44	6,08	8,76	14,05	29,80	61,24

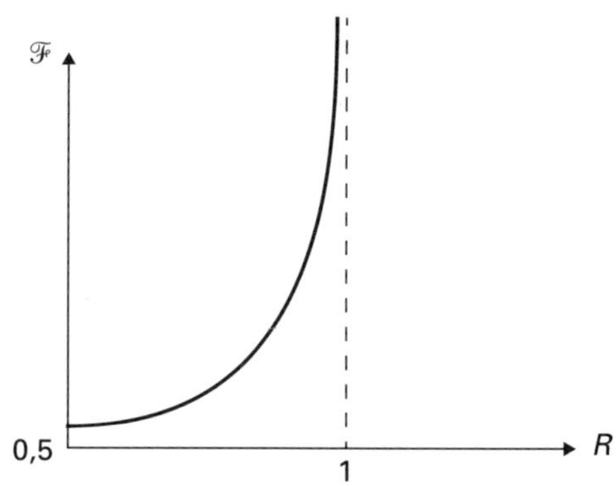

Cette courbe ainsi que le tableau de valeurs ci-dessus montrent qu'il faut que R soit élevé. Mais en même temps, il faut éviter que le coefficient d'absorption A soit trop important. En effet, l'intensité maximale des anneaux s'écrit :

$$I_{max} = I_0\left(\frac{T}{1-R}\right)^2$$

(puisque alors $A(\varphi, R) = 1$).
Comme $A + T + R = 1$

$$I_{max} = I_0\left(\frac{1-R-A}{1-R}\right)^2 = I_0\left(1 - \frac{A}{1-R}\right)^2.$$

Ainsi, pour R donné, I_{max} est d'autant plus faible que A est plus élevé. Pendant longtemps, les deux conditions R élevé et A faible étaient difficilement conciliables. En effet, les couches semi–réfléchissantes étaient obtenues par dépôt métallique sur les lames : l'épaisseur du dépôt conditionnait l'importance de R, mais aussi celle de A. Maintenant, on réalise ces couches par empilements successifs de diélectriques d'épaisseurs convenables. On obtient ainsi des valeurs élevées de R et faibles de A.

E. Pouvoir de résolution

Imaginons que l'interféromètre soit éclairé par une lumière complexe. Soient les anneaux d'ordre k pour les radiations voisines λ et $\lambda + \Delta\lambda$. On admet que deux anneaux peuvent être séparés lorsque la distance entre les maximums d'intensité est au moins

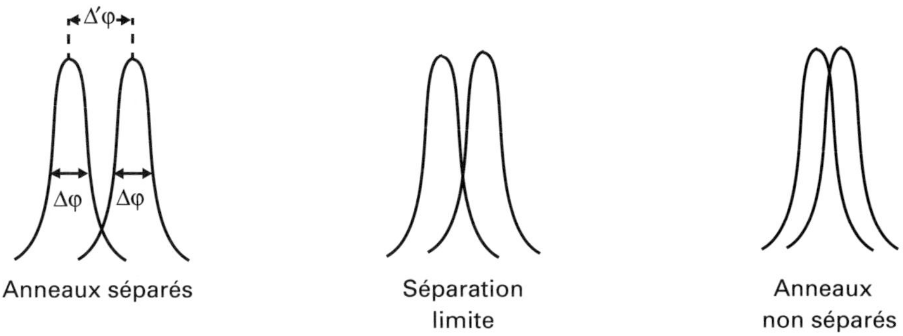

égale à leur largeur à mi-hauteur. Comme $\varphi = \frac{2\pi\,\delta}{\lambda}$, la distance $\Delta'\varphi$ entre les deux maximums pour les radiations λ et $\lambda + \Delta\lambda$ est :

$$\Delta'\varphi = \frac{2\pi\,\delta}{\lambda^2}\,\Delta\lambda.$$

Comme, pour un maximum, $\varphi = p\,\pi$:

$$\Delta'\varphi = p\,\pi\,\frac{\Delta\lambda}{\lambda}.$$

À la limite de séparation

$$\Delta'\varphi = \Delta\varphi = \frac{2\pi}{\mathcal{F}},$$

donc :

$$\boxed{\frac{\lambda}{\Delta\lambda} = p\,\mathcal{F}}$$

Par définition, $\frac{\lambda}{\Delta\lambda}$ est le **pouvoir de résolution de l'interféromètre**. $\Delta\lambda$ est l'**intervalle spectral résolu**.

Plus le pouvoir de résolution est élevé, plus il est facile de distinguer les anneaux correspondant à deux radiations voisines. On a donc intérêt à augmenter la finesse des anneaux (donc la valeur de R) ainsi que l'ordre d'interférences p de l'anneau.

Application

Prenons $e = 10$ mm, $\lambda = 500$ nm, $R = 0{,}95$ et supposons (ce qui est le cas en pratique) l'incidence pratiquement normale $i \simeq 0$. Alors :

$$\delta \simeq 20 \text{ mm}.$$

L'anneau brillant correspondant a un ordre d'interférences p tel que $\delta = p\lambda$, soit :

$$p = 4 \cdot 10^4.$$

D'autre part, pour $R = 0{,}95$, $\mathcal{F}$ est voisin de 60. Donc :

$$\frac{\lambda}{\Delta\lambda} = 2{,}4 \cdot 10^6.$$

On en déduit l'intervalle spectral résolu :

$$\Delta\lambda \simeq 2 \cdot 10^{-4} \text{ nm}.$$

F. Intervalle spectral libre

Deux anneaux consécutifs d'ordre p et $p+1$ correspondent à des différences de marche séparées de $\delta = \lambda$. C'est ce qu'on appelle l'**intervalle spectral libre**. Celui-ci doit être le plus grand possible, puisque c'est lui qui caractérise la séparation des anneaux correspondant aux différents ordres. On a donc intérêt à avoir des anneaux aussi fins que possible.

G. Utilisations de l'interféromètre de Pérot et Fabry

Le rôle premier d'un interféromètre est de mesurer des différences de marche et par suite d'étudier la structure de la lumière incidente.

De ce qui précède, il résulte qu'un interféromètre réalise des interférences d'ordre élevé (rarement moins de 10^4 et souvent plus de 10^6).

L'interféromètre peut d'abord réaliser une **dispersion** du spectre dans l'espace. Cela est mis à profit lors de l'étude de la structure des raies formées de plusieurs composantes très voisines. On peut aussi mesurer une longueur d'onde inconnue λ par comparaison avec une longueur d'onde λ' connue, en déterminant les ordres d'interférences correspondants.

Un interféromètre peut aussi jouer le rôle de **filtre interférentiel** : si l'on éclaire un interféromètre de Pérot et Fabry au moyen d'une bande spectrale de largeur inférieure à la largeur de l'intervalle spectral libre, seule sera transmise la radiation correspondant à l'anneau brillant contenu dans cet intervalle. Cela nécessite évidemment l'emploi préalable d'un **monochromateur** qui isole la bande spectrale considérée. On peut aussi employer une bande spectrale de quelques largeurs de l'intervalle spectral libre : on observe alors seulement quelques anneaux brillants correspondant aux différentes radiations de l'intervalle qui sont transmises.

EXERCICES TYPES

01 - FRANGES DE HAIDINGER D'UNE LAME MINCE

1/ Un faisceau de rayons parallèles issus d'une source ponctuelle M à l'infini tombe sur un objectif d'axe Δ, de distance focale f, dépourvu d'aberrations, et que l'on assimilera à une lentille mince convergente L de sommet (ou centre) O (figure 1). Après traversée de l'objectif, les rayons convergent en un point M' ; le plan P passant par M' et perpendiculaire à Δ coupe cet axe au point O'.

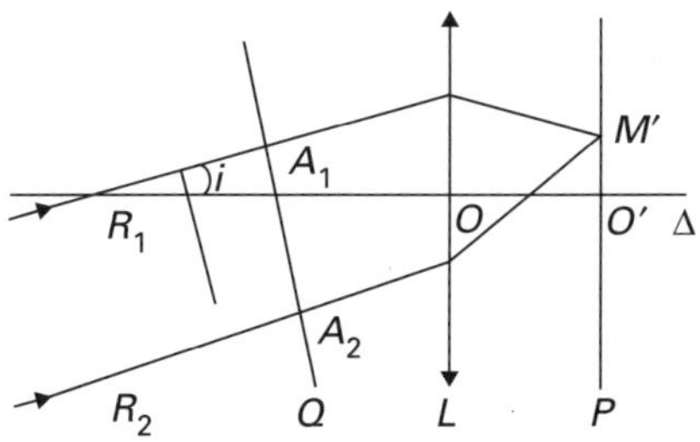

Figure 1

a) Que sont pour l'objectif (ou la lentille) le plan P et le point O' ? Les rayons incidents faisant avec Δ l'angle i, qui reste « petit », que vaut la distance : $x = O'M'$?

b) Le plan Q, perpendiculaire au faisceau incident, est traversé en A_1 et A_2 par deux rayons R_1 et R_2 de ce faisceau.

Pourquoi les chemins optiques (A_1M') et (A_2M') comptés le long de R_1 et R_2 respectivement sont-ils égaux ?

2/ On a disposé devant l'objectif (figure 2) une lame transparente L' à faces planes parallèles, d'épaisseur e, d'indice n par rapport à l'air ambiant ; l'axe Δ est perpendiculaire à cette lame qu'éclaire une source étendue S, non représentée sur la figure, émettant une radiation monochromatique de longueur d'onde λ dans l'air.

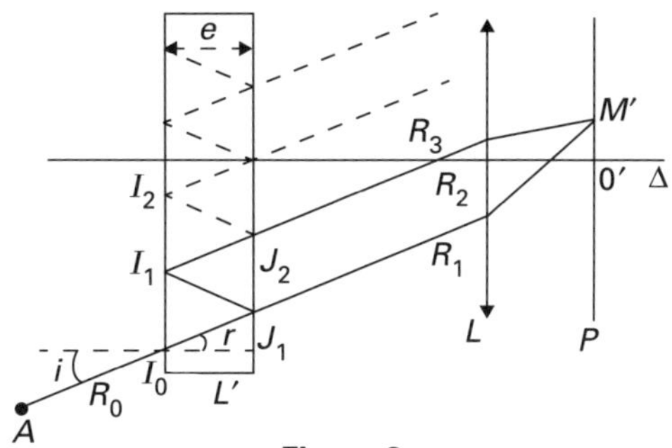

Figure 2

Un rayon R_0 issu d'un point lumineux A de S rencontre la première face de L' en I_0 (angle d'incidence i) et se réfracte (angle de réfraction r) selon I_0J_1 ; en ce point J_1 de la seconde face de L', il donne un réfracté R_1 et un réfléchi J_1I_1 ; ce dernier rayon se réfléchit en I_1 et donne en J_2 le réfracté R_2. On néglige, parce que dans ce montage leur influence est très faible, le rayon R_3 provenant de la réflexion en J_2 et les suivants. Après traversée de l'objectif, R_1 et R_2, qui sont parallèles, convergent au point M'.

a) Calculer la différence de marche $\delta = (AM')_2 - (AM')_1$ présentée par les ondes lumineuses arrivant en M'.

En déduire l'expression de l'ordre d'interférence p $\left(p = \dfrac{\delta}{\lambda}\right)$ en ce point :

$$p = \frac{2ne}{\lambda}\cos r$$

et celle du déphasage φ correspondant. (On pourra considérer le plan Q perpendiculaire à R_2 en J_2 (figure 3), qui coupe R_1 en J'_1, utiliser la propriété signalée (1/*b*)) et introduire éventuellement, et provisoirement, les indices absolus, c'est-à-dire par rapport au vide. N_A et N_V de l'air et du verre de la lame ; on rappelle enfin que les réflexions se font ici sans modification de phase).

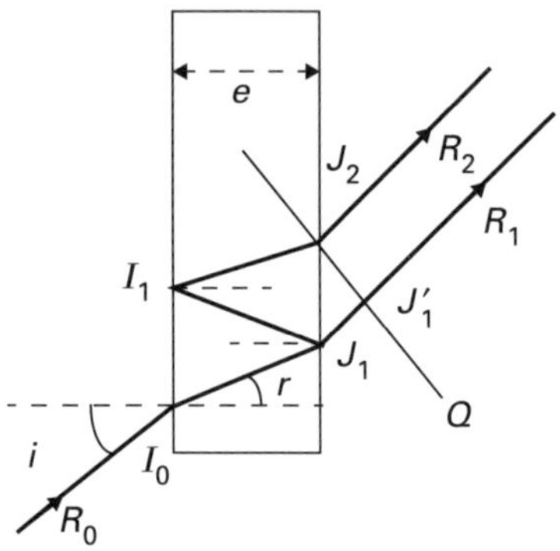

Figure 3

b) Que peut-on dire de l'angle i et par suite de l'ordre d'interférence p en M' pour tous les couples de rayons, tels que R_1 et R_2, provenant initialement d'un point quelconque de la source S ? En conclure que, dans le plan P, des phénomènes d'interférence sont observables. Quelles est la forme des franges obtenues ?

c) On note p_0 l'ordre d'interférence au centre ($i = 0$) et on pose : $p_0 - p = m$. En se bornant aux petites valeurs de i, trouver l'expression de x en fonction de n, f, p_0 et m. Calculer numériquement x (en centimètres, avec 2 décimales) pour les 6 premières franges brillantes, lorsque p_0 est un entier et faire un dessin à l'échelle 2 en prenant :

$n = 1{,}500 \qquad p_0 = 11\,250$

$f = 25$ cm

3/ On se propose d'étudier la luminosité des franges qui viennent d'être obtenues (2/) dans le plan P. On rappelle que dans l'étude des interférences, il est inutile de préciser la nature de la véritable variable lumineuse et qu'il suffit de plus d'utiliser une onde scalaire. L'intensité I de la vibration, qui caractérise, pour chaque longueur d'onde, la luminosité, est proportionnelle au carré de l'amplitude a ; on la prend simplement égale à ce carré : $I = a^2$ dans tous les milieux. À la rencontre de l'inter surface qui sépare deux milieux, l'onde incidente d'amplitude a et d'intensité I donne une onde transmise d'amplitude $a\sqrt{T}$ et une onde réfléchie d'amplitude $a\sqrt{R}$, dont les intensités sont donc respectivement : IT et IR ; T et R sont indépendants du sens de propagation de la lumière incidente. Enfin, dans ce problème, l'angle d'incidence restant petit, on adoptera pour R et T les valeurs relatives à l'incidence normale.

La source microscopique située en A émet une onde qui se propage suivant R_0 ; elle donnerait en M', en l'absence de lame L', une vibration lumineuse s_0 d'amplitude a_0, donc d'intensité a_0^2. En raison de la traversée de la lame, la vibration s_1 correspondant au rayon R_1 a, en M', l'amplitude a_1, tandis que la vibration s_2 correspondant à R_2, a, en ce point, l'amplitude a_2.

a) Montrer que :

$$a_1 = a_0 T \text{ et } a_2 = a_0 TR.$$

(On néglige l'affaiblissement résultant du trajet supplémentaire parcouru par le rayon R_2, et le verre est considéré comme parfaitement transparent).

b) Calculer l'intensité a^2 de la vibration lumineuse s résultant de la composition des vibrations s_1 et s_2 en M', en fonction de a_0^2, R, T et φ (2/*a*.) .

c) En déduire l'intensité A^2 résultant de l'effet de l'ensemble des sources microscopiques (incohérentes) utiles, en appelant A_0^2 l'intensité que l'on obtiendrait en l'absence de L'.

d) On pose : $y = \frac{A^2}{A_0^2}$. Tracer l'allure de la courbe représentant y en fonction de φ ; calculer le minimum y_m et le maximum y_M de y en fonction de R et T, ainsi que la visibilité des franges, conventionnellement définie par :

$$\mathcal{V} = \frac{y_M - y_m}{y_M + y_m}.$$

e) On donne $n = 1{,}500$. Rappeler les formules classiques donnant R et T (incidence normale). Calculer numériquement ces coefficients ainsi que y_m, y_M et la visibilité. Que vaudrait cette visibilité pour des franges résultant de l'interférence de deux ondes de même amplitude ?

02 - FRANGES DU COIN D'AIR

Deux lames à faces parallèles en verre font un angle très petit α. Le dispositif est éclairé sous incidence normale sur une lame au moyen du montage ci-dessous :

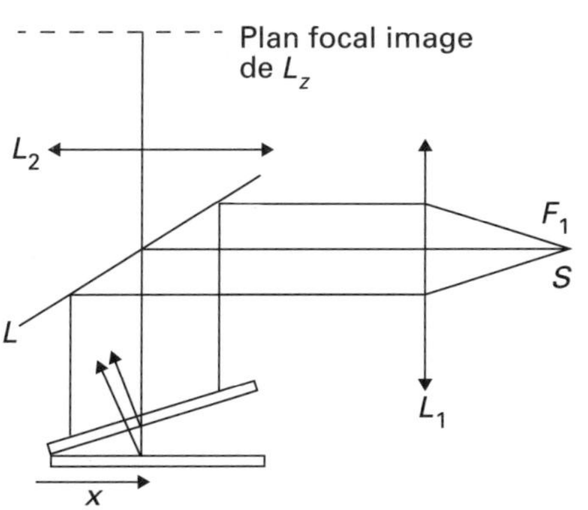

Une source monochromatique est au foyer F_1 d'une lentille L_1. La lumière est ensuite envoyée sur une lame semi-réfléchissante L.

On reçoit la lumière provenant des réflexions sur les deux faces en regard des lames sur une lentille L_2. On observe dans le plan focal de celle-ci. On repère la position du point d'incidence sur une lame par son abscisse x à partir de l'arête.

1/ Montrer qu'il se forme des interférences localisées. Où ces interférences sont-elles localisées ?

2/ Calculer la différence de marche δ en fonction de x. En déduire la forme des franges d'interférences et l'interfrange dans le plan focal image de la lentille L_2 dont la distance focale est f.

3/ Applications numériques :

a) Aux deux extrémités de deux lames de verre de longueur 0,30 m on place une feuille de papier à cigarettes dont l'épaisseur est 0,20 mm. On éclaire au moyen d'une lumière provenant d'un laser à argon (longueur d'onde λ = 514,53 nm) et on observe les interférences dans le plan focal de L_2 de distance focale f = 1m. Calculer l'interfrange.

b) Une bulle d'eau savonneuse (indice de réfraction n = 1,33) est disposée de manière à former un coin. Elle est éclairée sous incidence quasiment normale au moyen d'une lumière provenant d'un laser à rubis (longueur d'onde λ = 694,3 nm). Dans le plan focal de L de distance focale 1 m on mesure un interfrange i = 1,18 mm. Déterminer l'angle α du coin.

03 - ANNEAUX DE NEWTON

Une lentille plan convexe L est posée sur une lame de verre P. Le contact, ponctuel, a lieu en O. On éclaire le dispositif sous incidence quasiment normale comme dans l'exercice **11** et on observe les phénomènes par réflexion dans le plan focal image de la lentille L_2.

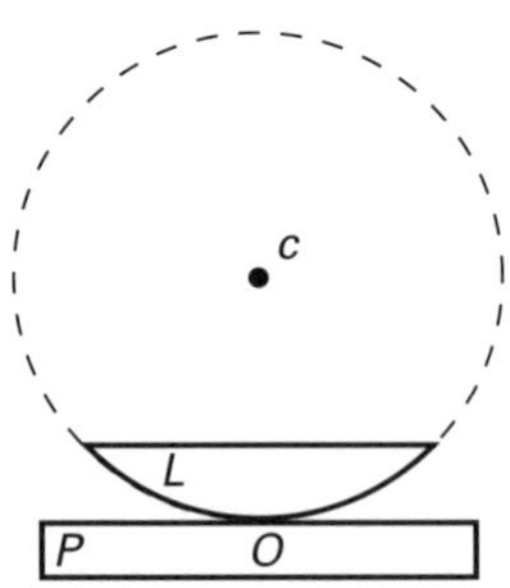

1/ Montrer que les franges d'interférences ont la forme d'anneaux.

2/ Déterminer leurs rayons dans le plan de la lame P.

3/ Comparer les anneaux de Newton aux franges de Haidinger (voir exercice **01**).

04 - NOMBRE D'ANNEAUX VISIBLES

On considère un interféromètre de Pérot et Fabry. Les lames sont parfaitement parallèles et distantes de 1 cm. Le milieu situé entre celles-ci est l'air. On place l'interféromètre entre deux lentilles convergentes de distance focale $f' = 20$ cm . La source lumineuse est un disque de 0,8 cm de diamètre émettant une lumière monochromatique de longueur d'onde $\lambda = 589$ nm .

1/ Déterminer l'ordre d'interférences au centre.

2/ Combien peut-on observer d'anneaux ? Quels sont l'ordre d'interférences et le rayon angulaire du plus grand anneau visible ?

05 - MESURE D'UN DÉPHASAGE

Entre les deux lames d'un interféromètre de Pérot et Fabry, distantes de e est placé un milieu d'indice n. L'interféromètre est placé entre deux lentilles convergentes L_1 et L_2 et on observe les anneaux à l'infini dans le plan focal image de L_2. On prendra $m = 360$.

Dans une région ayant la forme d'une lame à faces parallèles d'épaisseur e' située entre les deux lames du Pérot et Fabry, l'indice est légèrement modifié et prend la valeur n'. On prendra $e' = 1\mu m$. La présence de ce milieu introduit un déphasage $\Delta\varphi$ des rayons l'ayant traversé sur ceux ne l'ayant pas traversé. Cela correspond à une variation d'intensité ΔI.

Exprimer la variation relative d'intensité $\frac{\Delta I}{I}$. Pour quelle distance entre les lames, $\frac{\Delta I}{I}$ est-elle maximale ? On admet qu'on peut déceler des variations relatives $\frac{\Delta I}{I} = 0{,}2$. En déduire $\Delta\varphi$. En déduire la plus petite variation d'indice $n' - n$ mesurable.

INDICATIONS

01à 05 - S'inspirer très précisément du cours. La plupart des calculs demandés s'y trouvent.

SOLUTIONS

01 - 1/ a) P est le plan focal image de L, O' est son foyer.

$$x \simeq fi$$

b) M' est l'image d'un point objet à l'infini de la direction de R_1. Par ailleurs Q est un plan d'onde pour l'onde plane incidente.

Donc :

$$(A_1M') = (A_2M').$$

2/ a) On a

$$\delta = (AM')_2 - (AM')_1$$
$$\delta = n(J_1I_1 + I_1J_2) - J_1J_1'$$

d'où, tous calculs faits

$$\boxed{\delta = 2ne\cos r}$$

On en déduit

$$\boxed{p = \frac{2ne\cos r}{\lambda}}$$

et

$$\boxed{\varphi = \frac{4\pi ne\cos r}{\lambda}}$$

b) Pour tous les couples de rayons tels que R_1, R_2, l'onde d'interférence en M' est constante car r est constant. Les franges d'interférences sont alors observables puisque δ = constante. Les franges sont donc des cercles centrés sur l'axe.

c) Au centre $p_0 = \dfrac{2ne}{\lambda}$ - Pour i petit, r est petit et $i = nr$

donc

$$p = \frac{2ne}{\lambda}\left(1 - \frac{i^2}{2n^2}\right) = p_0\left(1 - \frac{i^2}{2n^2}\right)$$

soit

$$\frac{m}{p_0} = \frac{i^2}{2n^2}.$$

Comme $x = if$ il vient

$$\boxed{x = nf\sqrt{\frac{2m}{p_0}}}$$

Au centre, $m = 0$, $x = 0$. Les six premières franges brillantes correspondent, puisque p_0 est un entier, aux valeurs suivantes de m : 0, 1, 2, 3, 4, 5, soit aux abscisses

$$0 ; 0{,}5 \text{ cm} ; 0{,}71 \text{ cm} ; 0{,}87 \text{ cm} ; 1 \text{ cm} ; 1{,}12 \text{ cm}.$$

3/ a) Le rayon R_1 a subi deux transmissions et deux réflexions. Son amplitude est donc

$$\underline{a_2 = a_0 TR.}$$

b) L'amplitude complexe résultante est :

$$s = a_1 + a_2 e^{j\varphi} = a_0 T(1 + Re^{j\varphi}).$$

D'où l'intensité résultante

$$\boxed{a^2 = a_0^2 T^2(1 + R^2 + 2R \cos\varphi)}$$

c) Les différentes sources étant incohérentes, les intensités s'ajoutent :

$$\boxed{A^2 = A_0^2 T^2(1 + R^2 + 2R \cos\varphi)}$$

d) On a maintenant :

$$\boxed{y = T^2(1 + R^2 + 2R \cos\varphi)}$$

La courbe $y(\varphi)$ a l'allure suivante :

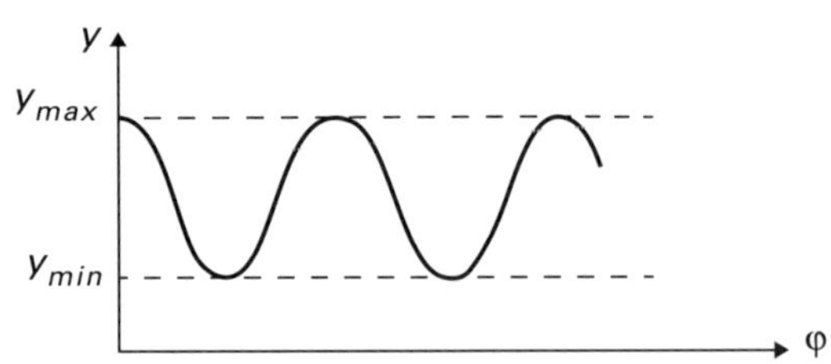

$$y_{max} = y_M = T^2(1 + R)^2 \qquad y_{min} = y_m = T^2(1 - R)^2.$$

On en déduit la visibilité :

$$\boxed{\vartheta = \frac{2R}{1 + R^2}}$$

e) Les formules donnant R et T sont

$$\boxed{R = \left(\frac{n-1}{n+1}\right)^2} \qquad \boxed{T = \frac{4n}{(n+1)^2}}$$

Avec $n = 1{,}5$ $\quad R = 0{,}04 \quad T = 0{,}96$

d'où

$$y_M = 2{,}24 \qquad y_m = 1{,}91 \qquad \vartheta = 7{,}95.10^{-2}$$

Dans le cas de deux ondes de même amplitude, ϑ vaudrait **1.**

02 - 1/ Les rayons réfléchis proviennent de la même source font un angle 2α entre eux ; leurs prolongements se coupent pratiquement sur la lame inférieure. On obtiendra donc des interférences localisées sur cette lame.

2/ L'incidence étant pratiquement normale sur les deux lames, la différence de marche géométrique est $\delta' \simeq 2e \simeq 2\alpha x$. Un des rayons subit une réflexion d'un milieu plus réfringent sur un milieu moins réfringent, l'autre pas. Il y a donc lieu d'ajouter une différence de marche physique $\frac{\lambda}{2}$ et par suite :

$$\delta = 2\alpha x + \frac{\lambda}{2}$$

Les franges brillantes correspondent à $\delta = p\lambda$,

soit :

$$x = \frac{(2p-1)\lambda}{4\alpha}$$

Les franges noires correspondent à $\delta = (2p+1)\frac{\lambda}{2}$,

soit :

$$x = \frac{p\lambda}{2\alpha}$$

Les franges sont donc des traits parallèles à l'arête $(x = \text{constante})$.

L'interfrange est, dans le plan focal de L_2 :

$$i = \frac{\lambda f}{2\alpha}$$

3/ a)

$$\alpha = 0{,}67.10^{-3}\,\text{rad}$$

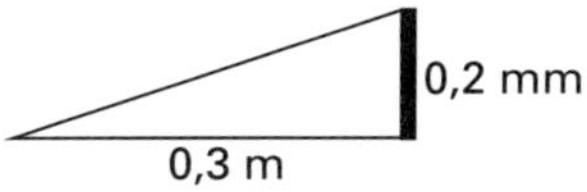

d'où

$$i = 0{,}77 \text{ mm}$$

b) Ici la différence de marche s'écrit $\delta = 2ne\left(+\frac{\lambda}{2}\right)$. On a mis $+\frac{\lambda}{2}$ entre parenthèses car on n'est pas sûr qu'il faille l'écrire : on ne dit rien dans l'énoncé sur le dispositif maintenant la lame. L'interfrange s'écrit, de toutes façons : $i = \frac{\lambda f}{2n\alpha}$

soit

$$\alpha = \frac{\lambda f}{2ni}$$

$$\alpha = \frac{694{,}3.10^{-9}.1}{2.1{,}33.1{,}18.10^{-3}}$$

ou

$$\boxed{\begin{array}{l}\alpha = 2{,}21.10^{-4}\ \text{rad}\\ \alpha \simeq 44''\end{array}}$$

03 - **1/** En un point d'abscisse x :

$$x^2 + (R-e)^2 = R^2\ ;$$
$$x^2 - 2Re + e^2 = 0.$$

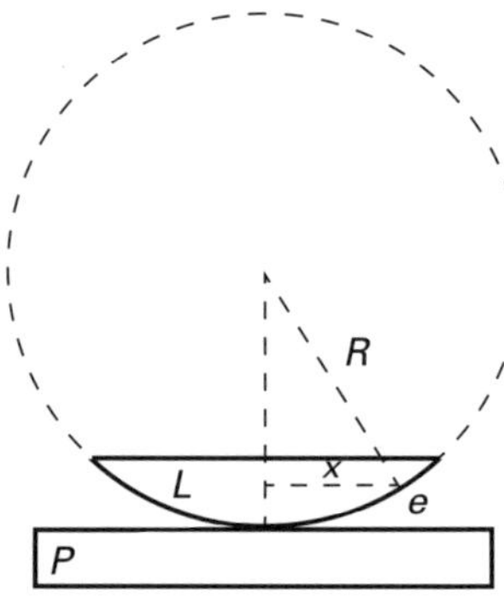

Si l'on suppose $e \ll R$, il vient :

$$e = \frac{x^2}{2R}$$

La différence de marche entre les deux rayons qui interfèrent est alors :

$$\delta = \frac{x^2}{R} + \frac{\lambda}{2}.$$

On aura des franges brillantes pour $\delta = p\lambda$, sombres, pour $\delta = (2p+1)\frac{\lambda}{2}$: les franges correspondent donc à des valeurs constantes de x : ce sont donc des anneaux.

2/ Les franges brillantes sont données par

$$\delta = p\lambda \quad \text{soit} \quad \frac{x^2}{R} = p\lambda - \frac{\lambda}{2} \qquad \boxed{x = \sqrt{(2p-1)\lambda R}}$$

Les franges noires sont données par

$$\delta = (2p+1)\frac{\lambda}{2} \quad \text{soit} \quad \frac{x^2}{R} = p\lambda \qquad \boxed{x = \sqrt{p\lambda R}}$$

Ces expressions montrent que l'interfrange n'est pas constant.

3/ Dans les anneaux de Newton et dans les franges de Haidinger, on a des franges d'interférences localisées circulaires dont l'interfrange n'est pas constant. Mais les anneaux de Newton s'observent avec une lame d'épaisseur variable et sont localisés sur la lame ; les franges de Haidinger s'observent avec une lame d'épaisseur constante et sont localisées à l'infini. Enfin, les deux systèmes de franges diffèrent par les ordres d'interférences : dans les anneaux de Newton, l'ordre d'interférences est nul au centre et croît lorsqu'on s'en éloigne, dans les franges de Haidinger, l'ordre d'interférences est maximal au centre et diminue lorsqu'on s'en éloigne.

04 - **1/** L'ordre d'interférences au centre est tel que

$$\delta_0 = 2e = p\lambda$$

soit :

$$\boxed{p = 33\,955,857}$$

2/ L'angle d'incidence maximal est i_m tel que $tg\ i_m = \frac{0{,}4}{20}$ soit $i_m = 1{,}146°$. La différence de marche maximale est

$$\delta_m = 1{,}9996 \text{ cm}$$

d'où l'ordre d'interférence minimal

$$p_m = 33\,949,068.$$

Les anneaux brillants correspondent à p entier. Les seules valeurs possibles pour p sont donc : 33 950, 33 951, 33 952, 33 953, 33 954, 33 955. Il y a donc *6 anneaux dans le champ*.

Le dernier anneau visible a un ordre d'interférence

$$\boxed{p = 33\,950}$$

ce qui correspond à un angle d'incidence $i = 1{,}064°$. Cet anneau a un rayon r tel que $r \simeq if'$ soit :

$$\boxed{r = 3{,}71 \text{ mm}}$$

05 - La différence de marche introduite par la traversée de la lame est évidemment :

$$\Delta\delta = 2e'(n' - n)$$

puisque deux rayons émergents diffèrent l'un de l'autre d'un aller-retour.

La différence de phase correspondante est :

$$\Delta\varphi = \frac{2\pi\Delta\delta}{\lambda} = \frac{4\pi e'(n' - n)}{\lambda}.$$

L'intensité s'exprime en fonction de φ sous la forme :

$$I = \frac{I_0}{1 + m\sin^2\frac{\varphi}{2}}$$

d'où

$$dI = \frac{-mI_0\sin\varphi}{2\left(1 + m\sin^2\frac{\varphi}{2}\right)^2}d\varphi = I\frac{-m\sin\varphi}{2\left(1 + m\sin^2\frac{\varphi}{2}\right)}d\varphi.$$

La variation relative d'intensité est donc :

$$\frac{\Delta I}{I} = \frac{m \sin\varphi}{2\left(1 + m\sin^2\frac{\varphi}{2}\right)}\Delta\varphi$$

φ dépend de la distance e entre les lames.

$$\frac{d\left(\frac{\Delta I}{I}\right)}{d\varphi} = \frac{m}{2}\Delta\varphi \cdot \frac{\cos\varphi\left(1 + m\sin^2\frac{\varphi}{2}\right) - m\sin\varphi\sin\frac{\varphi}{2}\cos\frac{\varphi}{2}}{\left(1 + m\sin^2\frac{\varphi}{2}\right)^2}$$

$$\frac{d\left(\frac{\Delta I}{I}\right)}{d\varphi} \text{ s'annule pour } \sin^2\frac{\varphi}{2} = \frac{1}{2+m}$$

d'où

$$e = \frac{\lambda}{2n}\left[p \pm \frac{\sqrt{m+1}}{\pi\,(m+2)}\right]$$

Alors :

$$\left(\frac{\Delta I}{I}\right)_{max} = \frac{m}{2\sqrt{m+1}}\,\Delta\varphi.$$

Application numérique :

$$\left(\frac{\Delta I}{I}\right)_{max} = 0{,}2 \qquad , \qquad m = 360$$

d'où

$$\Delta\varphi = 0{,}02 \text{ rd}$$

Avec $e' = 1\,\mu m$, on obtient la plus petite variation d'indice décelable :

$$n' - n \simeq 0{,}001$$

5 INTERFÉROMÈTRE DE MICHELSON

L'interféromètre de Michelson est un dispositif interférentiel à deux ondes dans lequel les faisceaux sont entièrement séparés sur un trajet optique relativement important avant d'être réunis et de donner alors lieu à un phénomène d'interférences.

1 - DESCRIPTION DE L'APPAREIL

L'interféromètre de Michelson est formé de deux miroirs M_1 et M_2 et d'une lame semi-transparente L_1 dont la normale fait l'angle de 45° avec les normales aux miroirs. Celle-ci réfléchit davantage la lumière qu'elle ne la transmet.

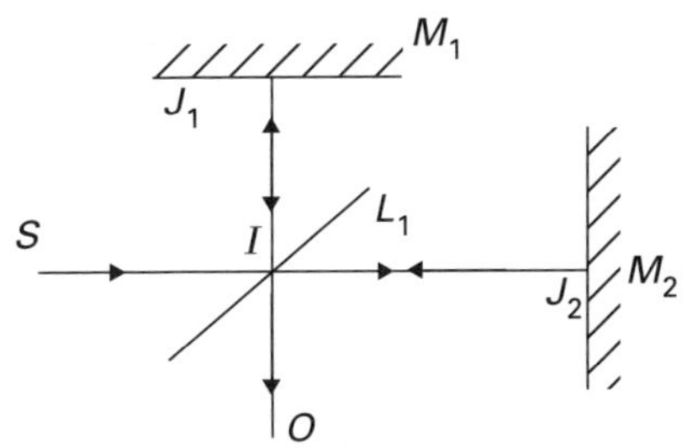

Considérons une source ponctuelle S placée au foyer principal objet d'une lentille convergente. L'interféromètre est alors éclairé par un faisceau de rayons parallèles. Soit l'un quelconque de ces rayons. Il arrive en I sur L_1. Une partie de la lumière est envoyée vers M_1 et une autre partie vers M_2.

Il y a réflexion en J_1 et J_2 puis retour de la lumière vers L_1. Les vibrations réfléchies ou transmises se propageant dans la direction IO se superposent et peuvent interférer puisque les conditions habituelles d'interférences sont remplies.

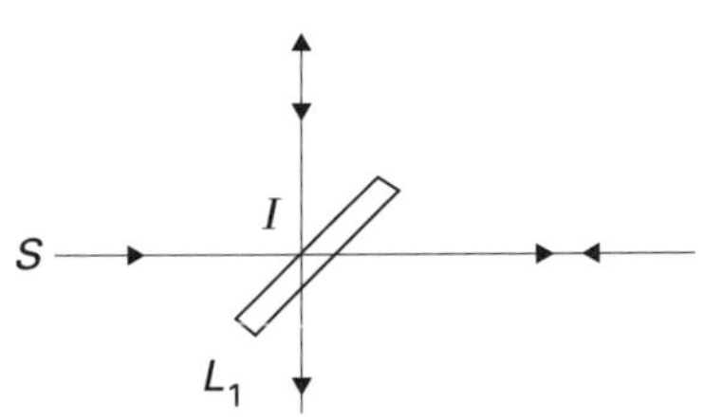

La lame L_1 est telle que la réflexion se produit sur l'une des faces seulement ; de sorte que les vibrations qui interfèrent n'ont pas parcouru la même distance dans le verre :

celle qui s'est réfléchie sur M_1 a traversé une fois L_1, celle qui s'est réfléchie sur M_2 l'a traversée trois fois. On cherche à rendre les deux trajets optiques aussi proches que possible l'un de l'autre.

Pour cela on place sur le trajet IJ_1 une lame L_2 de même épaisseur que L_1 dite **lame compensatrice**.

Il est impossible d'avoir une stricte égalité d'épaisseur entre L_1 et L_2. Aussi compense-t-on de légères différences d'épaisseur en inclinant légèrement la lame L_2.

2 - FRANGES D'ÉGALE ÉPAISSEUR

On éclaire l'interféromètre au moyen d'un faisceau parallèle. Les faisceaux qui interfèrent sont reçus sur une lentille convergente et les interférences sont observées dans le plan focal image de celle-ci.

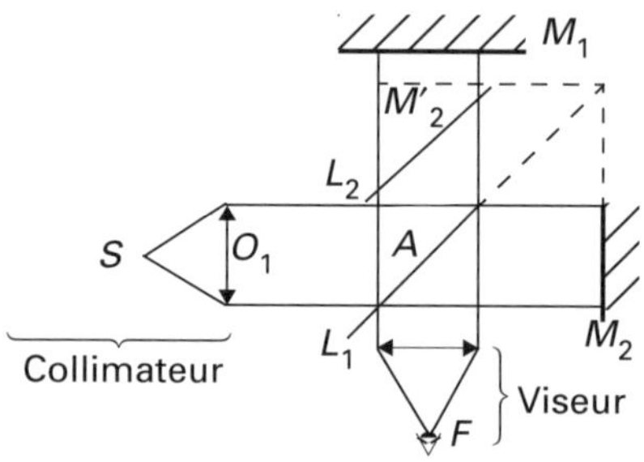

L'image de M_2 à travers la face semi-réfléchissante de L_1 est M_2'. Tout se passe comme si l'on avait une lame d'air formée par M_1 et M_2'.

Si M_2' n'est pas parallèle à M_1, il se forme un coin d'air. On obtient des franges d'égale épaisseur parallèles et équidistantes.

Si M_2' coupe M_1, on voit des franges en lumière blanche. Néanmoins la frange qui correspond à l'intersection de M_1 et M_2' n'est pas complètement blanche.

En effet, après réflexion en J_2, le rayon IJ_2 subit en I une réflexion verre couche semi-réfléchissante.

La différence de marche est donc égale à la différence de marche géométrique qui est nulle à l'intersection de M_2' et M_1 à laquelle s'ajoute une petite différence de marche due à cette réflexion. Si la source S est ponctuelle, les interférences ne sont pas localisées et peuvent être observées n'importe où. Si elle a une certaine étendue, les interférences deviennent localisées sur le coin M_1M_2'.

Si la distance entre M_1 et M_2' est très faible, on peut observer les franges en lumière blanche si les deux chemins optiques suivis par les deux faisceaux sont identiques.

Si les lames L_1 et L_2 ont la même épaisseur mais n'ont pas le même indice de réfraction, la différence de chemin optique peut s'annuler pour une radiation mais pas pour d'autres.

La différence de chemin varie rapidement avec λ et les franges ne peuvent pas être observées en lumière blanche.

3 - FRANGES D'ÉGALE INCLINAISON

Si l'image M_2' de M_2 est exactement parallèle à M_1, on peut observer les anneaux à l'infini d'une lame d'air. Ces anneaux sont visibles dans le plan focal image de l'objectif. On peut les examiner au moyen d'un oculaire. Le grandissement de la combinaison objectif réglé sur l'infini-oculaire dépend du diamètre angulaire des anneaux étudiés.

On peut utiliser une **source relativement large** en remplaçant le collimateur par un écran diffusant éclairé en lumière blanche. Si l'on déplace l'un des miroirs parallèlement à lui-même, le rayon des anneaux varie. Si les deux lames L_1 et L_2 sont suffisamment parallèles, les anneaux à l'infini sont parfaitement circulaires.

Si l'on incline L_2 par rapport à L_1 ils se déforment : ils deviennent d'abord elliptiques puis, lorsque l'inclinaison augmente, ils deviennent hyperboliques.

Si l'on utilise **une source ponctuelle**, tout se passe comme si la lumière provenait des deux sources S_1 et S_2, images de S après réflexions sur L_1 et sur M_1 et M_2.

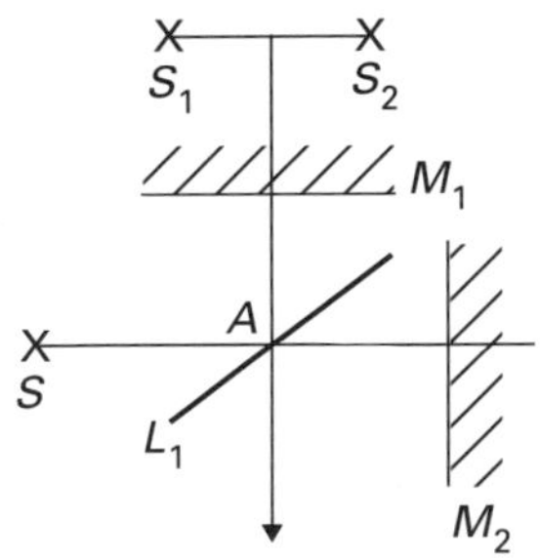

Si $S_1 S_2$ est perpendiculaire à la direction d'observation, on a une disposition analogue à celle que l'on a dans le dispositif des miroirs de Fresnel et l'on observe donc des franges rectilignes.

Si $S_1 S_2$ est parallèle à la direction d'observation, on observe les anneaux dont le rayon change lorsqu'on déplace l'un des miroirs parallèlement à lui-même.

4 - RÉGLAGE DE L'INTERFÉROMÈTRE

Avant tout usage, l'interféromètre doit être réglé. Seul l'un des deux miroirs peut se déplacer, l'autre étant fixe. Les bras correspondants de l'interféromètre sont le bras mobile et le bras fixe.

Il convient d'abord de rendre la longueur du bras mobile égale à celle du bras fixe. Cette opération se fait grossièrement au moyen d'une règle de mesure. Il faut que la différence des chemins optiques entre les deux trajets soit inférieure à environ 1 cm.

Le schéma ci-dessous représente un interféromètre du commerce. On y remarque la présence de plusieurs vis de réglage, certaines (B_2 ou C_3) étant graduées. Un filtre anti-calorique permet de protéger l'appareil lorsqu'on utilise une source puissante. Dans la suite, nous utiliserons deux expressions courantes lorsqu'on emploie un interféromètre :

- parallélisme : l'image M_2' de M_2 à travers L_1 et L_2 est alors parallèle au miroir M_1 ;
- contact optique : la distance entre M_2' et M_1 est nulle.

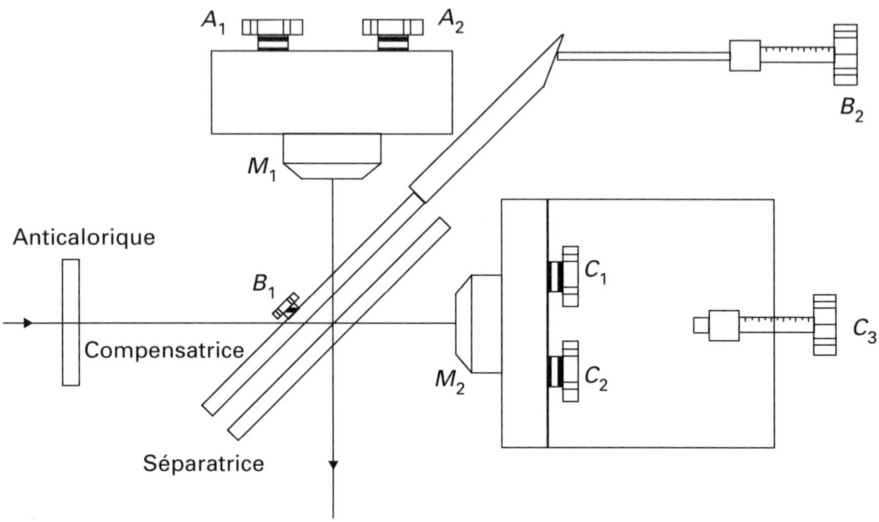

Le réglage se fait commodément avec un laser.

Il s'agit de rendre M_2' et M_1 parallèles, la distance $M_2'M_1$ étant nulle. Pour cela on envoie le faisceau laser sur l'interféromètre dans lequel on a préréglé grossièrement les distances. On obtient ainsi un grand nombre de taches résultant des réflexions multiples entre la séparatrice et la compensatrice.

Au moyen des vis B_1 puis B_2, on regroupe les taches de manière à n'obtenir d'abord que deux taches. Ensuite, au moyen des vis C_1 et C_2 on regroupe celles-ci.

Le parallélisme est alors réalisé. On observe alors des anneaux (franges d'égale inclinaison).

Il faut ensuite assurer le contact optique. On déplace pour cela M_2 en agissant sur la vis C_3, de manière à faire rentrer les anneaux dans le champ d'interférences. À un moment, ces anneaux ne rentrent plus mais se mettent à sortir du champ. On a alors dépassé le contact optique ; on revient donc un peu en arrière. Ce réglage n'est qu'approximatif.

Pour avoir le contact optique avec certitude, il faut utiliser de la lumière blanche.

Remarques

** En raison de la grande cohérence de la lumière laser, on pourrait effectuer ces réglages sans lame compensatrice. On l'utilise néanmoins, car elle est indispensable lorsqu'on emploie une lampe spectrale ou de la lumière blanche.*

** Pour de plus amples renseignements sur les réglages de l'interféromètre, on pourra se reporter avantageusement à l'ouvrage de R. Duffait,* Expériences d'optique *(Bréal éditeur).*

5 - UTILISATION DE L'INTERFÉROMÈTRE

Le principal intérêt de l'interféromètre de Michelson est de séparer complètement les faisceaux avant de les superposer. Il est ainsi possible de modifier à sa guise les longueurs optiques des deux bras, et donc de déterminer des indices de réfraction ou des variations d'indice.

Comme tout autre interféromètre, celui-ci peut être utilisé pour mesurer des longueurs d'onde par simple détermination du rayon des anneaux d'égale inclinaison. Il peut aussi servir à déterminer la largeur d'une raie spectrale monochromatique ou bien la structure d'une raie complexe (par exemple étudier le doublet jaune du sodium).

Il est couramment employé en interférométrie stellaire pour déterminer le diamètre apparent d'étoiles doubles. Il peut également servir à mesurer des longueurs : étalons interférométriques ; c'est ainsi qu'on a, à une certaine époque, fixé un étalon de longueur pour la définition du mètre.

6 DIFFRACTION À L'INFINI D'UNE ONDE PLANE

Le phénomène de diffraction a été signalé précédemment : il s'agit du changement de direction de la lumière lorsque celle-ci traverse une ouverture de très petite dimension.

Dans ce chapitre, nous nous intéresserons seulement à la diffraction d'une onde plane, c'est-à-dire au changement de direction d'un **faisceau de rayons parallèles**, ce faisceau restant parallèle après avoir traversé l'ouverture dite **diffringente**.

1 - MISE EN ÉVIDENCE EXPÉRIMENTALE : LA STRIOSCOPIE

L'expérience suivante permet de mettre en évidence la diffraction d'une manière très nette.

Au moyen d'une lentille L_1 on forme un faisceau de lumière parallèle en plaçant une source de lumière monochromatique S au foyer principal objet F_1 et L_1. On reçoit ce faisceau parallèle sur une lentille L_2 de foyer principal image F'_2 et on place sur le faisceau réfracté un écran (E).

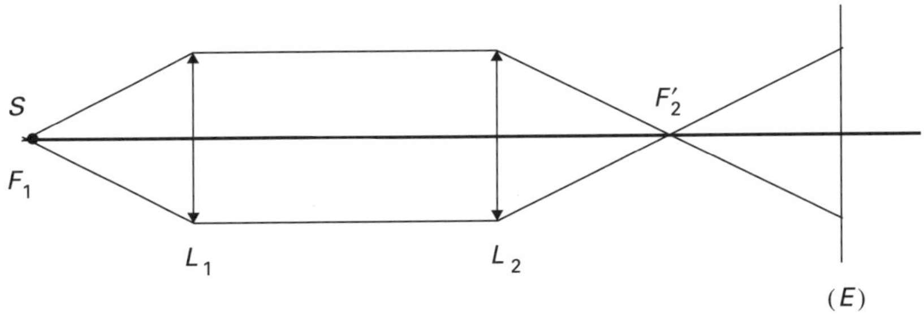

On place alors en F'_2 un petit écran opaque (e) qui intercepte complètement le faisceau réfracté, de sorte que l'écran (E) ne reçoit alors plus de lumière.

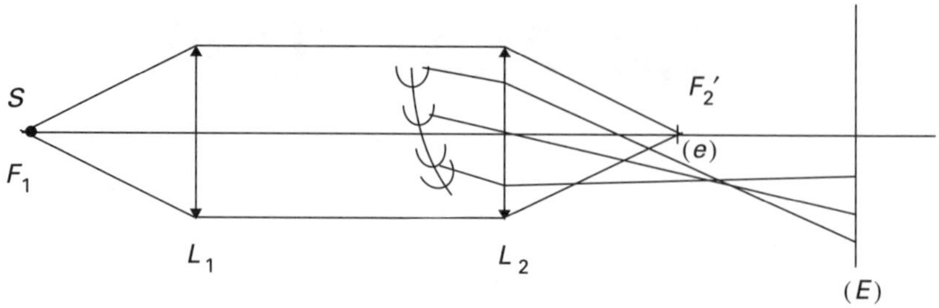

Dans le plan conjugué de (E) par rapport à L_2, on place alors une plume P : on observe alors sur (E) l'image de la plume. L'existence de cette image est bien due à la diffraction, puisque, en l'absence de diffraction, l'écran (e) arrêterait toute lumière. Le phénomène s'explique de la manière suivante : la plume P diffracte la lumière issue de L_1, de sorte qu'après traversée de L_2, la lumière passe au voisinage de (e) sans être arrêtée par cet écran.

2 - PRINCIPE D'HUYGENS-FRESNEL

C'est le principe sur lequel reposera toute notre étude de la diffraction. Il s'énonce de la manière suivante.

Soit une source S émettant une lumière monochromatique. Soit (Σ) la surface d'onde à un instant t. On peut obtenir l'état vibratoire en un point situé au-delà de (Σ) en supprimant la source S et en la remplaçant par une infinité de sources secondaires réparties sur (Σ). Les vibrations émises par ces sources secondaires centrées en des points P ont une amplitude :

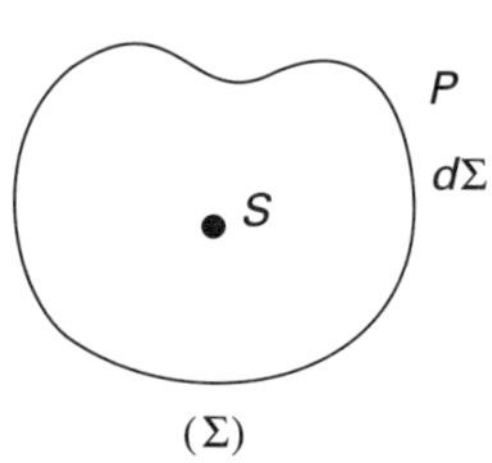

- proportionnelle à l'amplitude de la vibration initiale émise par S en P ;

- proportionnelle à l'aire $d\Sigma$ de la source secondaire entourant P.

La phase de l'onde émise par P est la phase de l'onde issue de S lorsqu'elle arrive en P.

Pour obtenir l'état vibratoire au point M situé au-delà de Σ, on admet que les vibrations émises par ces sources secondaires interfèrent en M.

Remarque

Ce principe permet de calculer correctement l'amplitude de la vibration, mais pas correctement sa phase. Néanmoins, étant donné que nous utiliserons ce principe pour calculer l'intensité diffractée dans une direction déterminée, seule l'amplitude nous intéressera. C'est pourquoi nous pourrons fonder une étude simplifiée de la diffraction sur ce principe.

3 - DIFFRACTION DE FRESNEL ET DIFFRACTION DE FRAUNHOFFER

D'une manière générale, lorsqu'une ouverture ou un obstacle est placé sur le trajet de rayons lumineux, ceux-ci sont diffractés.

Lorsque la source émettrice de lumière est ponctuelle et à une distance relativement faible de l'ouverture et lorsque les phénomènes sont observés sur un écran également placé à une distance relativement faible, les calculs, toujours fondés sur le principe d'Huygens-Fresnel, sont assez compliqués. On a alors affaire à la **diffraction de Fresnel**.

Lorsque la source et l'écran d'observation sont assez éloignés de l'ouverture, les calculs sont plus simples. On a alors affaire à la **diffraction de Fraunhoffer**. Dans la suite, nous étudierons exclusivement la diffraction à l'infini d'une onde plane : il s'agit bien sûr d'une diffraction de Fraunhoffer, l'ouverture diffringente recevant un faisceau de rayons parallèles (onde plane), le faisceau diffracté étant également parallèle, les rayons diffractés interférant à l'infini (diffraction à l'infini).

Considérons une ouverture plane de forme quelconque recevant un faisceau de lumière parallèle. Ce faisceau est diffracté en un faisceau de rayons parallèles : on peut considérer que ces rayons convergent en un point M' situé à l'infini, de sorte que l'état vibratoire en M' sera obtenu en superposant une infinité d'ondes planes issues de chacun des points de l'ouverture et se propageant dans la direction diffractée.

Si l'on place une lentille convergente L juste derrière l'ouverture, toute la lumière diffractée viendra converger en un point M situé dans le plan focal image de L, ce point est évidemment l'image de M' à travers L.

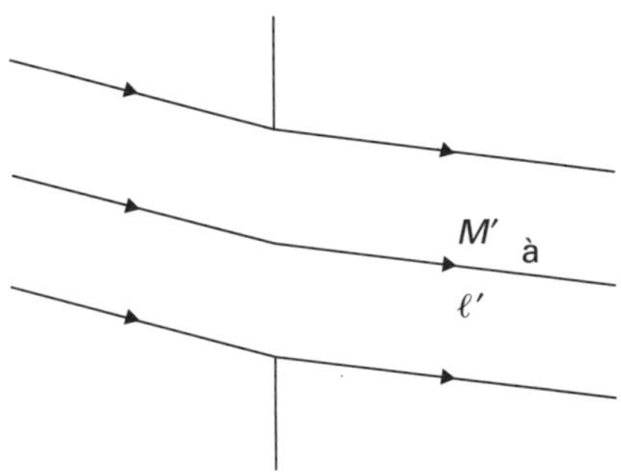

Sans lentille

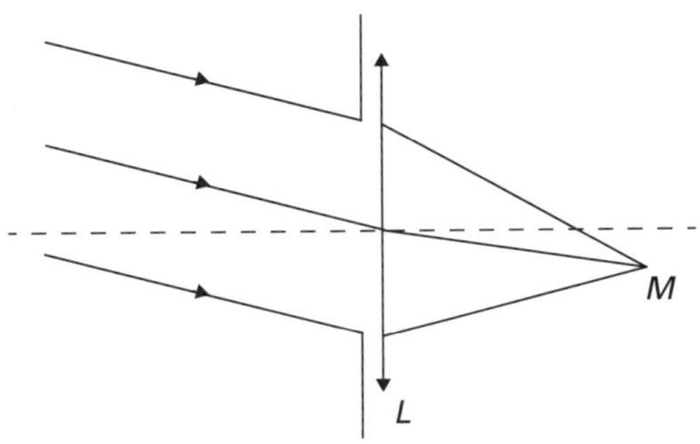

Avec lentille

Lorsqu'on utilise la lentille L, le chemin optique de toutes les ondes qui convergent en M est le même pour toutes (puisque M est l'image à travers L d'un point à l'infini). Ainsi, le chemin optique des ondes qui interfèrent est inchangé que l'on utilise ou pas la lentille L. On obtient donc le même effet avec ou sans L.

Remarques

** Il est bien évident que L ne doit pas diffracter le **faisceau** émergent, sans quoi deux effets de diffraction se superposeraient.*

** Les conclusions sont à peu près similaires si le faisceau incident n'est pas tout à fait parallèle, mais légèrement divergent.*

** Les effets sont inchangés lorsqu'on déplace l'ouverture diffringente dans son plan (avec les restrictions ci-dessus).*

4 - DIFFRACTION PAR UNE OUVERTURE RECTANGULAIRE

Considérons une ouverture rectangulaire de côtés a et b recevant un faisceau de rayons parallèles d'une lumière monochromatique de longueur d'onde λ. On peut caractériser la direction incidente par son vecteur d'onde $\vec{k} = \frac{2\pi}{\lambda}\vec{u}$, $\vec{u}$ étant le vecteur unitaire de cette direction.

Après avoir rencontré l'ouverture diffringente, le faisceau toujours formé de rayons parallèles de la même lumière monochromatique a une direction caractérisée par le vecteur unitaire $\vec{u}'$ ou aussi le vecteur d'onde $\vec{k}' = \frac{2\pi}{\lambda}\vec{u}'$.

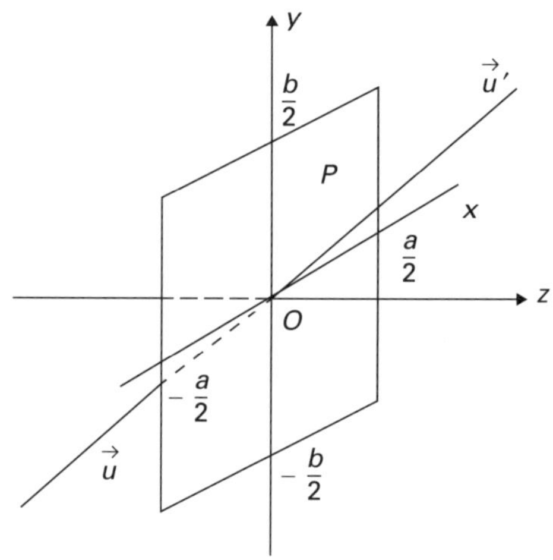

Soit un élément de surface entourant un point P de l'ouverture diffringente. Rapportons l'espace au repère Oxyz comme ci-contre. Soient x et y les coordonnées de P et $dxdy$ l'élément d'aire diffringente. Nous prendrons pour origine des phases celle de la vibration en O, soit incidente, soit diffractée. La vibration incidente en M est en retard sur la vibration incidente en O et est de la forme $e^{j(\omega t - \vec{k}\cdot\vec{r})}$ avec $\vec{r} = \overrightarrow{OP}$. De même, la vibration diffractée en P est en avance sur la vibration diffractée en O et est de la forme $e^{j(\omega t + \vec{k}'\cdot\vec{r})}$. La vibration diffractée en P est donc déphasée sur la vibration incidente et est par conséquent de la forme $e^{j(\omega t + \vec{k}'\cdot\vec{r} - \vec{k}\cdot\vec{r})}$.

La vibration diffractée par l'élément de surface entourant P est par suite :

$$\underline{ds} = A\, dx\, dy\, e^{j(\omega t + \vec{k}'\cdot\vec{r} - \vec{k}\cdot\vec{r})} ;$$

A étant une constante de proportionnalité dont nous ne nous préoccuperons pas. L'amplitude complexe de cette vibration est :

$$d\mathscr{A} = A\, dx\, dy\, e^{j(\vec{k}'\cdot\vec{r} - \vec{k}\cdot\vec{r})}$$

soit :

$$d\mathscr{A} = A\, dx\, dy\, e^{j\frac{2\pi}{\lambda}(\vec{u}' - \vec{u})\cdot\vec{r}}.$$

L'amplitude complexe de la vibration résultante diffractée par l'ensemble de l'ouverture est :

$$\underline{\mathscr{A}} = A\int_x\int_y e^{j\frac{2\pi}{\lambda}(\vec{u}' - \vec{u})\cdot\vec{r}}\, dx\, dy.$$

Soient α, β, γ les cosinus directeurs de $\vec{u}$; α', β', γ' ceux de $\vec{u'}$. On a

$$\underline{\mathcal{A}} = A\int_{-a/2}^{a/2}\int_{-b/2}^{b/2} e^{j\frac{2\pi}{\lambda}[(\alpha'-\alpha)x+(\beta'-\beta)y]}\,dx\,dy$$

$$\underline{\mathcal{A}} = A\left[\frac{e^{j\frac{2\pi}{\lambda}(\alpha'-\alpha)x}}{j\frac{2\pi}{\lambda}(\alpha'-\alpha)}\right]_{-a/2}^{a/2}\cdot\left[\frac{e^{j\frac{2\pi}{\lambda}(\beta'-\beta)y}}{j\frac{2\pi}{\lambda}(\beta'-\beta)}\right]_{-b/2}^{b/2}.$$

Soit finalement :

$$\underline{\mathcal{A}} = A\,\frac{\sin\frac{\pi}{\lambda}(\alpha'-\alpha)\,a}{\frac{\pi}{\lambda}(\alpha'-\alpha)}\cdot\frac{\sin\frac{\pi}{\lambda}(\beta'-\beta)\,b}{\frac{\pi}{\lambda}(\beta'-\beta)}$$

L'intensité diffractée dans la direction $\vec{u'}$ est proportionnelle à $\underline{\mathcal{A}}\cdot\underline{\mathcal{A}}^*$ donc de la forme :

$$I = K\,A^2\left[\frac{\sin\frac{\pi}{\lambda}(\alpha'-\alpha)\,a}{\frac{\pi}{\lambda}(\alpha'-\alpha)}\right]^2\left[\frac{\sin\frac{\pi}{\lambda}(\beta'-\beta)\,b}{\frac{\pi}{\lambda}(\beta'-\beta)}\right]^2.$$

ou

$$I = K\,A^2\,a^2\,b^2\left(\frac{\sin U}{U}\right)^2\left(\frac{\sin V}{V}\right)^2$$

avec

$$U = \frac{\pi}{\lambda}(\alpha'-\alpha)\,a \qquad \text{et} \qquad V = \frac{\pi}{\lambda}(\beta'-\beta)\,b.$$

Si $\alpha' = \alpha$ et $\beta' = \beta$ la vibration incidente n'est pas diffractée et $\sin U/U = 1$ $\sin V/V = 1$. La quantité $K\,A^2\,a^2\,b^2$ n'est pas autre chose que l'intensité I_0 de la vibration incidente tombant sur l'aire ab de l'ouverture. En définitive, on a donc :

$$I = I_0\left(\frac{\sin U}{U}\right)^2\left(\frac{\sin V}{V}\right)^2$$

avec $U = \frac{\pi}{\lambda}(\alpha'-\alpha)\,a$ et $V = \frac{\pi}{\lambda}(\beta'-\beta)\,b$

Étude de la figure de diffraction

La figure de diffraction est la représentation de l'intensité en fonction des caractéristiques de la direction diffractée.

Maximum principal : il correspond à $U = 0$, $V = 0$, c'est-à-dire que la direction diffractée est identique à la direction incidente.

Minimums nuls : ils correspondent à $\sin U = 0$ ou $\sin V = 0$, U et V étant non nuls. Alors $U = p\,\pi$, $V = q\,\pi$, p et q étant des entiers positifs ou négatifs ($p \neq 0$ et $q \neq 0$).

Alors $\quad \alpha'-\alpha = p\,\frac{\lambda}{a} \qquad \beta'-\beta = q\,\frac{\lambda}{a} \qquad p$ et $q \in \mathbb{Z}$.

Maximums secondaires : I est maximum relativement à U lorsque $\left(\frac{\sin U}{U}\right)^2$ est maximum, donc $\frac{\sin U}{U}$ maximum. Cela correspond à

$$U \cos U - \sin U = 0 \qquad \text{soit} \qquad U = \operatorname{tg} U.$$

La résolution de cette équation trigonométrique conduit aux valeurs suivantes pour U et pour $\left(\frac{\sin U}{U}\right)^2$.

U	$1{,}43\ \pi$	$2{,}459\ \pi$	$3{,}170\ \pi$
$\left(\frac{\sin U}{U}\right)^2$	0,0472	0,0169	0,0083

En définitive la figure de diffraction est formée d'une **tache centrale de diffraction** brillante encadrée de taches latérales bien moins éclairées, ces taches brillantes étant séparées par des traits noirs correspondant aux minimums nuls.

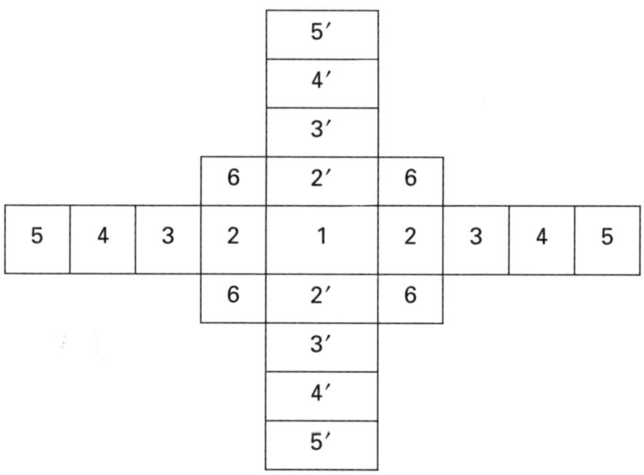

1 intensité I_0.

2, 2′ : intensité $0{,}0472\ I_0$.

3, 3′ : intensité $0{,}0169\ I_0$.

4, 4′ : intensité $0{,}0083\ I_0$.

5, 5′ : intensité $0{,}0050\ I_0$.

6 intensité $0{,}0022\ I_0$.

Les autres taches sont à peu près invisibles.

Comme l'intensité varie d'une manière continue entre un maximum et un minimum d'une part et comme d'autre part l'intensité diminue beaucoup plus vite dans les directions des diagonales que dans les directions des axes, en pratique les rectangles sont tronqués sur leurs extrémités et la figure de diffraction observée a l'allure suivante, les éclairements des différentes taches étant indiqués près de la figure précédente.

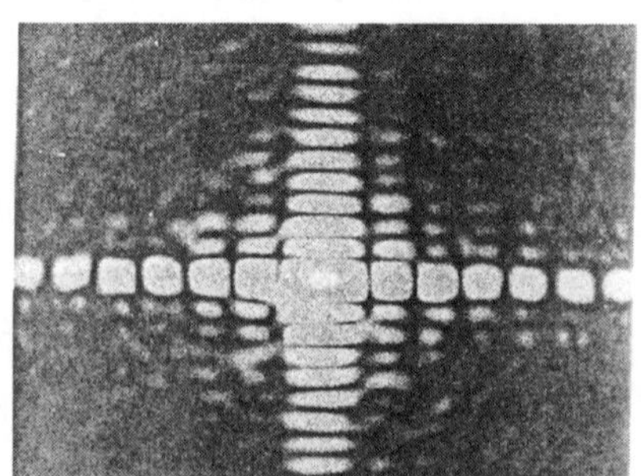

Remarque

Proportionnalité de l'éclairement au carré de l'aire de l'ouverture

On a posé ci-dessus $I_0 = K\ A^2\ a^2\ b^2$. *Cette expression montre que l'intensité diffractée dans une direction quelconque est proportionnelle au carré de l'aire de l'ouverture diffringente. Il en sera donc de même de l'éclairement d'un écran sur lequel on reçoit le faisceau diffracté, soit* *directement, soit indirectement à travers une lentille. On peut expliquer ceci de la manière suivante : supposons que les dimensions de l'ouverture soient multipliées sur un même facteur k ; l'aire est alors multipliée par k^2 et l'énergie la traversant est aussi multipliée par k^2. Par ailleurs les dimensions de la figure de diffraction sont divisées par k dans les deux directions : l'aire de l'écran qui reçoit la lumière diffractée est donc divisée par k^2. Ainsi une aire k^2 fois plus petite de l'écran reçoit une énergie k^2 fois plus grande ; l'éclairement est donc multiplié par k^4. Ceci montre bien que l'éclairement de l'écran est proportionnel au carré de l'aire de l'ouverture diffringente. Ce résultat est très général, quelle que soit la forme de l'ouverture.*

Remarque

Dimensions de l'ouverture

Les calculs ci-dessus montrent que les positions des minimums nuls correspondent à $\alpha' - \alpha = \pm\frac{\lambda}{a}, \pm 2\frac{\lambda}{a} \ldots, \beta' - \beta = \pm\frac{\lambda}{b}, \pm 2\frac{\lambda}{b} \ldots$ Si a et b sont très grands devant λ, $\frac{\lambda}{a} \ll 1$ et $\frac{\lambda}{b} \ll 1$ de sorte que $\alpha' \simeq \alpha$ et $\beta' \simeq \beta$.

Comme p et q ne prennent en pratique que des valeurs entières peu importantes, on voit que lorsqu'il en est ainsi, le phénomène de diffraction est négligeable.

Ainsi le phénomène de diffraction n'existe-t-il que si a et b ne sont pas très grands devant la longueur d'onde.

Sinus cardinal

On pose souvent $\frac{\sin U}{U} = \sin c U$, $\frac{\sin V}{V} = \sin c V$ en définissant ainsi la fonction sinus cardinal $\sin c$.

5 - DIFFRACTION PAR UNE FENTE

Une fente est une ouverture rectangulaire dont la longueur *b* est très grande devant la largeur *a*.

Ainsi, à condition bien sûr que *a* ne soit pas très grand devant λ, il y aura diffraction uniquement dans la direction *Ox* de la largeur ; dans l'autre direction, conformément à la remarque ci-dessus, il n'y a pas de diffraction. Avec les notations ci-dessus on a alors $V \approx 0$, donc $\frac{\sin V}{V} \simeq 1$.

$$\boxed{I = I_0\left(\frac{\sin U}{U}\right)^2 = I_0 (\sin c U)^2} \quad \text{avec} \quad U = \frac{\pi}{\lambda}(\alpha' - \alpha)\, a$$

- **Cas particulier**

Si le faisceau incident est normal à la fente ($\alpha = 0$), l'expression ci-dessus se simplifie.

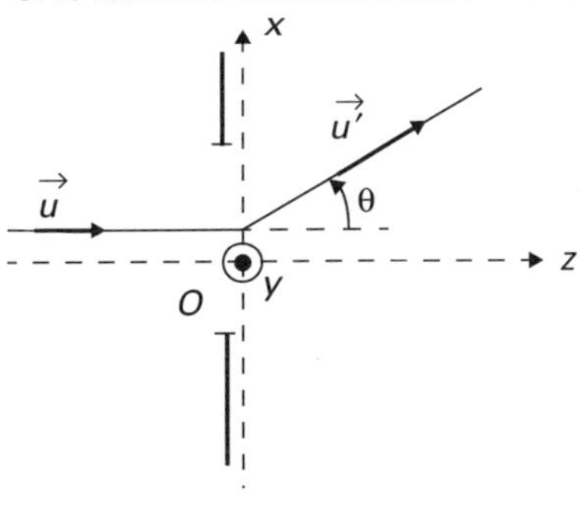

Si θ est **l'angle de diffraction**, $\alpha' = \sin\theta$; or, en pratique, θ est toujours un petit angle et par conséquent $\alpha' \simeq \theta$. L'intensité diffractée dans la direction θ s'écrit alors :

$$\boxed{I(\theta) = I_0\left(\frac{\sin\frac{\pi a\theta}{\lambda}}{\frac{\pi a\theta}{\lambda}}\right)^2 = I_0\left(\sin c\frac{\pi a\theta}{\lambda}\right)^2}$$

Supposons que, derrière la fente ci-dessus, on place une lentille convergente L de distance focale image f. Un point M du plan focal image peut être repéré par son abscisse X à partir du foyer principal image F'. On a alors :

$$X \simeq f\,\theta.$$

De sorte que l'intensité diffractée s'écrit :

$$I(X) = I_0 \left(\frac{\sin \dfrac{\pi a X}{\lambda f}}{\dfrac{\pi a X}{\lambda f}} \right)^2 .$$

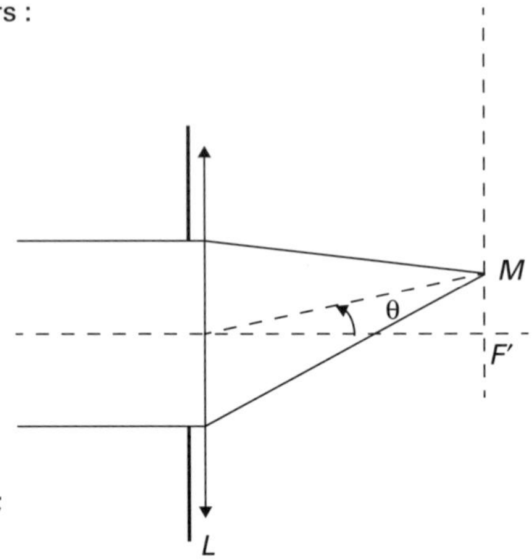

La fonction $I(X)$ s'étudie comme au paragraphe précédent. Nous donnons les résultats :

maximum principal : $X = 0 \quad I(0) = I_0$;

minimums nuls : $X = p\,\dfrac{\lambda f}{a} \quad p \in \mathbb{Z}$;

maximums secondaires : ce sont les positions d'abscisses X telles que $\dfrac{\pi a X}{\lambda f} = \operatorname{tg} \dfrac{\pi a X}{\lambda f}$.

La résolution graphique montre que les solutions sont très voisines de $\dfrac{\pi a X}{\lambda f} = (2p+1)\dfrac{\pi}{2}$ ($p \neq 0$ et $p \neq -1$) ; très exactement 1,43 π, 2,46 π, 3,47 π… ainsi qu'on l'a vu au paragraphe précédent.

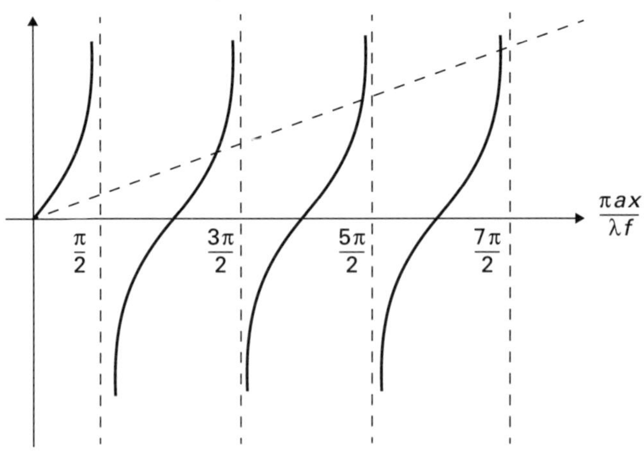

- **Figure de diffraction**

Dans le plan focal image de L on obtient donc des **franges de diffraction**, traits alternativement brillants (maximum principal et maximums secondaires) et noirs (minimums nuls).
Les positions des franges noires sont :

$$X_n = \pm \frac{\lambda f}{a}, \qquad \pm 2\,\frac{\lambda f}{a}, \qquad \pm 3\,\frac{\lambda f}{a}.$$

Celles des franges brillantes sont :

$$X_b = 0, \qquad \pm 1{,}43\ \frac{\lambda f}{a} \qquad \pm 2{,}46\ \frac{\lambda f}{a}, \qquad \pm 3{,}47\ \frac{\lambda f}{a}.$$

L'éclairement des franges latérales va décroissant lorsque X augmente et est bien plus faible que celui de la **frange centrale de diffraction**.

1 intensité I_0

2, 2′ intensité 0,0472 I_0

3, 3′ intensité 0,0169 I_0

4, 4′ intensité 0,0050 I_0

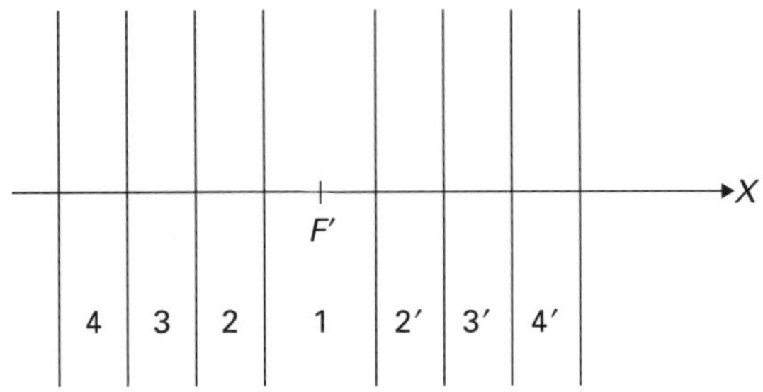

Les traits perpendiculaires à $F'X$ représentent les franges noires.

La photographie ci-dessous montre ces franges de diffraction.

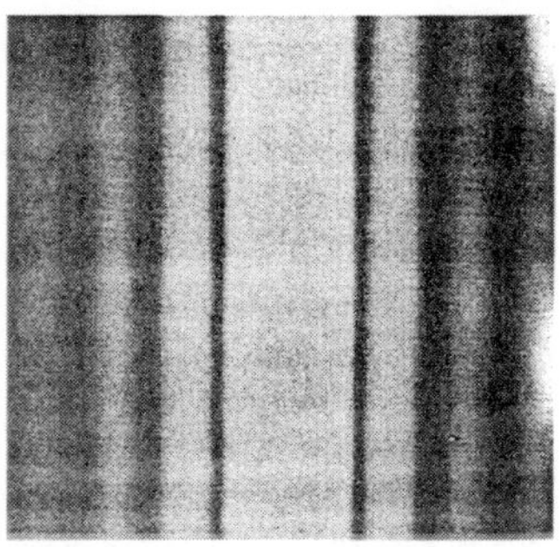

On s'aperçoit que, outre leur éclairement, les franges se différencient par leur largeur : la frange centrale a une largeur double de celle des franges latérales. Ce résultat est distinct de celui concernant les franges d'interférences : celles-ci ont même largeur et même éclairement.

Remarque

Nous avons obtenu ci-dessus la fonction $I(\theta)$ donnant l'intensité diffractée dans la direction θ en envisageant la fente comme un cas particulier de l'ouverture rectangulaire. On peut obtenir cette fonction par un calcul direct. Nous considérerons toujours un faisceau incident parallèle normal au plan de la fente. Pour que le calcul soit un peu différent du précédent, nous prendrons l'origine des phases en un bord de la fente. Soit une bande de largeur dx de fente : la vibration diffractée par cette bande a une amplitude proportionnelle à l'aire de la bande, donc à dx. La vibration en O étant de la forme $s_0\ e^{j\omega t}$, la vibration diffractée dans la direction θ par la bande ci-dessus est de la forme :

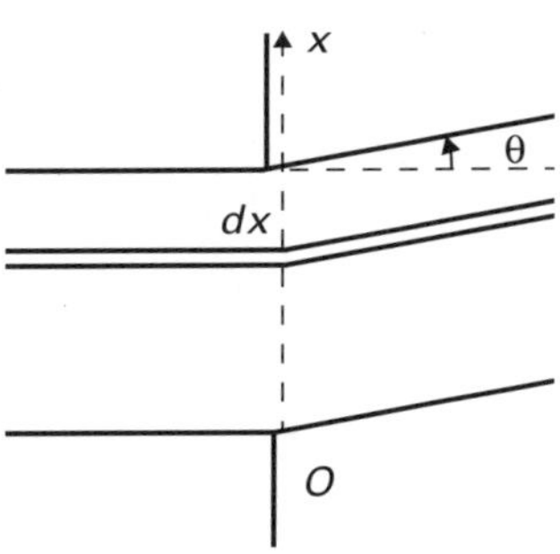

$$\underline{ds} = A\ dx\ e^{j(\omega t + \vec{k}' \cdot \vec{r})}$$

avec $\vec{k'} = \frac{2\pi}{\lambda}\vec{u'}$, $\vec{r} = \overrightarrow{OP}$, P étant le centre de la bande.

Or, $\vec{k'}\cdot\vec{r} = \frac{2\pi}{\lambda}x\sin\theta$, x étant l'abscisse de P. L'amplitude de la vibration diffractée par la bande est, par suite :

$$d\underline{\mathcal{A}} = A\,dx\,e^{j\frac{2\pi}{\lambda}x\sin\theta}$$

L'amplitude diffractée par la fente est donc :

$$\underline{\mathcal{A}} = A\int_0^a e^{j\frac{2\pi}{\lambda}x\sin\theta}dx,$$

soit

$$\underline{\mathcal{A}} = A\,\frac{e^{j\frac{2\pi a\sin\theta}{\lambda}}-1}{j\frac{2\pi}{\lambda}\sin\theta}.$$

L'intensité diffractée dans la direction θ est proportionnelle à $\underline{\mathcal{A}}\cdot\underline{\mathcal{A}}^*$ soit

$$I = K\,A^2\,\frac{\left(e^{j\frac{2\pi a\sin\theta}{\lambda}}-1\right)\left(e^{-j\frac{2\pi a\sin\theta}{\lambda}}-1\right)}{\left(\frac{2\pi}{\lambda}\sin\theta\right)^2}$$

$$I = K\,A^2\,\frac{2-2\cos\frac{2\pi a\sin\theta}{\lambda}}{\left(\frac{2\pi}{\lambda}\sin\theta\right)^2} = K\,A^2\,\frac{\sin^2\frac{\pi a\sin\theta}{\lambda}}{\left(\frac{\pi\sin\theta}{\lambda}\right)^2} = K\,A^2a^2\,\frac{\sin^2\frac{\pi a\sin\theta}{\lambda}}{\left(\frac{\pi a\sin\theta}{\lambda}\right)^2}$$

$\theta = 0$ correspond à l'absence de diffraction, l'intensité correspondante est celle du faisceau incident, donc $I_0 = K\,A^2a^2$. On obtient donc, en s'en tenant à $\sin\theta \simeq \theta$, qui est toujours vérifié en pratique :

$$\boxed{I(\theta) = I_0\left(\frac{\sin\frac{\pi a\theta}{\lambda}}{\frac{\pi a\theta}{\lambda}}\right)^2 = I_0\left(\operatorname{sinc}\frac{\pi a\theta}{\lambda}\right)^2}$$

C'est évidemment le calcul ci-dessus qu'il faut effectuer lorsqu'on a à étudier la figure de diffraction d'une fente.

- **Emploi d'une fente-source**

Dans tout ce qui précède, on a supposé que la fente diffringente recevait un faisceau de rayons parallèles, c'est-à-dire provenant d'une source ponctuelle à l'infini.

On peut très bien remplacer cette source ponctuelle par une fente-source de très faible largeur placée à l'infini, parallèle à l'ouverture diffringente. À chaque point de la fente-source correspondra une figure de diffraction analogue à celle décrite précédemment. Ces points-sources émettant des vibrations incohérentes entre elles, l'éclairement sur l'écran résultera de la somme de tous les éclairements et on obtiendra donc une figure de diffraction bien contrastée.

Si la fente-source n'est pas parallèle à la fente diffringente, les franges de diffraction deviennent parallèles à la fente-source et disparaissent lorsque la fente-source est perpendiculaire à la fente diffringente. Si l'on déplace la fente diffringente dans son plan, seule est changée la phase de l'onde résultante. Les récepteurs optiques n'étant pas sensibles à la phase, mais seulement à l'intensité, la figure de diffraction sera inchangée.

6 - DIFFRACTION PAR UNE OUVERTURE CIRCULAIRE[1]

Plaçons-nous dans les mêmes conditions qu'aux paragraphes 4 et 5 en remplaçant l'ouverture rectangulaire par une ouverture circulaire. Soit R le rayon de cette ouverture de centre O. Soit un point P de coordonnées polaires (ρ, ψ) et soit un élément de surface $d\Sigma = \rho\, d\rho\, d\psi$ entourant P.

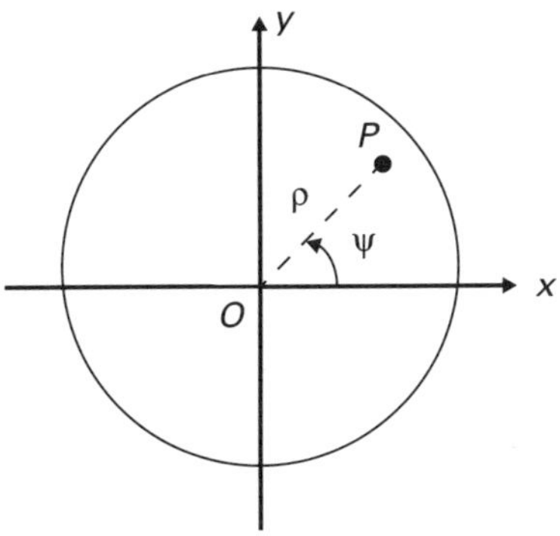

Avec les mêmes notations que précédemment, la vibration diffractée par $d\Sigma$ est :

$$\underline{ds} = A\rho\; d\rho\; d\psi\; e^{j(\omega t + \vec{k}' \cdot \vec{r} - \vec{k} \cdot \vec{r})} \quad \text{avec } \vec{r} = \overrightarrow{OP}.$$

Il est plus commode d'effectuer les calculs avec les notations réelles et en utilisant les coordonnées cartésiennes. Pour simplifier, supposons que le faisceau incident est normal à l'ouverture : $\vec{u} \cdot \vec{r} = 0$. Le problème est entièrement de révolution, l'axe de révolution étant l'axe Oz. On peut donc étudier l'intensité diffractée dans la direction θ contenue dans le plan Oyz.

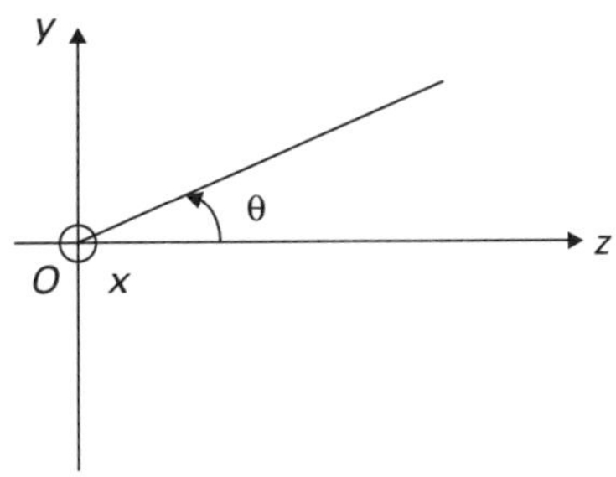

Alors $\vec{u}'$ a pour composantes $(0, \sin\theta, \cos\theta)$ et la vibration diffractée est donc :

$$ds = A\; dx\; dy\; \cos\left[\omega t + \frac{2\pi}{\lambda}\, y \sin\theta\right].$$

La vibration totale diffractée par l'ensemble de l'ouverture est par suite :

$$s = A \int_{-R}^{+R} dy\, \cos\left[\omega t + \frac{2\pi}{\lambda}\, y\, \sin\theta\right] \int_{-\sqrt{R^2-y^2}}^{\sqrt{R^2-y^2}} dx$$

$$s = A \int_{-R}^{+R} 2\sqrt{R^2-y^2}\, \cos\left[\omega t + \frac{2\pi}{\lambda}\, y\, \sin\theta\right] dy$$

$$s = 2\,A\,\cos\omega t \int_{-R}^{+R} \sqrt{R^2-y^2}\, \cos\frac{2\pi}{\lambda}\, y\, \sin\theta\; dy$$

$$-2\,A\,\sin\omega t \int_{-R}^{+R} \sqrt{R^2-y^2}\, \sin\frac{2\pi}{\lambda}\, y\, \sin\theta\; dy$$

1. Ce paragraphe est hors programme. Nous traitons cet exemple à titre documentaire.

Le deuxième terme (le coefficient de $\sin\omega t$) est nul car c'est une fonction impaire intégrée entre $-R$ et $+R$. Posons :

$$U = \frac{y}{R},\ m = \frac{2\pi\ R \sin\theta}{\lambda}.$$

Il vient :

$$s = 2\ A \cos\omega t \int_{-R}^{+R} R\sqrt{1-U^2}\ \cos m\ U \cdot R\ dU$$

ou encore

$$s = 4\ A\ R^2 \cos\ \omega t \int_0^R \sqrt{1-U^2}\ \cos m\ U\ dU.$$

L'intégrale ci-dessus définit une fonction appelée **fonction de Bessel du premier ordre** notée $J_1(m)$ dont les valeurs sont données par les tables. On obtient :

$$s = 4\ A\ R^2\ \frac{\pi}{2}\ \frac{J_1(m)}{m}\ \cos\omega t.$$

L'intensité diffractée dans la direction θ est proportionnelle à l'amplitude de cette vibration :

$$I = K \cdot \left(4\ A\ R^2\ \frac{\pi}{2}\ \frac{J_1(m)}{m}\right)^2.$$

La fonction $J_1(m)$ est telle que $\frac{J_1(m)}{m} \to \frac{1}{2}$ quand $m \to 0$, c'est-à-dire quand $\theta \to 0$ donc lorsque disparaît le phénomène de diffraction. À ce moment $I \to I_0$ intensité du faisceau incident :

$$I_0 = K\left(4\ A\ R^2\ \frac{\pi}{2} \cdot \frac{1}{2}\right)^2 = K\ A^2\ R^4\ \pi^2.$$

En définitive, on a donc

$$\boxed{I = 4\ I_0 \left[\frac{J_1(m)}{m}\right]^2}$$

On remarque que I_0 est proportionnelle à R^4, donc au carré de l'aire de l'ouverture diffringente.

La courbe donnant les vibrations de I en fonction de m, donc de θ, a l'allure suivante :

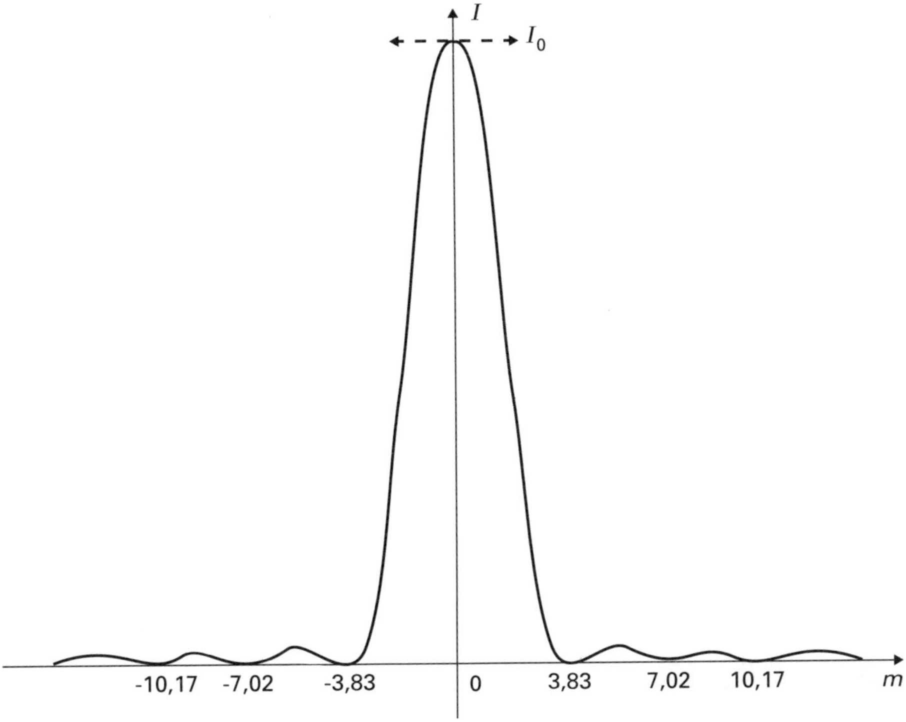

Elle fait apparaître un maximum principal d'intensité I_0 entouré de maximums secondaires d'intensité beaucoup plus faible, respectivement 0,0175 I_0, 0,0042 I_0, 0,0016 I_0 correspondant aux valeurs suivantes de m : $\pm$ 5,14, $\pm$ 8,46, $\pm$ 11,62... Entre ces maximums, la courbe passe par des minimums nuls pour les valeurs suivantes de m : $\pm$ 3,83, $\pm$ 7,02, $\pm$ 10,17 ...

Si l'on place juste derrière l'ouverture circulaire une lentille convergente L de distance focale f, la figure de diffraction observée dans le plan focal image de L est formée d'une tache centrale brillante entourée d'anneaux circulaires alternativement brillants et noirs.

Le rayon de la **tache centrale de diffraction,** encore appelée **tache d'Airy** ou **disque d'Airy,** est obtenu pour m = 3,83, soit, puisqu'en pratique $\sin\theta \simeq \theta$

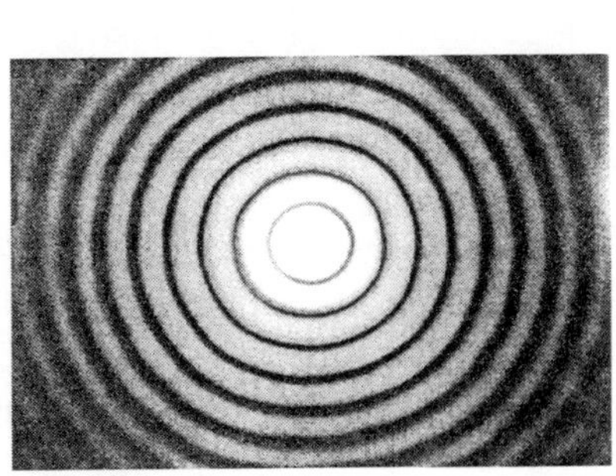

$$\frac{2\pi R \theta}{\lambda} = 3{,}83$$

ou

$$\theta = 0{,}61 \frac{\lambda}{R}.$$

Dans le plan focal image de L, la tache correspondante a un rayon r tel que $r \simeq f\,\theta$ soit :

$$r = 0,61\,\frac{\lambda f}{R}$$

Application

Soit une ouverture de rayon 0,05 mm éclairée par un faisceau monochromatique de longueur d'onde $\lambda = 0,6\ \mu m$

$\theta = 7,32 \cdot 10^{-3}$ rd *(environ 0,4°)*

Si $f = 10$ cm, $r \simeq 0,73$ mm

Ces valeurs numériques justifient l'approximation $\sin\theta \simeq \theta$ *et montrent que les anneaux ont des rayons très faibles.*

- **Emploi d'une fente-source**

Dans le cas précédent, l'ouverture était éclairée par un faisceau parallèle provenant d'une source ponctuelle à l'infini sur l'axe.

Si l'on utilise une fente-source, chaque point de celle-ci donne dans le plan focal image de L les mêmes anneaux, mais les centres de ceux-ci sont décalés : toutes ces figures de diffraction se superposent pour donner des franges rectilignes. Mais celles-ci sont peu visibles.

7 - APODISATION

On appelle **apodisation** la suppression partielle des maximums secondaires de la figure de diffraction.

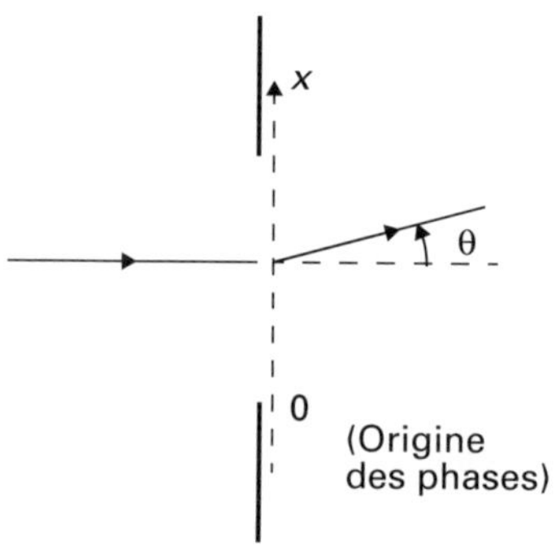

Différentes façons de procéder permettent de réaliser l'apodisation ; nous allons en citer une à titre d'exemple. Soit une fente de largeur a, éclairée par un faisceau de lumière monochromatique de longueur d'onde λ formé de rayons parallèles tombant sur la fente sous une incidence normale. Supposons que la fente soit recouverte d'une pellicule absorbant partiellement la lumière, le coefficient de transmission relatif à l'amplitude valant en un point P d'abscisse x $\sin\frac{\pi x}{a}$: ce coefficient s'annule sur les bords de la fente et est maximum au milieu de celle-ci.

Un élément de fente (une bande) de largeur dx entourant P diffractera une vibration de la forme :

$$ds = A\,s_0\,\sin\frac{\pi x}{a}\,\cos\left(\omega t + \frac{2\pi \sin\theta}{\lambda}\right)dx$$

s_0 étant l'amplitude de la vibration incidente en P, $A\,s_0\,\sin\frac{\pi x}{a}$ est l'amplitude émise par la source secondaire de largeur dx (A coefficient de proportionnalité). L'amplitude complexe de ds s'écrit :

$$\underline{d\mathcal{A}} = A\,s_0\,\sin\frac{\pi x}{a}\,e^{j\frac{2\pi x \sin\theta}{\lambda}}\,dx.$$

L'amplitude complexe de la vibration totale est alors :

$$\underline{\mathcal{A}} = A\, s_0 \int_0^a \sin\frac{\pi x}{a}\cos\frac{2\pi x\sin\theta}{\lambda}\,dx + j\,A\,s_0\int_0^a \sin\frac{\pi x}{a}\sin\frac{2\pi x\sin\theta}{\lambda}\,dx$$

$$\mathcal{A} = \frac{A\,s_0}{2}\left[\int_0^a \sin\pi x\left(\frac{1}{a}+\frac{2\sin\theta}{\lambda}\right)dx + \int_0^a \sin\pi x\left(\frac{1}{a}-\frac{2\sin\theta}{\lambda}\right)dx\right]$$

$$+\,j\,\frac{A\,s_0}{2}\left[\int_0^a \cos\pi x\left(\frac{1}{a}-\frac{2\sin\theta}{\lambda}\right)dx - \int_0^a \cos\pi x\left(\frac{1}{a}-\frac{2\sin\theta}{\lambda}\right)dx\right]$$

$$\mathcal{A} = \frac{A\,s_0}{2}\left[\frac{-\cos\pi a\left(\frac{1}{a}+\frac{2\sin\theta}{\lambda}\right)+1}{\pi\left(\frac{1}{a}+\frac{2\sin\theta}{\lambda}\right)} + \frac{-\cos\pi a\left(\frac{1}{a}-\frac{2\sin\theta}{\lambda}\right)+1}{\pi\left(\frac{1}{a}-\frac{2\sin\theta}{\lambda}\right)}\right]$$

$$+\,j\,\frac{A\,s_0}{2}\left[\frac{\sin\pi a\left(\frac{1}{a}-\frac{2\sin\theta}{\lambda}\right)}{\pi\left(\frac{1}{a}-\frac{2\sin\theta}{\lambda}\right)} - \frac{\sin\pi a\left(\frac{1}{a}+\frac{2\sin\theta}{\lambda}\right)}{\pi\left(\frac{1}{a}+\frac{2\sin\theta}{\lambda}\right)}\right]$$

Tous calculs faits, on obtient :

$$\underline{\mathcal{A}} = \frac{A\,s_0}{a}\;\frac{1+\cos\frac{2\pi a\sin\theta}{\lambda} + j\sin\frac{2\pi a\sin\theta}{\lambda}}{\pi\left(\frac{1}{a^2}-\frac{4\sin^2\theta}{\lambda^2}\right)}.$$

L'intensité diffractée est proportionnelle à $\underline{\mathcal{A}}\cdot\underline{\mathcal{A}}^*$, donc :

$$I = \frac{K\,A^2\,s_0^2}{a^2\,\pi^2\left(\frac{1}{a^2}-\frac{4\sin^2\theta}{\lambda^2}\right)^2}\left(1+e^{j\frac{2\pi a\sin\theta}{\lambda}}\right)\left(1+e^{-j\frac{2\pi a\sin\theta}{\lambda}}\right)$$

$$I = \frac{4\,K\,A^2\,s_0^2}{a^2\,\pi^2\left(\frac{1}{a^2}-\frac{4\sin^2\theta}{\lambda^2}\right)^2}\cos^2\frac{\pi a\sin\theta}{\lambda}.$$

Quand $\theta = 0$ $\quad I = I_0 = \frac{4\,K\,A^2\,s_0^2}{\lambda^2}\,a^2$ intensité du faisceau après traversée de la fente s'il n'y avait pas de diffraction. Donc :

$$I = \frac{I_0}{\left(1-\frac{4\,a^2\sin^2\theta}{\lambda^2}\right)^2}\cos^2\frac{\pi a\sin\theta}{\lambda}.$$

En pratique θ est petit, de sorte que $\theta \simeq \theta$:

$$\boxed{I = \frac{I_0}{\left(1-\frac{4\,a^2\,\theta^2}{\lambda^2}\right)^2}\cos^2\frac{\pi a\,\theta}{\lambda}}$$

La fonction $\cos^2 \frac{\pi a \theta}{\lambda}$ s'annule pour la première fois pour $\frac{\pi a \theta}{\lambda} = \frac{\pi}{2}$ soit $\frac{a\theta}{\lambda} = \frac{1}{2}$. Mais cette valeur annule aussi le dénominateur. Posons :

$$\frac{a\theta}{\lambda} = \frac{1}{2} + \varepsilon \qquad \left(\varepsilon \ll \frac{1}{2}\right)$$

$$\cos^2 \frac{\pi a \theta}{\lambda} = \cos^2\left(\frac{\pi}{2} + \pi\varepsilon\right) = \left(\cos\frac{\pi}{2}\cos\pi\varepsilon - \frac{\pi}{2}\sin\pi\varepsilon\right)^2 \approx \pi^2\varepsilon^2$$

$$\left(1 - 4\frac{a^2\theta^2}{\lambda^2}\right)^2 \approx \left[1 - 4\left(\frac{1}{4} + \varepsilon\right)\right]^2 = 16\ \varepsilon^2.$$

Quand $\frac{a\theta}{\lambda} \to \frac{1}{2}$ I tend donc vers $I_0 \frac{\pi^2\ \varepsilon^2}{16\ \varepsilon^2} = \frac{\pi^2}{16} I_0 (= 0{,}617\ I_0)$

Le premier minimum nul est donc obtenu pour $\frac{\pi a\theta}{\lambda} = \frac{3\pi}{2}$ soit :

$$\theta = \frac{3\lambda}{2a}.$$

La courbe donnant les variations de I avec θ a l'allure suivante :

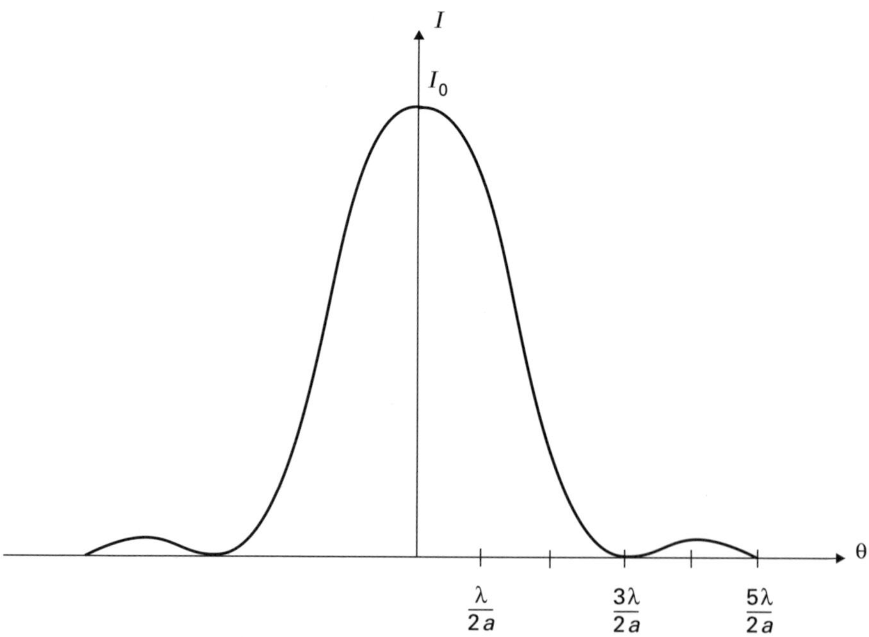

S'il n'y avait pas de pellicule absorbante, le premier minimum nul serait obtenu pour $\theta = \frac{\lambda}{a}$. Par ailleurs, ici, l'intensité des maximums secondaires est plus faible que s'il n'y avait pas de pellicule absorbante. En revanche, l'intensité I_0 est divisée par π^2 par la pellicule. La courbe $I(\theta)$ est donc plus large et moins haute lorsqu'on place la pellicule et les pieds (minimums nuls) sont plus écartés.

8 - DIFFRACTION ET POUVOIR SÉPARATEUR DES INSTRUMENTS D'OPTIQUE

Le **pouvoir séparateur** d'un instrument d'optique est l'aptitude de celui-ci à séparer deux points objets proches.

Rappelons d'abord sommairement le fonctionnement d'un instrument d'optique : la lumière provenant de l'objet pénètre dans l'instrument par l'objectif, lequel donne de l'objet une image ; cette image est soit observée au moyen de l'oculaire, soit projetée sur une plaque photographique. Si l'objectif sépare deux points objets proches, par un choix convenable du grossissement de l'oculaire ceux-ci seront séparés par l'œil. En revanche, si l'objectif ne sépare pas ces deux points, aucun oculaire ne pourra les séparer. Il s'ensuit que le pouvoir séparateur d'un instrument d'optique est celui de son objectif. Cet objectif est tenu par une monture circulaire qui crée un phénomène de diffraction. Ainsi un point objet A ne donnera pas à travers l'objectif une image ponctuelle A' (en supposant, bien sûr, que les conditions de stigmatisme soient remplies) mais une tache centrée sur l'image géométrique A' dont le rayon correspond sensiblement à la tache centrale de diffraction.

Deux objets A_1 et A_2 pourront être séparés par l'objectif si leurs taches de diffraction peuvent l'être. Si l'on suppose, comme cela est le plus fréquent, que les points A_1 et A_2 envoient des radiations monochromatiques de même longueur d'onde mais incohérentes entre elles dans la zone où se superposent les taches centrales de diffraction les éclairements s'ajoutent. Pour séparer A_1 et A_2 on utilise le **critère de lord Rayleigh**.

Deux taches de diffraction peuvent être séparées si le maximum principal de l'une est confondu avec le premier minimum nul de l'autre.

La figure ci-contre donne l'allure de la répartition de l'intensité lorsque ce critère est vérifié.

A'_1 et A'_2 images géométriques de A_1 et A_2

En pointillé intensité résultante.

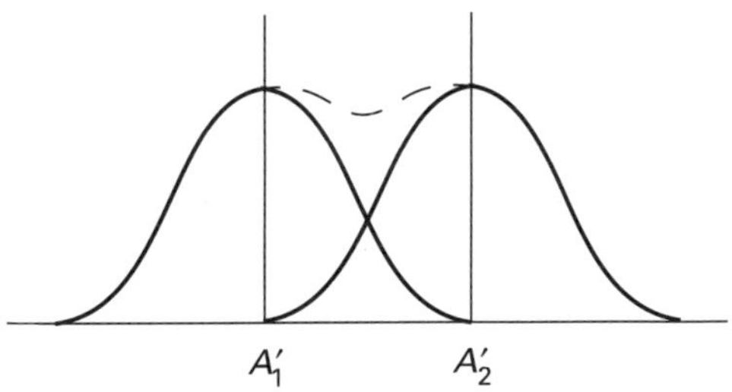

Soit R le rayon de la monture de l'objectif (responsable de la diffraction). On a vu au paragraphe 6 que l'écart angulaire θ entre les images est, compte tenu du critère ci-dessus :

$$\boxed{\theta = 0{,}61 \frac{\lambda}{R}}$$

(Il est bien évident qu'il faut supposer que A_1 et A_2 sont à grande distance de même que A'_1 et A'_2 pour pouvoir appliquer les résultats précédents relatifs aux ondes planes).

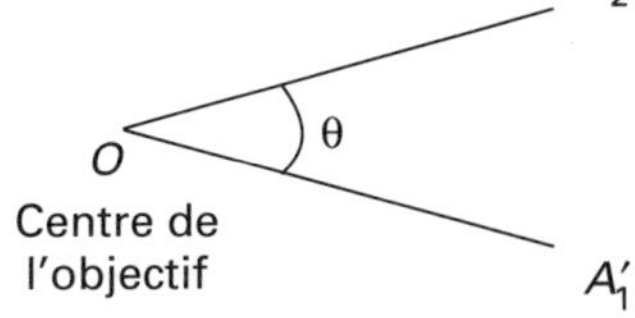

En utilisant ce critère, nous allons étudier sommairement deux instruments bien différents.

A. Lunette astronomique

L'écart angulaire entre A'_1 et A'_2 est, comme on l'a vu :

$$0{,}61\,\frac{\lambda}{R}.$$

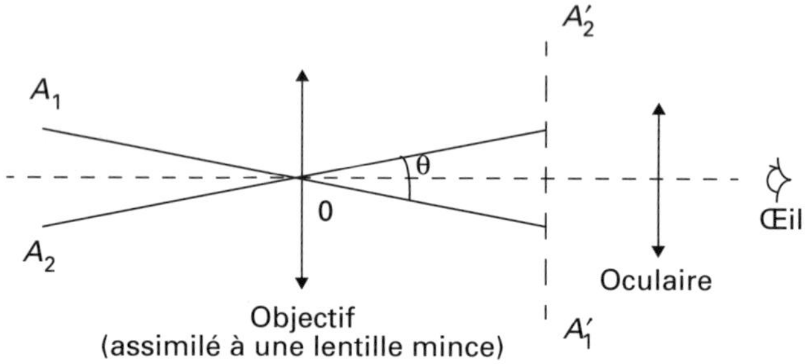

Par exemple, pour le télescope du mont Palomar $R = 2{,}5$ m et pour le maximum de sensibilité de l'œil $\lambda = 0{,}56\ \mu$m : $\theta = 1{,}4 \cdot 10^{-7}$ rd ou 0,028″.

Par ailleurs, les images A'_1 et A'_2 sont observées par l'oculaire et les images définitives se forment sur la rétine. Celles-ci seront séparées par l'œil si elles se forment sur deux cellules distinctes. L'œil ne peut séparer deux objets que si leur écart angulaire est au moins égal à 1′. Le choix de l'oculaire permet de remplir cette condition.

B. Microscope

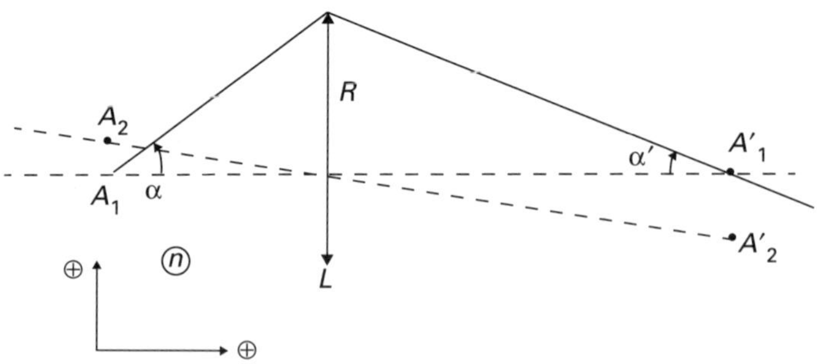

On ne considérera que la lentille frontale de l'objectif L car c'est sa monture qui produira le phénomène de diffraction.

Nous supposerons L parfaitement stigmatique pour A_1 et A'_1. La condition d'Abbe est alors satisfaite :

$$\overline{A'_1 A'_2} \cdot \sin\alpha' = n\overline{A_1 A_2} \cdot \sin\alpha$$

(L'indice de réfraction du milieu contenant A'_1 et A'_2 est évidemment 1, n peut être différent de 1 : microscope à immersion).

A'_1 et A'_2 seront séparés si leur écart angulaire est supérieur à θ. En supposant toujours A_1 et A_2 assez éloignés de L, A'_1 et A'_2 sont pratiquement dans le plan focal de L ; alors :

$$A'_1 A'_2 = \theta f \qquad R = f\alpha' \qquad \text{donc} \qquad A'_1 A'_2 = \theta \frac{R}{\alpha'} = 0{,}61 \frac{\lambda}{R} \cdot \frac{R}{\alpha'}$$

(les angles sont petits)

$$= 0{,}61 \frac{\lambda}{\alpha'}$$

On en déduit :

$$A_1 A_2 = \frac{A'_1 A'_2 \cdot \alpha'}{n \sin\alpha} \quad \text{(l'angle } \alpha' \text{ étant petit).}$$

Soit :

$$\boxed{A_1 A_2 = \frac{0{,}61\,\lambda}{n\,\sin\alpha}}$$

Cette formule établie en supposant A_1 et A_2 éloignés de L subsiste lorsque cette condition n'est pas remplie. En pratique, l'angle α peut atteindre une valeur importante. Le pouvoir séparateur peut être amélioré en plongeant l'objet dans un liquide de fort indice de réfraction ($n = 1{,}5$ par exemple).

EXERCICES TYPES

01 - DÉTERMINATION DE LA LARGEUR D'UNE FENTE

Une fente diffringente est éclairée sous incidence normale par une lumière monochromatique de longueur d'onde $\lambda = 0,65 \mu m$. Le premier minimum nul correspond à un angle de diffraction de 5°.

Quelle est la largeur de la fente ?

02 - DÉTERMINATION D'UNE LONGUEUR D'ONDE

Une fente diffringente de largeur 0,168 mm est éclairée sous incidence normale par une lumière monochromatique de longueur d'onde λ. Sur un écran situé à 2 m de la fente, les minimums nuls d'ordre 2 sont séparés de 3 cm.
Quelle est la longueur d'onde λ ?

03 - LARGEUR À MI-HAUTEUR

Une fente diffringente est éclairée sous incidence normale par une lumière monochromatique de longueur d'onde $0,6\ \mu m$. La largeur à mi-hauteur du maximum principal est $5 \cdot 10^{-3}\ rd$.

Quelle est la largeur de la fente ?

04 - OUVERTURE RECTANGULAIRE

Un faisceau de lumière parallèle monochromatique de longueur d'onde $\lambda = 0,6\ \mu m$ tombe normalement sur un écran percé d'une ouverture rectangulaire de côtés 0,5 mm et 0,25 mm .

Décrire la figure de diffraction observée dans le plan focal image d'une lentille convergente de distance focale image 1 m.

05 - CHANGEMENT DE SOURCE

On considère le montage traditionnel d'étude de la diffraction par une fente F. En F_1 on place la source lumineuse.

Décrire l'aspect de la figure de diffraction sur l'écran (E) lorsque la source est :

1/ Un point lumineux

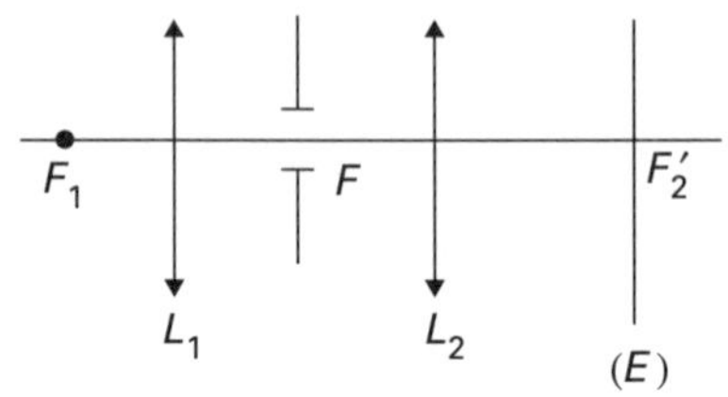

2/ Un segment lumineux parallèle aux bords de la fente diffringente.

3/ Que se passe-t-il lorsque l'on translate ce segment dans le plan focal objet de L_1 ou lorsque l'on fait tourner celui-ci dans ce plan focal.

06 - FIGURE DE DIFFRACTION OBTENUE AVEC UNE MIRE

On considère le montage traditionnel d'étude de la diffraction par une fente (voir schéma à l'exercice 05).

En F_1 on place une mire formée de traits lumineux, parallèles à F, identiques, très fins, équidistants de d, totalement incohérents entre eux.

Étudier l'éclairement de l'écran (E). On supposera que les lentilles L_1 et L_2 sont identiques et on ne considérera que les maximums centraux de diffraction.

À quelle condition les traits de la mire peuvent-ils être séparés ?

07 - MODIFICATION DE LA FIGURE DE DIFFRACTION D'UNE OUVERTURE RECTANGULAIRE

On éclaire normalement au moyen d'un faisceau parallèle de lumière monochromatique une ouverture rectangulaire de côtés a et b. On examine la figure de diffraction dans le plan focal image d'une lentille convergente de distance focale image f'.

En quoi la figure de diffraction est-elle changée si l'on modifie les dimensions de l'ouverture rectangulaire par une homothétie de rapport K ?

08 - THÉORÈME DE BABINET

Entre deux lentilles convergentes L_1 et L_2 on place un écran diffringent (E'). On éclaire le dispositif au moyen d'une source monochromatique placée en F_1 foyer principal objet de L_1 et on observe les phénomènes dans le plan focal (E) de L_2.

(E') est tout d'abord un écran opaque percé d'une petite ouverture de forme quelconque (cas 1).

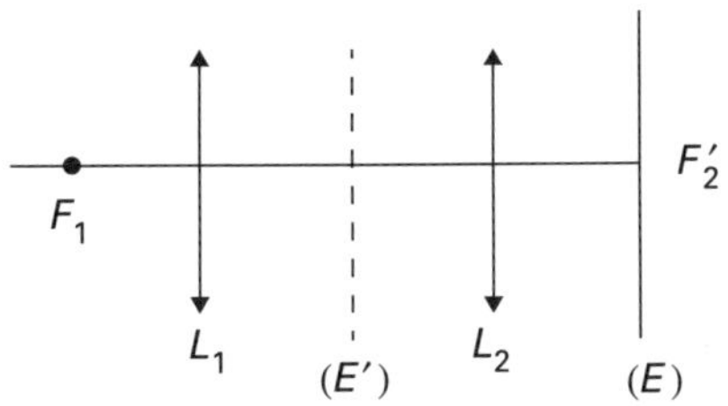

(E') est ensuite un petit écran opaque ayant exactement même forme et même dimension que dans le cas 1 et centré de même (cas 2).

Comparer les deux figures de diffraction. Le résultat constitue le théorème des écrans complémentaires ou théorème de Babinet.

09 - ÉCRAN PERCÉ D'UN TRÈS GRAND NOMBRE D'OUVERTURES

On considère à nouveau le dispositif expérimental de l'exercice 08 mais, maintenant, l'écran (E') est percé d'un **très grand** nombre d'ouvertures de forme quelconque, toutes identiques, réparties au hasard. N étant le nombre d'ouvertures, étudier la figure de diffraction obtenue sur l'écran (E).

10 - FENTES D'YOUNG

On considère le dispositif expérimental de l'exercice 08. L'écran (E') est percé de deux fentes de largeur a, distantes de d, le dispositif étant centré sur l'axe de symétrie.

Étudier la figure de diffraction sur l'écran (E).

11 - FIGURE DE DIFFRACTION DE QUATRE FENTES

On considère le dispositif expérimental de l'exercice 8. L'écran (E') est percé de quatre fentes de largeur a, distantes de d, le dispositif étant centré sur l'axe de symétrie.

Étudier la figure de diffraction sur l'écran (E).

INDICATIONS

01 - 07 - Se reporter aux résultats du cours pour avoir la largeur de la tache centrale, la largeur d'une tache latérale ou l'intensité diffractée.

08 - Composer les amplitudes.

09 - Écrire l'amplitude complexe de la vibration diffractée par une ouverture et composer toutes ces amplitudes ; en déduire l'intensité résultante.

10-11 - L'amplitude totale diffractée par une fente est en phase avec l'amplitude diffractée par le centre. Écrire ensuite l'interférence entre les vibrations diffractées.

SOLUTIONS

01 - Le premier minimum nul correspond à $\theta = \frac{\lambda}{a}$, a étant la largeur de la fente.

On obtient donc :

$$\boxed{a = 7,45\ \mu m}$$

02 - Les minimums d'ordre 2 correspondent à $p = \pm\ 2$. La distance 3 cm correspond donc à un écart angulaire $6\frac{\lambda}{a}$.

D'où :

$$\boxed{\lambda = 0,42\ \mu m}$$

03 - La largeur à mi-hauteur est telle que

$$I = I_0\left(\frac{\sin U}{U}\right)^2 = \frac{I_0}{2}$$

soit :

$$|\sin U| = \frac{|U|}{\sqrt{2}}.$$

Numériquement, cela conduit sensiblement à

$$u = \pm\ 79°40' = \pm 1,39\ \text{rad}.$$

Comme $u = \frac{\pi a\theta}{\lambda}$, $\frac{\pi a\theta}{\lambda} = \pm 1,39$ rad. La largeur à mi-hauteur est 2θ. Donc $2\theta = 5 \cdot 10^{-3}$rad et par conséquent

$$2,5 \cdot 10^{-3} = \frac{0,6 \cdot 10^{-6}(1,39)}{\pi a}$$

$$\boxed{a = 0,1\ \text{mm}}$$

04 - La figure de diffraction est formée d'un quadrillage d'éclairements différents. La tache centrale a un éclairement maximal. C'est un rectangle de côtés $0,12$ mm et $0,06$ mm. Les taches latérales 2 et 2′ ont un éclairement égal à environ 4,7 % du précédent. Ce sont des rectangles de côtés $0,12$ mm et $0,03$ mm ou des carrés de côtés $0,06$ mm. Les taches latérales 3 ont un éclairement encore plus faible et sont des rectangles de côtés $0,06$ mm et $0,03$ mm.

			3	2′	3			
			2	1	2			
			3	2′	3			

05 - 1/ En l'absence de fente diffringente, l'image de la source ponctuelle se forme en F_2'.

En présence de la fente diffringente, la lumière est diffractée dans différentes directions correspondant aux valeurs de θ pour lesquelles il y a un maximum de lumière. Sur l'écran (E) on obtiendra donc différents points lumineux correspondant au maximum principal et aux maximums secondaires les plus intenses.

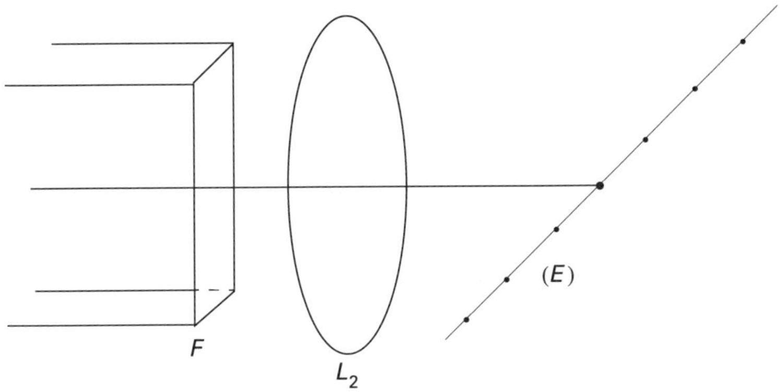

2/ En l'absence de fente diffringente, l'image du segment lumineux est un segment lumineux disposé dans le plan focal image de L_2.

En présence de la fente diffringente, chaque point du segment lumineux donne une figure de diffraction analogue à celle décrite en 1/. On obtiendra donc sur l'écran (E) un ensemble de traits lumineux d'éclairements différents parallèles au trait source.

3/ Si on translate ce segment dans son plan, rien ne change évidemment. Si on le fait tourner dans son plan, ainsi qu'on vient de le voir en 2/, les différents traits lumineux obtenus dans (E) tournent en même temps.

06 - Chaque trait de la mire va donner un ensemble de traits lumineux, le trait central étant beaucoup plus éclairé que les traits latéraux. Nous négligerons les traits latéraux et ne considérerons donc que le trait central correspondant au maximum central de diffraction.

Pour l'ensemble de la mire, on aura donc un ensemble de traits centrés sur l'image géométrique des traits de la mire. Deux traits consécutifs sont vus de L_1 sous un angle $\alpha_0 \simeq \frac{d}{f}$, leurs images géométriques sont vues de L_2 sous un angle $\alpha = \alpha_0 = \frac{d}{f}$ puisque L_1 et L_2 sont identiques.

L'éclairement de l'écran est représenté ci-dessous :

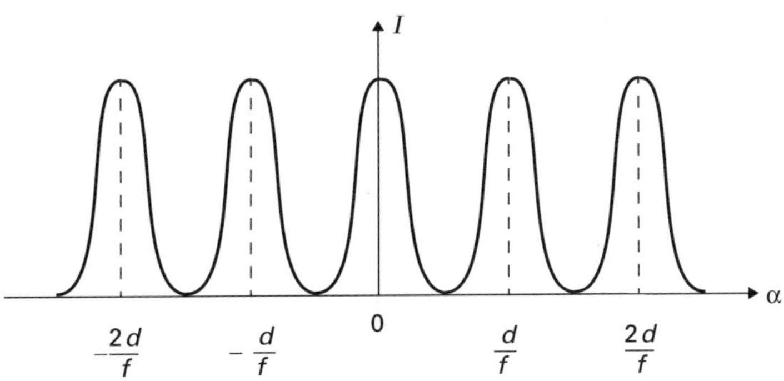

Le premier minimum nul est obtenu pour $\theta = \frac{\lambda}{a}$. Les différents traits de la mire pourront être séparés si $\frac{d}{f} \geq \frac{\lambda}{a}$ soit :

$$\boxed{d \geq \frac{\lambda f}{a}}$$

07 - L'étude théorique faite dans le cours a montré que l'intensité était proportionnelle à l'aire de l'ouverture. Si on multiple les côtés de l'ouverture par K, l'intensité est multipliée par K^2. Les dimensions des franges de diffraction rectangulaires sont inversement proportionnelles aux côtés de l'ouverture diffringente. Lorsqu'on multiplie ceux-ci par K, les dimensions des franges sont divisées par K. Ainsi, plus l'ouverture est grande, plus petites sont les franges de diffraction.

08 - Supposons, pour fixer les idées car cela n'a aucune influence sur le raisonnement, que (E') soit percé d'un trou de forme triangulaire.

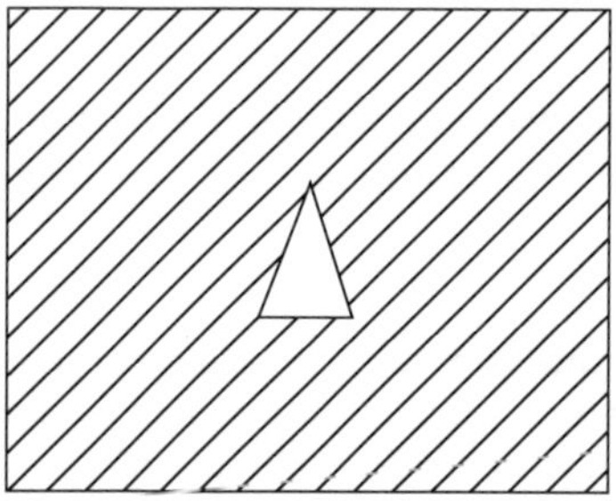

Cas 1 (E')

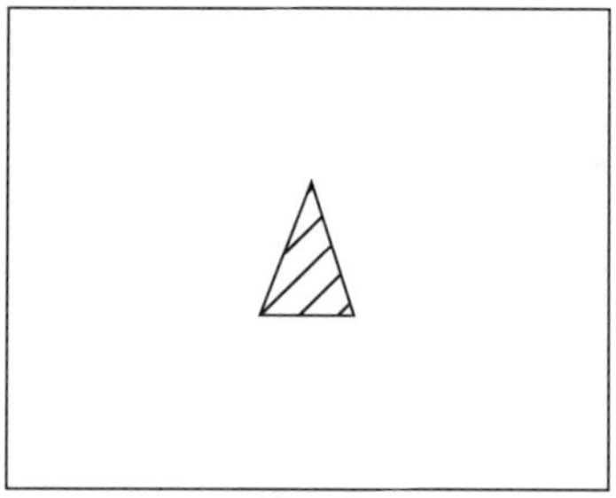

Cas 2 (E')

En l'absence d'écran (E') l'image de la source ponctuelle est placée en F_2' image géométrique de F_1. Un point A du plan focal (E) ne recevra alors pas de lumière.

Si l'on place entre L_1 et L_2 l'écran (E') ; cas 1, le point A reçoit une vibration de la forme $S_1 = a_1 \cos(\omega t + \varphi_1)$. Si on le remplace par l'écran (E'), cas 2, toutes les vibrations qui passaient précédemment sont arrêtées et le point A reçoit une vibration de la forme $S_2 = a_2 \cos(\omega t + \varphi_2)$. La suppression de l'écran (E') revient à la superposition de ces deux cas. La vibration résultante est donc $S_1 + S_2 = 0$

soit

$$a_1 \cos(\omega t + \varphi_1) + a_2 \cos(\omega t + \varphi_2) = 0.$$

Ainsi, les figures de diffraction obtenues sont identiques, sauf au voisinage immédiat de l'image géométrique. Ce résultat constitue le théorème de Babinet.

09 - Chaque ouverture va envoyer une vibration diffractée dont l'amplitude dépend de la forme de l'ouverture et dont la phase est celle du centre O_i de l'ouverture. Cette ouverture envoie dans la direction repérée par les cosinus directeurs une vibration de la forme :

$$\underline{A}_i = \underline{A}_0\, e^{jk(\alpha x_i + \beta y_i)}$$

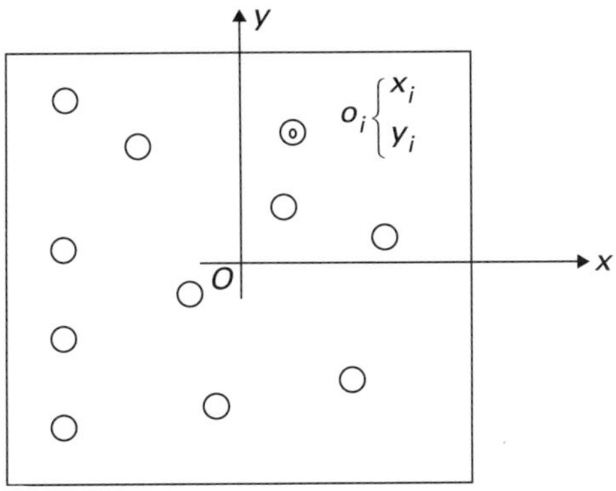

A_0 étant l'amplitude de la vibration diffractée par l'ouverture centrée en O ; $K = \frac{2\pi}{\lambda}$. Les ouvertures sont ici cohérentes. Il faut donc ajouter les amplitudes.

L'amplitude résultante est :

$$\underline{A} = A_0 \sum_i e^{jk(\alpha x_i + \beta y_i)} :$$

L'intensité diffractée est proportionnelle à $\underline{A} \cdot \underline{A}^*$,

donc

$$I = I_0 \left(\sum_i e^{jk(\alpha x_i + \beta y_i)} \right) \left(\sum_i e^{-jk(\alpha x_i + \beta y_i)} \right).$$

Pour $\alpha = \beta = 0$ $\qquad I = N^2 I_0.$

Pour $\alpha \neq 0,\ \beta \neq 0$ $\qquad I = I_0 \left[N + 2 \sum_{i<j} \sum_j \cos k(\alpha [x_i - x_j] + \beta [y_1 - y_j]) \right].$

Comme il y a un grand nombre d'ouvertures réparties au hasard, la somme des cosinus est nulle et il reste $I = I_0 N$.

On obtient donc :

– une tache centrale dont l'éclairement est N^2 fois l'éclairement diffracté par une seule ouverture ;

– des taches latérales dont l'éclairement est N fois l'éclairement diffracté par une seule ouverture.

10 - Il y a interférence entre les vibrations diffractées. Les vibrations diffractées dans la direction θ sont de la forme :

$$A_0 a \left(\frac{\sin \frac{\pi a \theta}{\lambda}}{\frac{\pi a \theta}{\lambda}} \right) \cos(\omega t + \varphi).$$

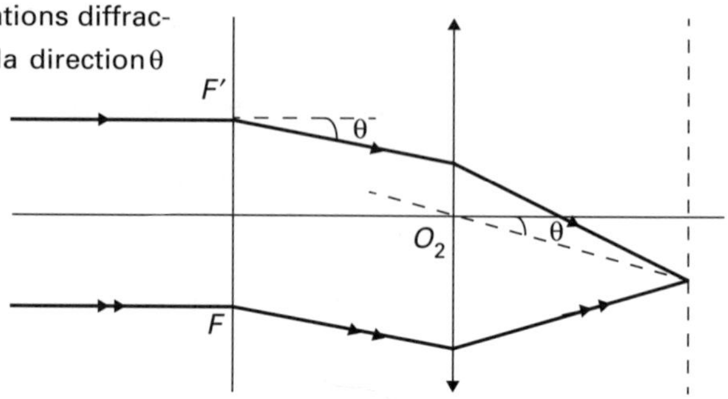

Ces deux vibrations sont déphasées de $\frac{2\pi\theta d}{\lambda}$. La vibration résultante a une amplitude complexe de la forme

$$\underline{\mathcal{A}} = A_0 a \left(\frac{\sin \frac{\pi a \theta}{\lambda}}{\frac{\pi a \theta}{\lambda}} \right) \left[1 + e^{j\frac{2\pi\theta d}{\lambda}} \right].$$

L'intensité résultante en M est donc

$$I = K A_0^2 a^2 \left(\frac{\sin \frac{\pi a X}{\lambda f}}{\frac{\pi a X}{\lambda f}} \right)^2 \left(1 + e^{j\frac{2\pi X d}{\lambda f}} \right) \left(1 + e^{-j\frac{2\pi X d}{\lambda f}} \right)$$

$$I = 4 K A_0^2 a^2 \left(\frac{\sin \frac{\pi a X}{\lambda f}}{\frac{\pi a X}{\lambda f}} \right)^2 \cos^2 \frac{\pi X d}{\lambda f}.$$

Pour θ voisin de 0, X voisin de 0 $\quad I = I_0 = 4 K A_0^2 a^2$. Donc

$$\boxed{I = I_0 \left(\frac{\sin \frac{\pi a X}{\lambda f}}{\frac{\pi a X}{\lambda f}} \right)^2 \cos^2 \frac{\pi X d}{\lambda f}}$$

La courbe traduisant les variations de I en fonction de X a l'allure suivante :

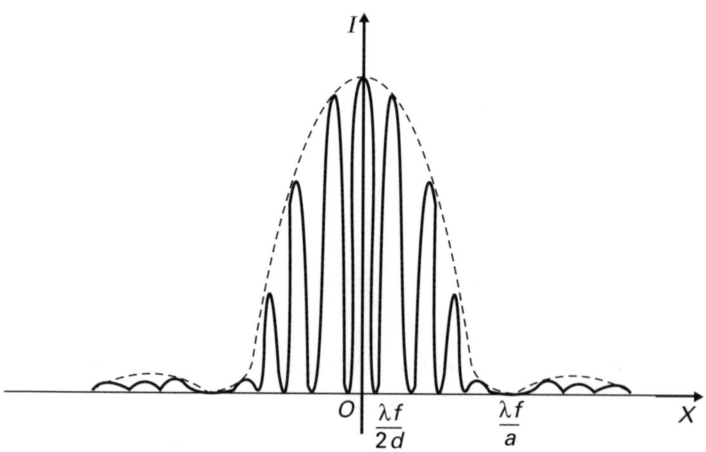

L'intensité des franges d'interférences est modulée par la fonction de diffraction : il y a interférences entre les vibrations de la tache centrale de diffraction.

11 - Le calcul est similaire au calcul de l'exercice 10. En prenant pour origine des phases celle du milieu de $F'\,F''$, les vibrations diffractées dans la direction θ ont les amplitudes complexes

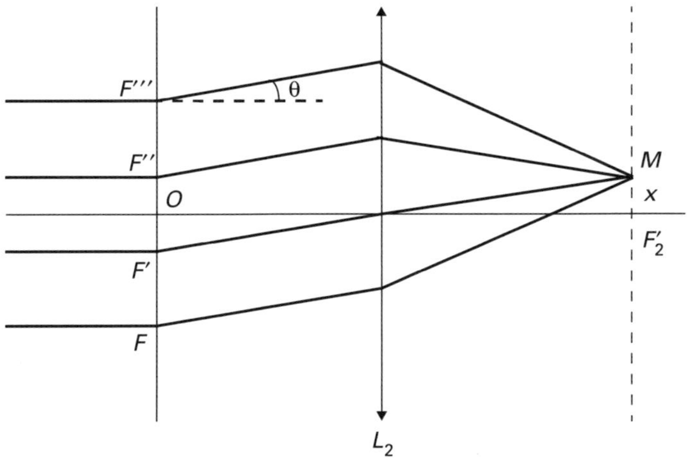

$$A_0 a\left(\frac{\sin\frac{\pi a\theta}{\lambda}}{\frac{\pi a\theta}{\lambda}}\right) e^{j\frac{3\pi\theta d}{\lambda}}, \qquad A_0 a\left(\frac{\sin\frac{\pi a\theta}{\lambda}}{\frac{\pi a\theta}{\lambda}}\right) e^{j\frac{\pi\theta d}{\lambda}},$$

$$A_0 a\left(\frac{\sin\frac{\pi a\theta}{\lambda}}{\frac{\pi a\theta}{\lambda}}\right) e^{-j\frac{\pi\theta d}{\lambda}}, \qquad A_0 a\left(\frac{\sin\frac{\pi a\theta}{\lambda}}{\frac{\pi a\theta}{\lambda}}\right) e^{-j\frac{3\pi\theta d}{\lambda}}.$$

La vibration résultante a l'amplitude complexe :

$$\underline{\mathcal{A}} = A_0 a\left(\frac{\sin\frac{\pi a\theta}{\lambda}}{\frac{\pi a\theta}{\lambda}}\right)\left(e^{j\frac{\pi\theta d}{\lambda}} + e^{-j\frac{\pi\theta d}{\lambda}} + e^{j\frac{3\pi\theta d}{\lambda}} + e^{-j\frac{3\pi\theta d}{\lambda}}\right).$$

$$\underline{\mathcal{A}} = 2A_0 a\left(\frac{\sin\frac{\pi a\theta}{\lambda}}{\frac{\pi a\theta}{\lambda}}\right)\left(\cos\frac{\pi\theta d}{\lambda} + \cos\frac{3\pi\theta d}{\lambda}\right).$$

$$\underline{\mathcal{A}} = 2A_0 a\left(\frac{\sin\frac{\pi a\theta}{\lambda}}{\frac{\pi a\theta}{\lambda}}\right) 2\left(\cos\frac{2\pi\theta d}{\lambda}\cos\frac{\pi\theta d}{\lambda}\right)$$

L'intensité résultante en M est donc

$$I = 16K\, A_0^2 a^2 \left(\frac{\sin \frac{\pi a X}{\lambda f}}{\frac{\pi a X}{\lambda f}} \right)^2 \cos^2 \frac{\pi X d}{\lambda f} \; \cos^2 \frac{2\pi X d}{\lambda f}.$$

Or,

$$\cos \frac{\pi X d}{\lambda f} \cos \frac{2\pi X d}{\lambda f} = \frac{\cos\frac{\pi X d}{\lambda f} \sin\frac{\pi X d}{\lambda f} \cos\frac{2\pi X d}{\lambda f}}{\sin\frac{\pi X d}{\lambda f}} = \frac{\sin\frac{2\pi X d}{\lambda f} \cos\frac{2\pi X d}{\lambda f}}{2\sin\frac{\pi X d}{\lambda f}} = \frac{\sin\frac{4\pi X d}{\lambda f}}{4\sin\frac{\pi X d}{\lambda f}}.$$

Donc :

$$I = K\, A_0^2 a^2 \left(\frac{\sin \frac{\pi a X}{\lambda f}}{\frac{\pi a X}{\lambda f}} \right)^2 \left(\frac{\sin \frac{4\pi X d}{\lambda f}}{\sin \frac{\pi X d}{\lambda f}} \right)^2.$$

Pour $X \to 0$ $\qquad I \to K\, A_0^2 a^2 = I_0.$

Donc :

$$\boxed{I = I_0 \left(\frac{\sin \frac{\pi a X}{\lambda f}}{\frac{\pi a X}{\lambda f}} \right)^2 \left(\frac{\sin \frac{4\pi X d}{\lambda f}}{\sin \frac{\pi X d}{\lambda f}} \right)^2}.$$

L'intensité s'exprime comme le produit d'une fonction de diffraction par une fonction d'interférences.

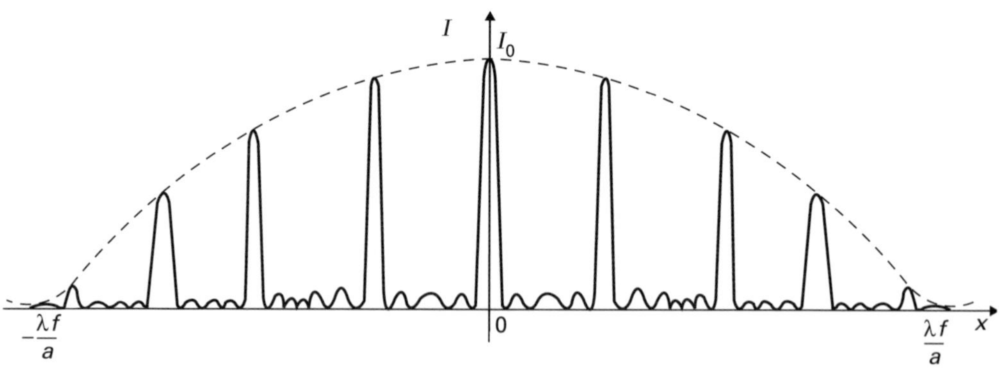

7 RÉSEAUX PLANS

1. Définitions
2. Intensité diffractée
3. Formule des réseaux
4. Minimum de déviation
5. Dispersion d'un réseau
6. Réseaux échelettes
7. Défauts des réseaux, ghosts, satellites

1 - DÉFINITIONS

On appelle **réseau plan** un écran sur lequel ont été ménagées un grand nombre de fentes identiques régulièrement espacées.

Dans ce cas le réseau est dit par **transmission**. Cette définition concerne essentiellement les premiers réseaux réalisés par Fraunhoffer.

Actuellement les réseaux par transmission sont réalisés en traçant sur une plaque de verre des traits parallèles et équidistants au moyen d'une machine à diviser.

En spectroscopie, on utilisera plutôt des **réseaux par réflexion** obtenus par exemple en traçant des traits toujours régulièrement répartis sur une surface réfléchissante : sur les parties gravées, la lumière ne se réfléchit pas.

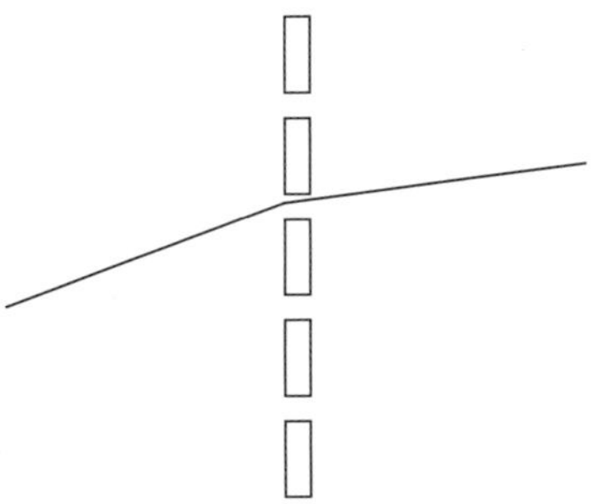

Réseau par transmission

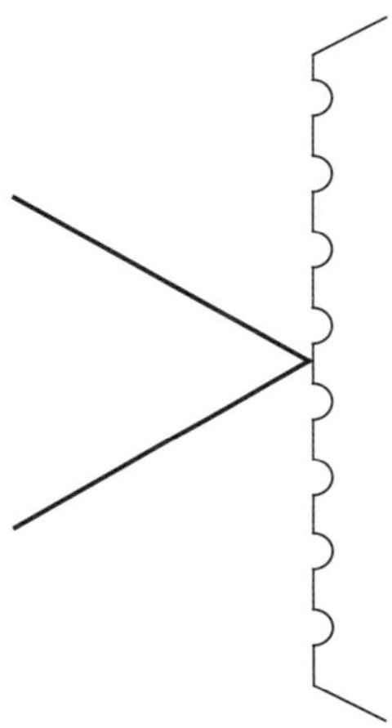

Réseau par réflexion

Dans les réseaux par transmission, il importe que la plaque soit la plus homogène possible de manière que les trajets de tous les rayons dans celle-ci soient les mêmes. Dans les réseaux par réflexion, seule compte la surface, la non-homogénéité éventuelle de son support n'importe pas.

Étant donné le prix de revient élevé des réseaux, on utilise souvent, lorsqu'une grande précision n'est pas nécessaire, des copies obtenues à partir d'un original de bonne qualité.

On appelle **pas du réseau** la distance séparant deux points homologues de deux traits consécutifs.

Un réseau peut être caractérisé par son pas (que nous noterons a) ou bien par le nombre de traits par unité de longueur (que nous noterons n : $n = \frac{1}{a}$).

2 - INTENSITÉ DIFFRACTÉE

Considérons un réseau de pas a dont les traits ont une largeur b. Éclairons ce réseau au moyen d'un faisceau parallèle de lumière monochromatique de longueur d'onde λ. **Les calculs se mènent de la même manière que le réseau soit par transmission ou par réflexion.**

Nous prendrons pour origine des phases celle de la vibration diffractée en O bord de la première fente (voir figure).

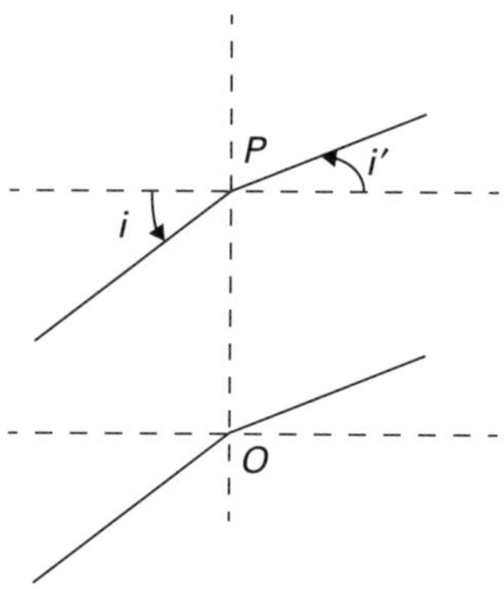

La vibration diffractée par une bande de largeur dx à l'abscisse x de la fente numéro N_0 s'écrit comme au chapitre précédent :

$$ds = A\, s_0\, dx\left[\cos\omega t + \frac{2\pi}{\lambda}(\sin i' - \sin i)\, x\right],$$

d'amplitude complexe

$$\underline{d\mathcal{A}} = A\, s_0\, e^{j\frac{2\pi}{\lambda}(\sin i' - \sin i)\, x}\, dx.$$

L'amplitude $\underline{\mathcal{A}_1}$ de la vibration diffractée par la fente numéro N_0 en entier est

$$\underline{\mathcal{A}_1} = A\, s_0\, \frac{e^{j\frac{2\pi}{\lambda}(\sin i' - \sin i)\, b} - 1}{j\,\frac{2\pi}{\lambda}(\sin i' - \sin i)}$$

ou

$$\underline{\mathcal{A}_1} = A\, s_0\, \frac{\cos\frac{2\pi}{\lambda}(\sin i' - \sin i)\, b - 1 + j\,\sin\frac{2\pi}{\lambda}(\sin i' - \sin i)\, b}{j\,\frac{2\pi}{\lambda}(\sin i' - \sin i)}$$

$$= \frac{A\, s_0\, b}{2\, j\, U}(-2\,\sin^2 U + j\, 2\sin U\cos U) \quad \text{en posant} \quad U = \frac{\pi}{\lambda}(\sin i' - \sin i)\, b$$

$$\underline{\mathcal{A}_1} = A\, s_0\, b\, \frac{\sin U}{U}\, e^{jU}.$$

Chacune des fentes va diffracter dans la direction θ une vibration dont l'amplitude est donnée par $\underline{\mathcal{A}_1}$.

Toutes les vibrations diffractées par toutes les fentes vont interférer. En numérotant 1, 2..., $N-1$ les fentes à partir de O, les amplitudes diffractées dans la direction i' sont respectivement :

$$\underline{\mathcal{A}_1} = A\ s_0\ b\ \frac{\sin U}{U}\ e^{jU},\ \underline{\mathcal{A}_2} = A\ s_0\ b\ \frac{\sin U}{U}\ e^{jU}\ e^{j\varphi}$$

$$\ldots,\ \mathcal{A}_{N-1} = A\ s_0\ b\ \frac{\sin U}{U}\ e^{jU}\ e^{j(N-1)\varphi}$$

φ étant le déphasage entre la vibration diffractée en O et la vibration diffractée en O_2, bord homologue de la pente numéro 2

$$\varphi = \frac{2\pi}{\lambda}(\sin i' - \sin i)\ a.$$

L'amplitude résultante de la vibration diffractée dans la direction i' est par suite :

$$\underline{\mathcal{A}} = A\ s_0\ b\ \frac{\sin U}{U}\ e^{jU}(1 + e^{j\varphi} + e^{2j\varphi} + \ldots + e^{j(N-1)\varphi})$$

ou

$$\underline{\mathcal{A}} = A\ s_0\ b\ \frac{\sin U}{U}\ e^{jU}\ \frac{1-e^{jN\varphi}}{1-e^{j\varphi}}.$$

L'intensité diffractée dans la direction i' est alors :

$$I = K\underline{\mathcal{A}}\cdot\underline{\mathcal{A}}^* = K(A\ s_0\ b)^2\left(\frac{\sin U}{U}\right)^2\frac{(1-e^{jN\varphi})\ (1-e^{-jN\varphi})}{(1-e^{j\varphi})\ (1-e^{-j\varphi})}$$

$$I = K(A\ s_0\ b)^2\left(\frac{\sin U}{U}\right)^2\frac{\sin^2\frac{N\varphi}{2}}{\sin^2\frac{\varphi}{2}}.$$

L'intensité I diffractée est proportionnelle au carré de l'aire de l'ouverture diffringente donc à $(Nb)^2$. On peut prendre K sous la forme $K'N^2$. Il vient donc :

$$I = K'(NA\ s_0\ b)^2\left(\frac{\sin U}{U}\right)^2\frac{\sin^2\frac{N\varphi}{2}}{\sin^2\frac{\varphi}{2}}.$$

Quand $i = i'$, $\varphi = 0$, $U = 0$, $I = I_0$

$$I_0 = K'\ N^2\ A^2\ s_0^2\ b^2\ N^2$$

d'où

$$\boxed{I = \frac{I_0}{N^2}\left(\frac{\sin U}{U}\right)^2\left(\frac{\sin\frac{N\varphi}{2}}{\sin\frac{\varphi}{2}}\right)^2}$$

avec

$$U = \frac{\pi}{\lambda}(\sin i' - \sin i)\, b \quad \text{et} \quad \varphi = \frac{2\pi}{\lambda}(\sin i' - \sin i)\, a\,.$$

L'expression ci-dessus encadrée de I montre que l'intensité diffractée est le produit de deux facteurs :

– l'un $\left(\frac{\sin U}{U}\right)^2$ est dû à la diffraction de la lumière par une fente : **facteur de diffraction**.

– l'autre $\left(\frac{\sin \frac{N\varphi}{2}}{\sin \frac{\varphi}{2}}\right)^2$ est dû à l'interférence des ondes diffractées : **facteur d'interférence**.

A. Facteur de diffraction

Le facteur $\left(\frac{\sin U}{U}\right)^2$ a été étudié au chapitre précédent. Nous rappelons les résultats :

– maximum principal $U = 0$ soit aussi $\sin i' - \sin i$ alors $\left(\frac{\sin U}{U}\right)^2 = 1$;

– minimums nuls $U = p\,\pi \quad p \in \mathbb{Z},\ p \neq 0$ soit $\sin i' = \sin i + p\,\frac{\lambda}{b}$;

– maximums secondaires $U \approx (2p+1)\frac{\pi}{2} \quad p \in \mathbb{Z},\ p \neq 0$ et -1,

soit $\sin i' \approx \sin i + (2p+1)\frac{\lambda}{2b}$.

B. Facteur d'interférence

Notons $g(\varphi)$ la fonction $g(\varphi) = \left(\frac{\sin \frac{N\varphi}{2}}{\sin \frac{\varphi}{2}}\right)^2$. Nous en faisons une étude sommaire :

– pour $\varphi = 2q\pi \quad q \in \mathbb{Z},\ g(\varphi) = N^2$. Alors $\sin i' = \sin i + q\,\frac{\lambda}{a}$;

– pour $g(\varphi) = 0$ pour $\frac{N\varphi}{2} = q\pi \quad q \in \mathbb{Z},\ q \neq 0$. Alors $\varphi = \frac{2q\pi}{N}$

soit $\sin i' = \sin i + q\,\frac{\lambda}{aN}$;

– $g(\varphi)$ est extrémale pour $\frac{dg}{d\varphi} = 0$. Or

$$\frac{dg}{d\varphi} = \frac{\frac{N}{2}\cos\frac{N\varphi}{2}\sin\frac{\varphi}{2} - \frac{1}{2}\cos\frac{\varphi}{2}\sin\frac{N\varphi}{2}}{\sin^2\frac{\varphi}{2}}.$$

Les extremums de $g(\varphi)$ sont donc donnés par :

$$N \, tg \frac{\varphi}{2} = tg \frac{N\varphi}{2}.$$

La levée de l'indétermination sur $\frac{dg}{d\varphi}$ montre que g est maximale pour $\varphi = 0$.

Indépendamment de cette valeur de φ, $g(\varphi)$ est extrémale pour $\varphi = 2q\pi$, valeur déjà trouvée, pour $\varphi = \frac{2q\pi}{N}$ en supposant N grand, ce qui est le cas en pratique, enfin pour N grand, alors $\frac{N\varphi}{2}$ est voisin de $(2q+1)\frac{\pi}{2}$, soit $\varphi = \frac{\pi}{N} + 2q\frac{\pi}{N}$ ou $\sin i' = \sin i + \frac{\lambda}{2\,Na} + q\frac{\lambda}{aN}$.

En définitive la fonction $g(\varphi)$ présente :

– des maximums principaux pour $\sin i' = \sin i + q\frac{\lambda}{a}$;

– des minimums nuls pour $\sin i' = \sin i + q\frac{\lambda}{aN}$;

– des maximums secondaires pour $\sin i' = \sin i + \frac{\lambda}{2\,Na} + q\frac{\lambda}{aN}$.

Ces maximums secondaires correspondent aux valeurs suivantes de $g(\varphi)$:

$$g(\varphi) = \frac{N^2}{\pi^2\left(q+\frac{1}{2}\right)^2}.$$

La courbe donnant les variations de I en fonction de i' a l'allure suivante :

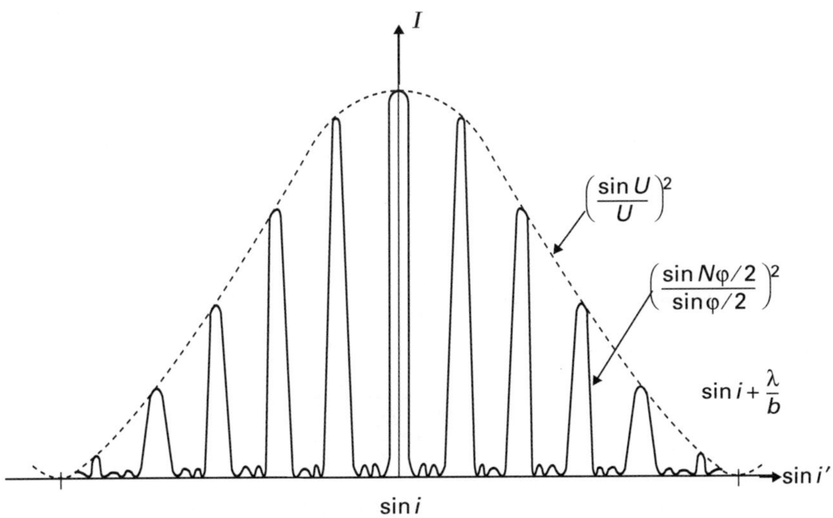

On obtient des maximums d'intensité lorsque $\sin i' = \sin i + q\frac{\lambda}{a}$.

3 - FORMULE DES RÉSEAUX

On considère les maximums d'intensité. Ils sont donnés par :

$$\boxed{\sin i' - \sin i = q\,\frac{\lambda}{a}} \qquad q \in \mathbb{Z}$$

Cette relation constitue la **formule des réseaux.** Elle traduit le fait que dans la direction déterminée par i' pour un angle i donné les ondes diffractées par toutes les fentes sont en phase.

On remarquera que cette relation est indépendante de la largeur des fentes.

q est appelé **l'ordre**.

4 - MINIMUM DE DÉVIATION

Considérons à nouveau un réseau par transmission. On appelle **déviation** l'angle D défini par :

$$\boxed{D = i - i'}$$

Nous allons montrer que lorsque i varie la déviation D passe par un minimum dans un ordre q donné. Pour cela différencions :

$$dD = di - di'$$

$$\cos i'\ di' - \cos i\ di = 0$$

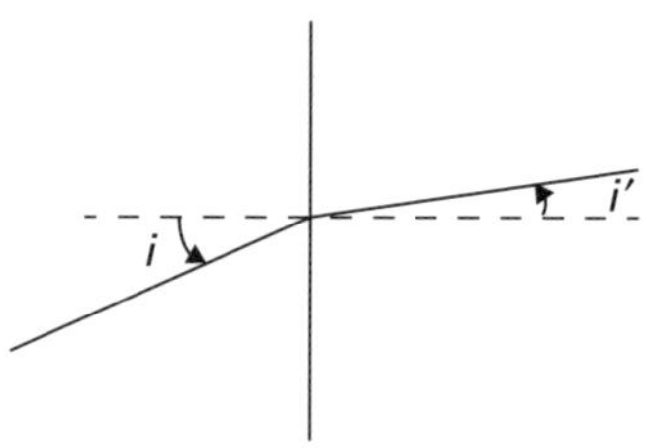

La longueur d'onde étant évidemment supposée fixée.

Il vient :

$$dD = di - \frac{\cos i}{\cos i'}\,di,$$

$$\frac{dD}{di} = 1 - \frac{\cos i}{\cos i'}.$$

La déviation est extrémale lorsque $\frac{dD}{di} = 0$ donc $\cos i = \cos i'$ soit $i' = \pm i$, $i' = -1$ représente la transmission régulière et alors $D = 0$; $i = i'$ conduit à $D_m = 2\ i_m$ et

$$\boxed{\sin\frac{D_m}{2} = \frac{q\lambda}{2a}}$$

Il est facile de vérifier que cette valeur D_m correspond à un minimum de déviation. Les rayons incident et diffracté ont alors les dispositions suivantes :

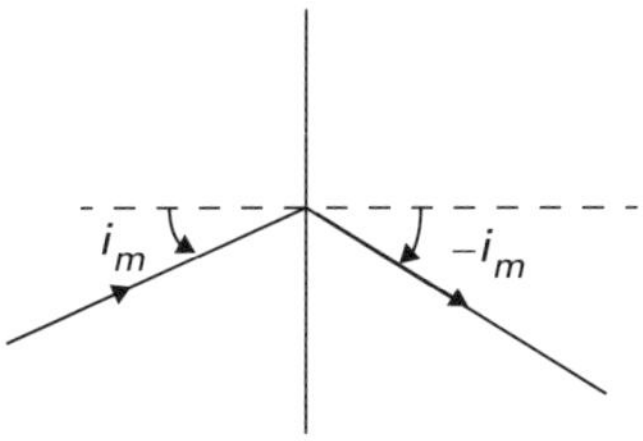

La relation encadrée ci-dessus permet de déterminer la longueur d'onde λ : pour un réseau connu (a déterminé), dans un ordre fixé on mesure D_m ; on en déduit alors λ.

5 - DISPERSION D'UN RÉSEAU

On peut former un spectre au moyen d'un réseau en utilisant le montage schématisé ci-dessous :

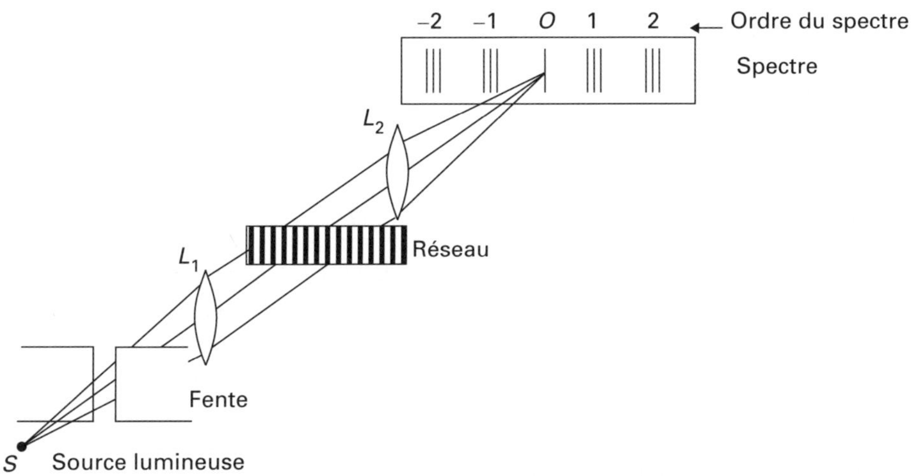

La source lumineuse est placée au foyer principal objet de L_1, le spectre se forme dans le plan focal image de L_2.

La majeure partie de la lumière n'est pas déviée et forme le spectre d'ordre 0. On obtient une raie unique quelle que soit la longueur d'onde, puisque si $q = 0$, $\sin i = \sin i'$ quel que soit λ.

De part et d'autre de cette raie unique se placent les spectres d'ordres ± 1, ± 2, etc. Chaque spectre est formé d'une série d'images monochromatiques de la fente-source, l'image bleue étant la plus proche du centre et l'image rouge la plus éloignée.

Le nombre d'ordres possibles est limité car i' ne peut excéder la valeur 90°.

L'angle i étant donné lorsque λ varie de $d\lambda$ dans un ordre donné, i' varie de di' tel que :

$$\cos i' \, di' = \frac{q}{a} \, d\lambda.$$

On appelle **dispersion angulaire** la quantité $\frac{di'}{d\lambda}$.

On voit que :

$$\boxed{\frac{di'}{d\lambda} = \frac{q}{a\cos i'}}$$

On appelle **pouvoir de résolution** du réseau la quantité :

$$\boxed{\mathcal{R} = \frac{\lambda}{d\lambda}}$$

Cette quantité traduit l'aptitude du réseau à séparer deux raies distantes de $d\lambda$. Cela est possible si le maximum pour une raie correspond au premier minimum nul pour l'autre raie.

Donc

$$\text{et}\quad \begin{cases} \sin i' - \sin i = \dfrac{q}{a}(\lambda + d\lambda) \\ \sin i' - \sin i = \dfrac{q}{a} + \dfrac{\lambda}{aN} \end{cases}$$

D'où :

$$\boxed{\mathcal{R} = q\,N}$$

On voit ainsi que pour augmenter $\mathcal{R}$ on a intérêt à travailler dans des ordres q élevés. Si L est la longueur du réseau, $L \simeq Na$. Pour augmenter N il faut donc augmenter la longueur du réseau. Mais il n'est pas matériellement possible de donner à L des valeurs très élevées.

6 - RÉSEAUX ÉCHELETTES

Un réseau est essentiellement utilisé pour disperser la lumière.

Le principal inconvénient des réseaux par transmission (ou par réflexion) tels que ceux qui ont été étudiés ci-dessus tient à l'existence de plusieurs ordres : la lumière se trouve dispersée dans ceux-ci et principalement dans l'ordre 0 qui ne présente aucun intérêt en ce qui concerne la dispersion.

Pour pallier cet inconvénient, on utilise des réseaux par réflexion ayant une forme particulière appelés **réseaux échelettes**, dont le profil a la forme représentée ci-dessous.

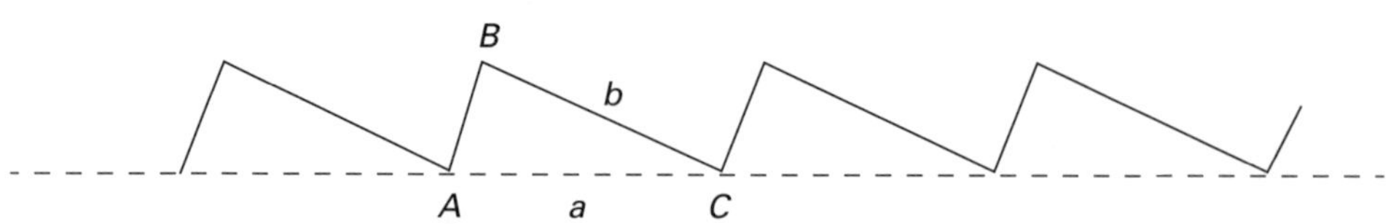

Seules les faces du type BC sont réfléchissantes, l'angle en B est souvent droit. Le pas a du réseau est la distance AC.

Le rayon incident IP fait l'angle $i-\alpha$ avec la face réfléchissante, le rayon réfléchi PR fait l'angle $i'-\alpha$ avec celle-ci.

La différence de marche entre les deux rayons diffractés dans la direction i' par les deux extrémités B et C d'une même facette est

$$\delta_1 = b[\sin(i'-\alpha)+\sin(i-\alpha)].$$

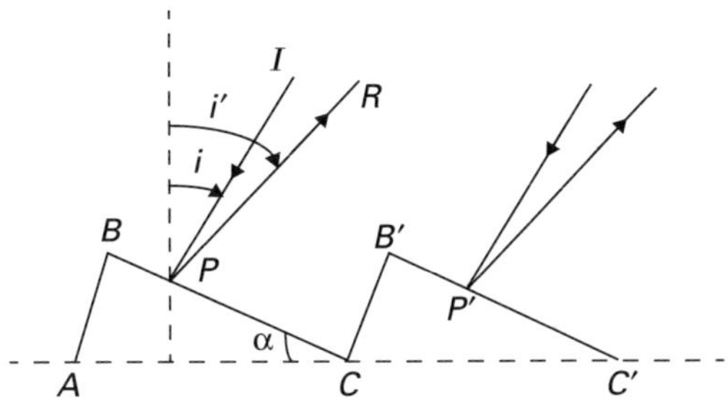

Le maximum de diffraction correspond à $\delta_1 = q_1\lambda$ soit :

$$\sin(i'-\alpha)+\sin(i-\alpha) = \frac{q_1\lambda}{b}.$$

La différence de marche entre les deux rayons diffractés dans la direction i' par deux points homologues P et P' de deux facettes consécutives est :

$$\delta_2 = a[\sin i' + \sin i].$$

Le maximum d'interférences correspond à $\delta_2 = q_2\lambda$ soit :

$$\sin i' + \sin i = \frac{q_2\lambda}{a}.$$

Pour éliminer le spectre d'ordre 0, il suffit de faire correspondre le maximum principal de diffraction avec un maximum d'interférences d'ordre non nul. Alors $q_1 = 0$, donc

$$i'-\alpha = -(i-\alpha)$$

soit

$$i' = 2\alpha - i$$

et par suite

$$\sin(2\alpha - i) + \sin i = \frac{q_2\lambda}{a}.$$

En développant et en regroupant les termes, il vient :

$$\boxed{\cos(i-\alpha) = \frac{q_2\lambda}{2a\sin\alpha}}$$

On peut faire coïncider les autres maximums d'interférences avec les minimums nuls de la figure de diffraction. Dans la figure de diffraction, le premier minimum nul est à $\frac{\lambda}{b}$ du maximum principal. L'angle de diffraction correspondant est i'_1 tel que :

$$\sin(i'_1-\alpha)+\sin(i-\alpha) = \frac{\lambda}{2b}.$$

Ce minimum correspondra au maximum d'interférences d'ordre $q_2 + 1$ si

$$\sin i'_1 + \sin i = \frac{(q_2 + 1)\lambda}{a}.$$

Posons $i' = i' + di'$. On obtient :

$$\cos i' \, di' = \frac{\lambda}{a}$$

et

$$\cos(i' - \alpha)\, di' = \frac{\lambda}{2b} \text{ (compte tenu de } \sin(i' - \alpha) + \sin(i - \alpha) = 0)$$

soit

$$\frac{\cos(i' - \alpha)}{\cos i'} = \frac{a}{b}.$$

En général l'incidence sur la facette est voisine de 0 donc $i - \alpha \simeq 0$ et par conséquent $i' - \alpha \simeq 0$. La relation ci-dessus s'écrit alors

$$\boxed{\cos\alpha \simeq \frac{b}{a}}$$

Cela montre que l'angle en C, au fond du sillon, doit être pratiquement droit.

Dans ces conditions l'essentiel de la lumière incidente est diffractée dans un seul ordre. On dit alors que l'on utilise le réseau dans le **blaze**.

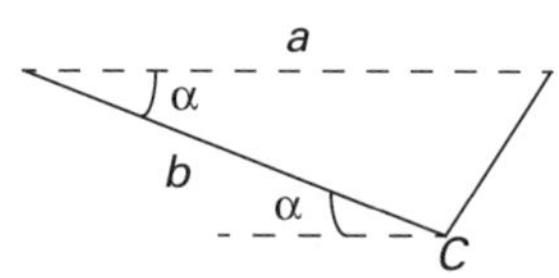

7 - DÉFAUTS DES RÉSEAUX, GHOSTS, SATELLITES

Quelles que soient les précautions prises, il est à peu près impossible de réaliser des réseaux parfaits, dont les traits soient rigoureusement parallèles, équidistants et de largeur constante.

Les défauts de tracé peuvent être périodiques ; la surface sur laquelle est réalisé le réseau peut, localement, présenter des irrégularités, ce qui se traduit par des défauts non périodiques. Lorsqu'une onde plane arrive sur le réseau, elle se trouve différemment diffractée aux endroits où se trouvent les irrégularités et aux endroits qui en sont exempts. L'onde diffractée ne sera donc pas parfaitement plane. De ce fait les interférences à l'infini vont faire apparaître des raies supplémentaires dues aux défauts appelées **ghosts** pour celles qui résultent des défauts périodiques et **satellites** pour celles qui résultent des défauts non périodiques.

EXERCICES TYPES

01 - MINIMUMS, MAXIMUMS SECONDAIRES

Combien y a-t-il de minimums nuls et de maximums secondaires entre deux maximums principaux de la figure de diffraction ?

Un réseau possède un nombre impair, *N*, de traits.

Calculer l'intensité du maximum secondaire situé à équidistance de deux maximums principaux consécutifs, en fonction de I_0 et *N*, en supposant $\left(\frac{\sin U}{U}\right)^2 \simeq 1$.

02 - INTENSITÉ DES MAXIMUMS SECONDAIRES

Évaluer les intensités des quatre maximums secondaires situés au voisinage du maximum principal d'ordre *0*, en fonction de l'intensité I_0 de ce maximum.

03 - LARGEUR ANGULAIRE D'UNE RAIE

Un réseau comportant *N* traits distants de *a* est éclairé sous incidence normale au moyen d'une fente-source émettant une lumière monochromatique de longueur d'onde λ. On admettra que la largeur angulaire d'une raie du spectre correspond à la distance angulaire des deux minimums nuls les plus proches du maximum principal.

Exprimer la largeur angulaire $\Delta i'$ de la raie d'ordre *q*.

04 - NOMBRE D'ORDRES VISIBLES

Un réseau comportant 500 traits par millimètre est éclairé sous incidence normale au moyen de lumière blanche.

1/ Quelles sont les valeurs extrêmes de i' dans le premier ordre ?

2/ Combien d'ordres complets observe-t-on ?

05 - NOMBRE DE TRAITS PAR MILLIMÈTRE

Un réseau est éclairé sous incidence normale par une lumière monochromatique de longueur d'onde 0,6 μm. L'angle i' est, dans le second ordre, égal à 45°.

Quel est le nombre de traits par millimètre du réseau ?

06 - DISTANCE ENTRE DEUX RAIES

On éclaire normalement un réseau contenant 500 traits/mm au moyen d'une lumière contenant les radiations de longueurs d'onde $\lambda_1 = 0{,}6\ \mu m$ et $\lambda_2 = 0{,}61\ \mu m$. La lumière diffractée est reçue sur une lentille de distance focale image $f' = 2m$ et on observe les phénomènes dans le plan focal de celle-ci.

De quelle distance les raies correspondant aux deux radiations sont-elles séparées ?

a/ Dans le premier ordre.

b/ Dans le troisième ordre.

07 - SÉPARATION DE DEUX RAIES

Le spectre du mercure contient, entre autres, une raie bleue de longueur d'onde $\lambda_1 = 0{,}4358\ \mu m$ et une raie jaune de longueur d'onde $\lambda_2 = 0{,}5731\ \mu m$. On éclaire normalement au moyen d'une telle lumière un réseau contenant 450 traits par millimètre.

Quel est l'ordre minimum qui permet une séparation angulaire des deux raies de 5° ?

08 - RÉSOLUTION D'UN DOUBLET

Le doublet jaune du sodium est formé de raies de longueurs d'onde 5889,95 Å et 5895,92 Å.

Quel sera le nombre de traits que devra comporter un réseau qui séparera les deux composantes de ce doublet dans le spectre du premier ordre ?

09 - ÉCART RÉSOLU

Quel écart minimal de longueur d'onde peut-on mettre en évidence autour $\lambda = 0{,}64\ \mu m$, dans le second ordre, au moyen d'un réseau comportant 450 traits par millimètre et large de 5 cm.

10 - SÉPARATION DE DEUX RAIES

La lumière émise par un mélange d'hydrogène et de deutérium contient un doublet autour de 656 nm, dont les composantes sont distantes de 1,8 $\mathring{A}$.

Quel est le nombre minimal de traits que doit comporter un réseau qui sépare ces composantes dans le premier ordre ?

INDICATIONS

01-02 - Se reporter à l'expression de l'intensité donnée dans le cours.

03 - Écrire l'expression du déphasage en fonction de i', calculer $\Delta i'$.

04 à 07 - Utiliser la formule des réseaux.

08 à 10 - Exprimer $\frac{\lambda}{\Delta\lambda}$.

SOLUTIONS

01 - Les minimums nuls correspondent à $\varphi = \frac{2q\pi}{N}$. Entre les maximums principaux $\varphi = 0$ et $\varphi = 2\pi$ par exemple, on a

$$0 < \frac{2q\pi}{N} < 2\pi$$

donc

$$q < N \text{ soit } q \leq N-1 \text{ puisque } q \text{ est entier.}$$

Les valeurs possibles pour q sont 1, 2..., $N-1$. Il y a donc :

$$\boxed{N-1 \text{ minimums nuls}}$$

Par suite, il y a :

$$\boxed{N-2 \text{ maximums secondaires}}$$

L'intensité de ceux-ci est, quand $\left(\frac{\sin U}{U}\right)^2 \simeq 1$:

$$I = \frac{I_0}{\pi^2\left(q+\frac{1}{2}\right)^2}.$$

Le premier maximum secondaire correspond à $q = 1 \left(\varphi = \frac{3\pi}{N}\right)$.

Donc celui qui est équidistant des maximums principaux correspond à $q = \frac{N-1}{2}$. Son intensité est, par suite :

$$I \simeq \frac{4I_0}{\pi^2 N^2}.$$

Cette relation montre que lorsque le réseau comporte un très grand nombre de traits (N très grand) les intensités de maximums secondaires sont quasiment négligeables.

02 - On sait que l'intensité d'un maximum secondaire est

$$I = \frac{I_0}{N^2}\left(\frac{\sin U}{U}\right)^2 \quad \frac{N^2}{\pi^2\left(q+\frac{1}{2}\right)^2}.$$

On négligera les variations de $\left(\frac{\sin U}{U}\right)^2$.

Donc :

$$I = \frac{I_0}{\pi^2\left(q+\frac{1}{2}\right)^2}$$

$$q = 1 \qquad I = 0{,}045\ I_0\ ;$$
$$q = 2 \qquad I = 0{,}016\ I_0\ ;$$
$$q = 3 \qquad I = 0{,}0083\ I_0\ ;$$
$$q = 4 \qquad I = 0{,}005\ I_0.$$

Ces valeurs numériques confirment la conclusion de l'exercice 01.

03 - Dans l'ordre q, le maximum principal correspond à $\varphi = 2q\pi$ et les deux minimums nuls les plus proches sont distants, en phase de $\frac{2\pi}{N}$ de ce maximum.

Donc :

$$\Delta\varphi = \frac{4\pi}{N}.$$

D'autre part :

$$\varphi = \frac{2\pi a}{\lambda}\sin i' \quad (\text{car } \sin i = 0\text{, incidence normale})$$

$$d\varphi = \frac{2\pi a}{\lambda}\cos i'\, di'$$

soit

$$\Delta\varphi = \frac{2\pi a}{\lambda}\cos i'\,\Delta i'$$

d'où :

$$\Delta i' = \frac{2\lambda}{Na\cos i'}.$$

Par ailleurs :

$$\sin i' = \frac{q\lambda}{a}.$$

Donc :

$$\boxed{\Delta i' = \frac{2\lambda}{N\sqrt{a^2 - q^2\lambda^2}}}$$

04 - **1/** Dans le premier ordre, sous incidence normale :

$$\sin i' = \frac{\lambda}{a}$$

$$a = \frac{1}{500}\ \text{mm}.$$

Donc :

$$\sin i' = 500\lambda \qquad (\lambda \text{ en mm})$$
$$\lambda = 0{,}4\ \mu\text{m} \qquad i' = 11{,}54°;$$
$$\lambda = 0{,}75\mu\text{m} \qquad i' = 22{,}24°.$$

2/ La valeur maximale de $|\sin i'|$ est 1,

donc:

$$|q|\frac{\lambda}{a} \leq 1.$$

Soit :

$$|q| \leq 2{,}7.$$

Les seules valeurs possibles pour q sont donc

$$\boxed{-2,\ -1,\ 0,\ +1,\ +2}$$

On voit donc **5 ordres complets**.

05 - Il s'agit d'une simple application numérique. On obtient

$$a = 1{,}7.10^{-3}\text{mm}.$$

Soit :

$$\boxed{590\ \text{traits / mm}}$$

06 - On a $\sin i'_1 = \dfrac{q\lambda_1}{a}$, $\sin i'_2 = \dfrac{q\lambda_2}{a}$. La distance d dans le plan focal est

$d = f'(tgi'_2 - tgi'_1)$.

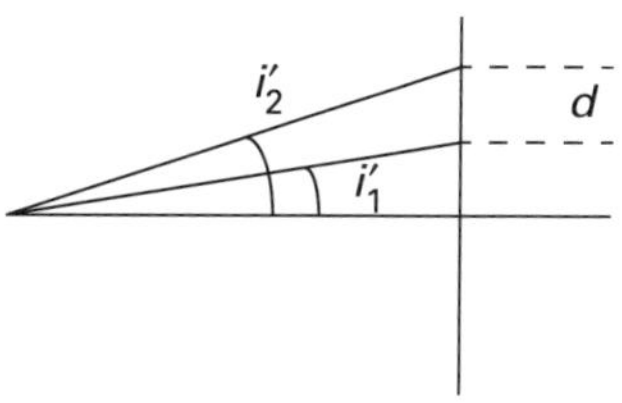

a) Dans le premier ordre, on obtient :

$$\boxed{d = 11{,}55\ \text{mm}}$$

b) Dans le troisième ordre, on obtient :

$$\boxed{d = 406{,}3\ \text{mm}}$$

07 - On a $\sin i'_1 = \dfrac{q\lambda_1}{a}$, $\sin i'_2 = \dfrac{q\lambda_2}{a}$ et on veut $i'_2 - i'_1 \geq 5°$.

Dans l'ordre 1 $\quad i'_1 = 11{,}31° \quad ; \quad i'_2 = 14{,}95°.$

Dans l'ordre 2 $\quad i'_1 = 23{,}1° \quad ; \quad i'_2 = 31{,}05°.$

L'ordre 2 convient donc.

08 - On sait que :

$$\frac{\lambda}{\Delta\lambda} = qN.$$

Ici $q = 1$, donc :

$$\boxed{N = 988 \text{ traits}}$$

09 - Le nombre total de traits est

$$450 \times 50 = 22\ 500$$

d'où :

$$\boxed{\Delta\lambda = 0{,}014 \text{ nm}}$$

10 - On a $\dfrac{\lambda}{\Delta\lambda} = N \qquad (q = 1)$

d'où :

$$\boxed{N = 3645 \text{ traits}}$$

8 QUELQUES PROBLÈMES

Nous terminons cet ouvrage par quelques problèmes donnés à des concours récents. Comme à l'accoutumée, les énoncés ont été scrupuleusement respectés. Les solutions sont souvent assez abrégées car les calculs demandés sont très proches des calculs donnés dans le cours.

1er PROBLÈME : DIFFRACTION PAR UNE FENTE ; FENTES D'YOUNG

Énoncé

On utilise un dispositif optique destiné à étudier la diffraction à l'infini. Ce dispositif comporte une ou deux bandes parfaitement transparentes, rectilignes, parallèles, de même largeur a et de longueur très grande par rapport à a. Ces bandes sont percées dans un écran opaque plan. Les axes de deux bandes sont séparés par la distance $2b$.

On envoie sur ce dispositif une onde lumineuse plane monochromatique de longueur d'onde λ ; l'incidence de l'onde est normale au plan de l'écran.

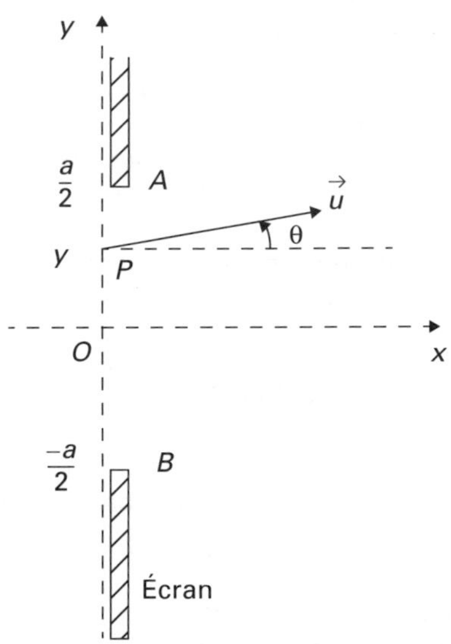

Figure 1

1 – On considère d'abord un dispositif à une bande [fig. 1].

L'écran opaque est dans un plan perpendiculaire à celui de la figure. La bande est perpendiculaire au plan (O ; x, y) ses bords sont A et B d'ordonnées, $+a/2$ et $-a/2$.

La bande étant de longueur infinie, l'amplitude diffractée dans une direction non parallèle au plan de la section principale (plan de la figure) est nulle ; on peut se contenter d'étudier les rayons qui restent dans ce plan.

L'amplitude de la vibration de l'onde lumineuse incidente, en O, est de la forme

$$S_0 \exp(j\omega t).$$

Un point P de la bande AB a pour ordonnée y, avec $-\frac{a}{2} \leq y \leq \frac{a}{2}$. Autour de P une bande de largeur dy réémet une onde lumineuse de longueur d'onde λ dans la direction du vecteur unitaire $\vec{u}$ qui se trouve dans le plan de la figure et fait un angle θ avec Ox.

Note : Les premières racines de l'équation $x = \tan x$ sont (en radians) :

$x_1 = 0$, $x_2 = 1{,}43\,\pi$, $x_3 = 2{,}46\,\pi$, $x_4 = 3{,}47\,\pi$.

1.1) – À partir de quel principe peut-on calculer l'amplitude dA de la vibration lumineuse diffractée par une bande élémentaire de largeur dy autour de P ?

Donner dA en fonction de λ, y, dy et $\sin\theta$.

1.2) – Calculer l'amplitude totale A de la vibration lumineuse diffractée par la bande AB dans la direction θ. On notera A_0 l'amplitude émise dans la direction $\theta = 0$.

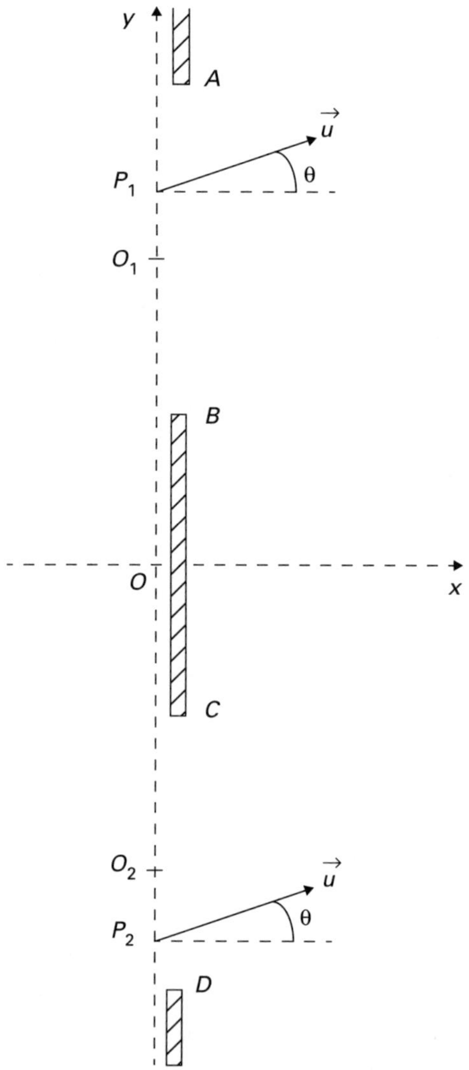

Figure 2

1.3) – Quelle est l'intensité I de la vibration lumineuse diffractée par la bande AB dans la direction θ ? On appelle I_0 l'intensité émise dans la direction $\theta = 0$. Donner le rapport $J - I/I_0$ en fonction de $v = \pi a \sin\theta/\lambda$.

1.4) – Calcul numérique.

On prend $\lambda = 0{,}65$ µm, $a = 10$ µm.

Pour les premiers maximums et minimums de J, on pourra confondre θ et $\sin\theta$.

Les divers calculs et les différentes courbes seront faits ou tracées pour $\theta \geq 0$. L'unité de mesure de θ sera le milliradian (mrad).

Donner les positions des deux premiers maximums et minimums. Quelles sont les valeurs de J pour les maximums ?

1.5) – Tracer la courbe $J = f(\theta)$ sur papier millimétré. Sur l'axe des abcisses on prendra 1 cm pour 10 mrad, sur l'axe des ordonnées, on prendra 10 cm pour $J = 1$.

2 – On considère maintenant un dispositif à deux bandes [fig. 2].

Les bords des bandes sont A et B pour la première et C et D pour la seconde.

On a encore $AB = CD = a$. On désigne par O_1 et O_2 les milieux des bandes AB et CD. On a $\overline{OO_1} = b$, $\overline{OO_2} = -b$.

Pour étudier la diffraction produite par ce dispositif optique, on prendra un point P_1 d'ordonnée y_1 dans la bande AB et un point P_2 d'ordonnée y_2 dans la bande CD.

2.1) – Décomposer l'amplitude dA de la vibration lumineuse diffractée par deux bandes de largeur dy_1 et dy_2.

2.2) – Calculer l'amplitude totale A de la vibration lumineuse diffractée par les bandes AB et CD dans la direction θ.

2.3) – Calculer l'intensité I de la vibration lumineuse diffractée par les bandes AB et CD. Donner le rapport $J' = I/I_0$ en fonction de v et de $w = 2\pi b \sin\theta/\lambda$.

2.4) – On prend $b = 2a$. Tracer d'une manière approchée la courbe $J' = g(\theta)$ sur papier millimétré dans les mêmes conditions que pour 1.5. On se limitera à $0 \le \theta < 130$ mrad.

2.5) – Calculer numériquement, de façon approximative, les positions des maximums et des minimums de J' pour $0 \le \theta < 130$ mrad. On donnera les résultats sous forme de tableau.

(Concours commun polytechniques)

Solution

1-1.1) Principe d'Huygens-Fresnel

$$d\underline{A} = B\, dy\, e^{j\frac{2\pi}{\lambda} y \sin\theta}. \quad (B \text{ constante de proportionnalité})$$

1.2) $\underline{A} = \int_{-a/2}^{+a/2} d\underline{A}$ d'où $\boxed{A = A_0 \operatorname{sinc}\left(\frac{\pi a \sin\theta}{\lambda}\right)}$

1.3) I est proportionnelle à A^2 donc

$$\boxed{J = (\sin_c v)^2 = \left(\frac{\sin v}{v}\right)^2} \quad \text{avec} \quad v = \frac{\pi a \sin\theta}{\lambda}$$

1.4) maximum principal : $\underline{\theta_1 = 0 \qquad J = 1.}$

1er maximum secondaire : $\underline{\theta_2 = 93 \text{ mrad} \qquad J = 0{,}047.}$

1er minimum nul : $\underline{\theta_3 = 65 \text{ mrad} \qquad J = 0.}$

2e minimum nul : $\underline{\theta_4 = 130 \text{ mrad} \qquad J = 0.}$

1.5) Voir courbe jointe.

2-2.1) $\underline{dA} = \underline{dA}_1 + \underline{dA}_2$ ($\underline{dA}_1$ amplitude diffractée par dy_1, $\underline{dA}_2$ amplitude diffractée par dy_2).

2.2) $\underline{A} = \int_{-b-\frac{a}{2}}^{-b+\frac{a}{2}} \underline{dA}_1 + \int_{b-\frac{a}{2}}^{b+\frac{a}{2}} \underline{dA}_2$ d'où tous calculs faits

$$\boxed{A = A_0 \operatorname{sinc}\left(\frac{\pi a \sin\theta}{\lambda}\right) \cos\left(\frac{2\pi b \sin\theta}{\lambda}\right)}$$

2.3) $\boxed{J' = \left(\dfrac{\sin v}{v}\right)^2 \cos^2 w}$

2.4) Voir courbe jointe

2.5)

θ m rad	0	8,1	16,3	24,4	32,5	40,6	48,8	56,9	65,0	73,1	81,3	89,4
max	X		X		X		X		X		X	
mini		X		X		X		X		X		X

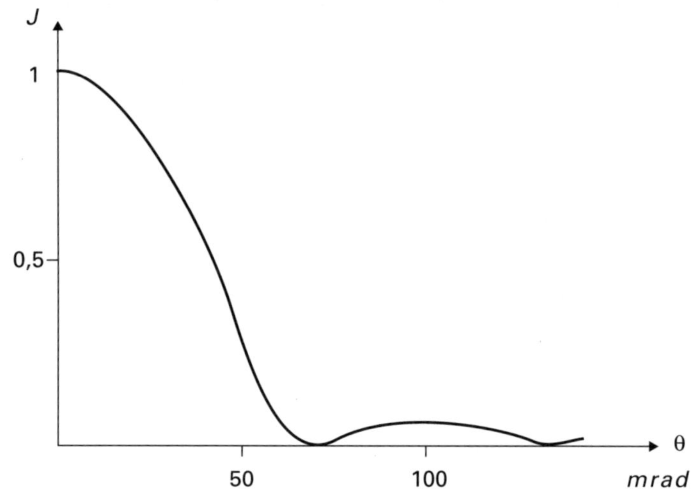

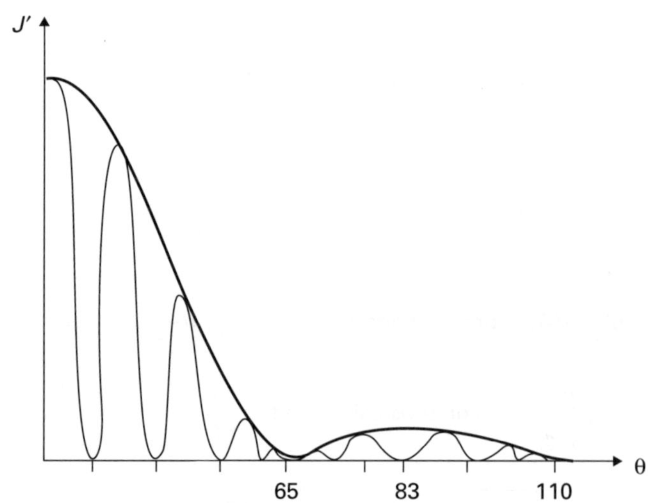

2e PROBLÈME : DIFFRACTION PAR UNE FENTE ; APODISATION

Énoncé

1. Diffraction à l'infini par une ouverture rectangulaire (ℓ, L) :

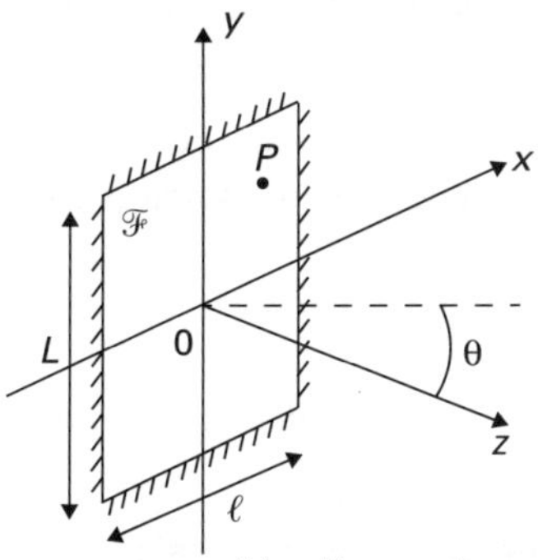

Un écran est percé par une fente $\mathcal{F}$, rectangulaire, liée à un système d'axes $Oxyz$ (O : centre de la fente, axes Ox, Oy parallèles aux côtés ℓ, L).

Cette fente est éclairée en incidence normale par un faisceau de lumière, parallèle, monochromatique, de longueur d'onde λ et de vecteur d'onde $\vec{k_0}$.

On se propose d'étudier quelques propriétés du faisceau diffracté par $\mathcal{F}$, dans une direction donnée, définie par le vecteur d'onde $\vec{k}$ (de coordonnées k_x, k_y, k_z).

Un point P de cette fente est repéré par le triplet $(x_p, y_p, 0)$ et le **coefficient de transmission en amplitude de la fente** vaut en ce point $t(x_p, y_p)$.

1.1) Écrire l'expression de l'amplitude complexe $d\underline{\mathcal{A}}$ de l'onde diffractée, dans la direction définie par $\vec{k}$, par l'élément d'aire autour du point P.

1.2) Lorsque L est grand vis-à-vis de ℓ, l'expérience montre que k_y est nul : on supposera dorénavant cette hypothèse vérifiée.

Écrire l'expression générale de l'amplitude complexe $\underline{\mathcal{A}}$ de l'onde diffractée, à l'infini, dans une direction θ. On supposera également vérifiées les conditions de Gauss, par rapport à l'axe Oz.

1.3) On choisit d'abord $t(x_p, y_p) = 1$.

1.3.a) Décrire précisément un dispositif permettant l'observation du phénomène.

1.3.b) Calculer $\underline{\mathcal{A}}$.

1.3.c) Déterminer l'expression de l'intensité lumineuse I de l'onde diffractée en fonction de I_0, θ, λ et ℓ.

I_0 est l'intensité de l'onde diffractée dans la direction Oz.

1.4) On considère maintenant $t(x_p, y_p) = \cos(xx_p/\ell)$.

1.4.a) Calculer $\underline{\mathcal{A}'}$. On indique que

$$\int_{-\pi/2}^{+\pi/2} \cos(u) \cdot \exp(jau)\, du = 2 \cdot \cos(a\pi/2) / (1 - a^2).$$

1.4.b) Déterminer l'intensité I' ; on notera I'_0 l'intensité de l'onde diffractée dans la direction Oz.

5) On étudie brièvement les grandeurs I/I_0 et I'/I'_0 en fonction de θ.

5.a) Déterminer, pour ces deux fonctions, les valeurs de θ exprimées en fonction du rapport λ/ℓ correspondant aux deux premiers minimums nuls.

5.b) Proposer une estimation simple des valeurs des intensités relatives dans le premier maximum secondaire, pour les deux fonctions.

5.c) Tracer qualitativement, sur un même diagramme, les deux courbes représentatives I/I_0 et I'/I'_0 en fonction de θ : on mettra en évidence quelques points correspondants à des multiples entiers ou semi-entiers de λ/ℓ.

Commenter brièvement ces deux courbes.

5.d) Quel intérêt pratique peut présenter la fente à coefficient de transmission non uniforme ?

2. Utilisation de deux lentilles minces montées en dispositif afocal :

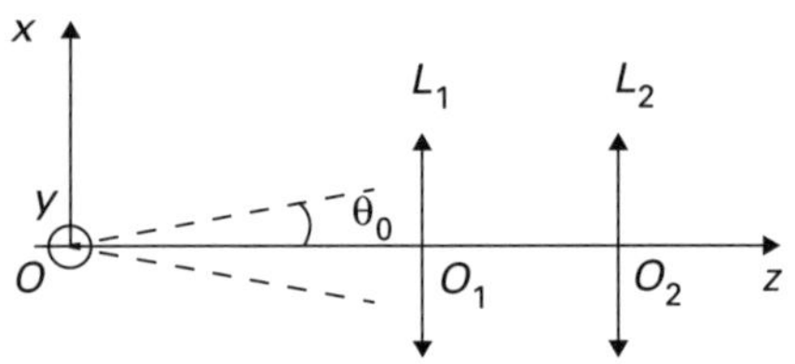

Deux lentilles minces convergentes L_1, L_2, d'axe optique Oz, de centres optiques O_1 et O_2, de distances focales $f'_1 = 1$ cm et $f'_2 = 10$ cm sont utilisées dans l'approximation de Gauss, et constituent un système **afocal** (l'image d'un point à l'infini est rejetée à l'infini) associé à la fente $\mathscr{F}$.

Le foyer objet principal F_1 de L_1 est situé en O.

On considère toujours $L >> \ell$; la demi-ouverture angulaire du faisceau diffracté par O est θ_0.

2.1) Calculer la position de l'image $\mathscr{F}'$ de la fente $\mathscr{F}$ donnée par le système ainsi que la largeur ℓ' de cette image.

2.2) Quelle sera la demi-ouverture angulaire du faisceau passant par l'image O' de O ? Construire, sans respecter l'échelle, la marche d'un faisceau diffracté par la fente $\mathscr{F}$ dans une direction θ donnée.
Commenter cette figure.

Solution

1.1 $\underline{d\mathscr{A}} = K\,\mathscr{A}_0\,t(x_p, y_p)\,e^{j(k_x \cdot x_p + k_y\,y_p)}$

K coefficient de proportionnalité, $\mathscr{A}_0$ amplitude de l'onde incidente.

1.2 $\underline{\mathscr{A}} = K\,\mathscr{A}_0 \iint t(x_p, y_p)\, e^{j\frac{2\pi x_p \sin\theta}{\lambda}}\, dx_p\, dy_p$

dans les conditions de Gauss $\sin\theta \simeq \theta$. Donc :

$$\boxed{\underline{\mathscr{A}} = K\,\mathscr{A}_0 \int_{-\frac{L}{2}}^{+\frac{L}{2}} \int_{-\frac{\ell}{2}}^{+\frac{\ell}{2}} t(x_p, y_p)\, e^{j\frac{2\pi\theta x_p}{\lambda}}\, dx_p\, dy_p}$$

1.3.a)

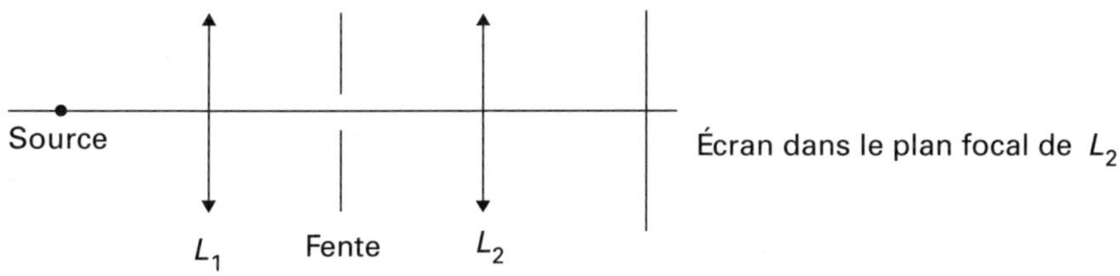

1.3.b) $$\boxed{\mathscr{A} = K\mathscr{A}_0 \ell\ \operatorname{sinc} \frac{\pi\theta\ell}{\lambda}}$$

1.3.c) $$\boxed{I = I_0\ \operatorname{sinc}^2 \frac{\pi\theta\ell}{\lambda}}$$

1.4.a) Calcul sans difficulté. On trouve :

$$\boxed{\mathscr{A} = K\,\mathscr{A}_0\,\ell\,\frac{2\cos\frac{\pi\theta\ell}{\lambda}}{1-\left(\frac{2\theta p}{\lambda}\right)^2}}$$

1.4.b) $$\boxed{I' = I'_0\,\frac{\cos^2\frac{\pi\theta\ell}{\lambda}}{\left[1-\left(\frac{2\theta\ell}{\lambda}\right)^2\right]^2}}$$

1.5.a) 1ers minimums nuls pour I $\boxed{\theta_1 = \frac{\lambda}{\ell}, \qquad \theta_2 = \frac{2\lambda}{\ell}}$

1ers minimums nuls pour I' $\boxed{\theta'_1 = \frac{3\lambda}{2\ell}, \qquad \theta'_2 = \frac{5\lambda}{2\ell}}$

1.5.b) Les maximums secondaires correspondent sensiblement à $\sin^2\frac{\pi\theta\ell}{\lambda} = 1$ pour I et $\cos^2\frac{\pi\theta\ell}{\lambda} = 1$ pour I'.

Pour le premier maximum secondaire :

$$\boxed{I_1 = 4{,}5 \cdot 10^{-2}\, I_0 \qquad I'_1 = 4{,}4 \cdot 10^{-3}\, I_0}$$

1.5.c)

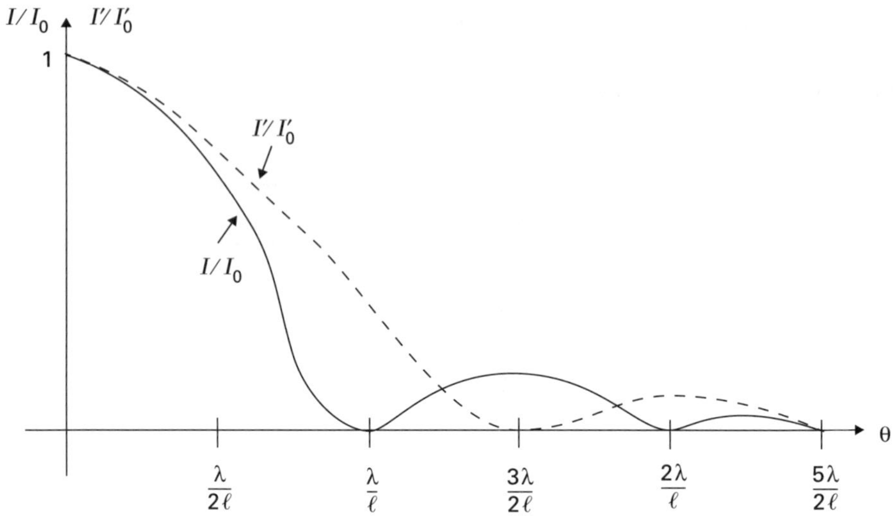

C'est le phénomène d'**apodisation** (effacement des pieds de la figure de diffraction).

1.5.d) Intérêt pratique : filtrage optique (distinction d'objets très proches).

2.1. L'image de $\mathcal{F}$ sera évidemment dans le plan focal image de L_2. Le grandissement du système est -10. Donc la largeur de $\mathcal{F}'$ est

$$\boxed{\ell' = 10\ \ell}$$

2.2. $\gamma G = \dfrac{n}{n'}$. Ici $n = n'$ donc $G = -\dfrac{1}{10}$ d'où

$$\boxed{\theta'_0 = -\dfrac{\theta_0}{10}}$$

3ᵉ PROBLÈME : DIFFRACTION À L'INFINI PAR DES FENTES RECTANGULAIRES

Énoncé

On s'intéresse dans ce problème au passage d'une onde plane progressive monochromatique de longueur d'onde λ (sauf pour les questions 1.5.a et 3.1.c) à travers une ou plusieurs ouvertures et en considérant avec plus de détail le cas particulier des fentes : une dimension de l'ouverture est suffisamment grande pour qu'il ne se produise pas de diffraction dans la direction correspondante. La première partie est consacrée au rappel de quelques résultats de base de la diffraction à l'infini, la deuxième à l'étude élémentaire d'une lunette astronomique et la troisième à une application au filtrage spatial d'une image. Noter cependant que la question 3.5 ne fait appel qu'aux résultats théoriques établis dans la partie 2.

Tout résultat fourni dans l'énoncé peut être utilisé pour les questions ultérieures, même s'il n'a pas été démontré.

1) Application du principe de Huygens-Fresnel

1.1) Indiquer à quelles conditions, expérimentales et d'observation, on peut considérer les ondes électromagnétiques comme planes.

1.2) Décrire le dispositif expérimental classique permettant l'observation des franges de diffraction à l'infini.

1.3) Préciser ce que l'on observe sur l'écran dans le cas d'une fente suffisamment fine.

1.4.a) Énoncer le principe de Huygens-Fresnel ; son application sera nécessaire à l'étude théorique qui suit.

1.4.b) Donner l'expression de $s(M)$, amplitude de l'onde au point M dans le plan d'observation : on posera u_0 vecteur unitaire du faisceau incident, u vecteur unitaire dans une direction de la lumière diffractée et $d\Sigma$ l'élément d'aire entourant le point courant P de l'ouverture plane de centre O'.

On considère le cas représenté à la figure ci-après :

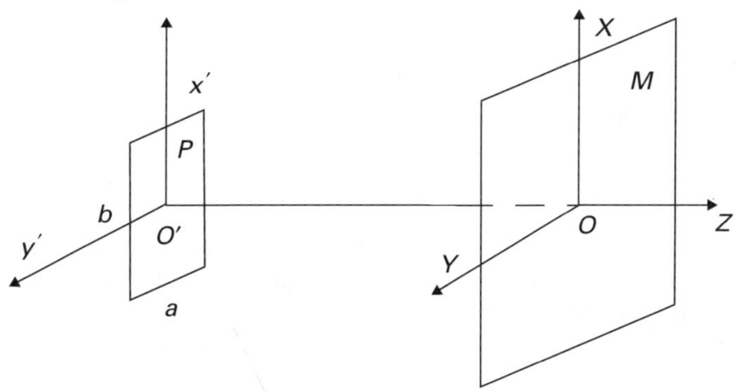

L'ouverture de diffraction S', située dans le plan $O'x'y'$ perpendiculaire à l'axe optique $O'z$, est rectangulaire et de centre O' ; ses dimensions selon les directions $O'x'$ et $O'y'$ sont respectivement b et a. On désigne par α_0, β_0 et γ_0 les paramètres directeurs de la direction du vecteur unitaire u_0 du faisceau incident et par α, β et γ ceux du vecteur unitaire $\boldsymbol{u}$ de la lumière diffractée.

1.5) Montrer que l'amplitude en un point M du plan d'observation Oxy parallèle à $O'x'y'$ s'écrit :

$$(1) \quad \begin{aligned} s(M) &= s_0 \frac{\sin\left[\pi(\alpha-\alpha_0)\frac{a}{\lambda}\right]}{\pi(\alpha-\alpha_0)\frac{a}{\lambda}} \frac{\sin\left[\pi(\beta-\beta_0)\frac{b}{\lambda}\right]}{\pi(\beta-\beta_0)\frac{b}{\lambda}} \\ &= s_0 \left\{\sin c\left[\pi(\alpha-\alpha_0)\frac{a}{\lambda}\right]\right\} \left\{\sin c\left[\pi(\beta-\beta_0)\frac{b}{\lambda}\right]\right\}, \end{aligned}$$

ce qui définit la fonction « sinus cardinal » $\sin_c(x) = \sin x / x$ et où, $\varphi(O')$ désignant la phase de l'onde au point O', s_0 est proportionnel à $ab\{\exp[i\varphi(O')]\}$.

1.6) On suppose que les deux lentilles de la question 1.2) sont identiques ; soit f leur distance focale commune. Quelle est l'expression $s(x, y)$ déduite de (1), dans l'approximation de Gauss, quand on fait intervenir cette distance focale ? Ce sera l'expression (2).

2) Lunette astronomique. Observation d'une étoile

Les applications numériques se feront avec $f = 1$ m, $\lambda = 0{,}546\ \mu$m et $a = 1$ mm. L'observation se fait grâce à un oculaire de distance focale de 2 cm, gradué au dixième de millimètre[1], l'image de la fente coïncidant avec le zéro de graduation. Enfin, le champ de l'oculaire couvre une surface de 2×3 mm^2.

2.1) Que devient l'expression (2) dans le cas d'une fente infiniment longue de largeur a ?

2.2) Décrire l'aspect du champ de vision, c'est-à-dire la répartition de l'éclairement. Montrer en particulier que l'éclairement du premier maximum latéral est déjà très faible par rapport à celui du maximum central. Calculer numériquement la demi-largeur de la bande centrale.

2.3) Que se passe-t-il si l'on fait subir à l'ouverture diffractante :

a) une translation dans son propre plan ?

b) une rotation dans son propre plan ?

c) une rotation autour de l'axe $O'y'$?

2.4) Qu'observe-t-on dans l'oculaire lorsque l'on diminue la largeur de la fente S' ? Jusqu'à quel ordre de grandeur de cette largeur de fente les résultats énoncés restent-ils valables ? Calculer a_0, valeur numérique de la largeur qu'il convient de donner à la fente S' pour que la décroissance de brillance de la frange centrale entre le centre et le bord du champ (c'est-à-dire à 3 mm du centre) ne dépasse pas 1 %.

2.5.a) La fente S' de largeur $a = 1$ mm est maintenant placée contre l'objectif d'une lunette astronomique[2] braquée vers une étoile que l'on pourra considérer comme une source ponctuelle à l'infini. Décrire sommairement le phénomène observé en lumière blanche.

2.5.b) La lunette est maintenant dirigée vers une étoile binaire dont les composantes S_1 et S_2 ont même éclat. À quelle condition les composantes de ce doublet sont-elles séparées par cette lunette astronomique (prendre $\lambda = 0{,}546\ \mu$m) ? Que donnerait une fente 10 fois plus large ? On rappelle le critère de Rayleigh : la limite de résolution d'un système optique est la séparation de deux objets donnant dans l'espace image deux taches de diffraction telles que le maximum central de l'une coïncide avec le premier minimum nul de l'autre.

---

1. L'oculaire est le système agrandisseur utilisé entre la dernière image réelle et l'œil dans un système optique. Pour être efficace, il doit avoir une grande ouverture et une petite distance focale. Un réticule (ou un micromètre) dans le plan focal de l'oculaire facilite alors l'observation de l'image.

2. Instrument d'optique destiné à l'observation d'objets éloignés. L'image de l'objet se forme dans le plan focal de l'objectif ; dans la configuration afocale, très usitée, les plans focaux des combinaisons de lentilles minces représentant respectivement l'objectif et l'oculaire sont distants de la somme des distances focales associées.

3) Fentes de Young

L'écran est maintenant percé de deux fentes parallèles identiques S'_1 et S'_2 distantes de h, de centres respectifs O'_1 et O'_2 et de même largeur a.

3.1.a) Montrer qu'en lumière monochromatique, l'expression de l'éclairement moyen est :

$$E(x) = E_0\left[1 + \cos 2\pi \frac{x}{i}\right]\left[\sin c\left(\pi \frac{x}{I}\right)\right]^2.$$

Donner les expressions de I et i. Comparer leurs ordres de grandeur *a priori.*

3.1.b) Tracer l'allure de $E(x)$ en fonction de x.

3.1.c) Qu'observe-t-on en lumière monochromatique ? en lumière blanche ?

3.1.d) Qu'observe-t-on en lumière monochromatique si $a = a_0$ (cf. 2.4) ?

3.2) Décrire ce que l'on observe sur l'écran si l'on utilise pour tout matériel un laser néon-hélium et une double fente pratiquée dans un écran en matière plastique opaque (à titre documentaire : $\lambda = 0{,}6328\ \mu\text{m}$ et le diamètre du faisceau est de l'ordre de 0,8 mm).

3.3) Justifier succinctement et sans faire le calcul complet quelle serait, qualitativement, l'expression de l'éclairement si les franges d'interférence étaient obtenues à partir des bimiroirs de Fresnel.

La lunette de la question 2.5) est maintenant braquée vers la même étoile binaire j que celle de la question 2.5.b). On recouvre l'objectif de deux fentes parallèles et de même largeur, très petite devant celle de l'intervalle opaque, variable, qui les sépare.

3.4.a) En faisant varier la distance qui sépare les deux fentes, on constate que la visibilité des franges d'interférence devient nulle quand cette distance atteint la valeur $\theta = 40$ cm. En déduire l'expression de la distance angulaire entre les deux composantes de l'étoile double.

Application numérique : $\lambda = 0{,}546\ \mu\text{m}$.

3.4.b) L'écran, muni des deux fentes d'écartement variable, peut tourner autour d'un axe perpendiculaire à son propre plan. Expliquer pourquoi il est possible, avec ce dispositif, de rendre compte de l'existence de doublet et de créer une échelle pour mesurer la séparation des composantes d'une étoile binaire.

Une photographie de la frange brillante centrale est faite sur une diapositive noir et blanc. Le filtre gris de transparence variable ainsi obtenu est placé contre la fente unique du dispositif du paragraphe 2. On admettra que l'effet de ce filtre est de multiplier l'amplitude incidente supposée uniforme par le « facteur de transmission » $T_1(x') = \cos \pi x'/a$. Le dispositif est réglé de telle sorte que la largeur de la fente brillante centrale sur la diapositive soit exactement égale à la largeur de la fente diffractante.

3.5.a) Établir l'expression de l'intensité diffractée dans une direction faisant un angle α avec l'axe des x. On posera $\mu = (2\pi/\lambda)\ (\alpha - \alpha_0)$. On pourra utiliser l'intégrale définie :

$$\int_{-A}^{A} (\cos \alpha x)\ (\exp i\beta x)\ dx = \frac{\sin(\beta+\alpha)A}{\beta+\alpha} + \frac{\sin(\beta-\alpha)A}{\beta-\alpha}.$$

3.5.b) Étudier les modifications apportées par cet écran transparent pour ce qui concerne :

– l'intensité au centre de la figure de diffraction ;

– la largeur au centre de celle-ci ;

– les positions respectives des zéros et des maximums successifs.

3.5.c) Pour quel type d'observation utilise-t-on de tels filtres ? Justifier leur nom de « filtres apodisants » (« a », privatif et « podos », pied).

3.5.d) Qu'obtiendrait-on si le facteur de transmission du filtre placé devant la fente se mettait sous la forme :

$$T_2(x') = 1 - T_1(x') \ ?$$

On ne refera pas le calcul complet, mais on se contentera d'un raisonnement se fondant sur la complémentarité des facteurs de transmission.

Pourquoi n'utilise-t-on pas ce type d'écran pour affiner les images ?

(Concours commun)

(Remarque : l'énoncé est contradictoire, par endroits, pour ce qui concerne les notations. La solution qui suit est rédigée en prenant

a dans la direction Ox

b dans la direction Oy

α et α_0 dans la direction Ox

β et β_0 dans la direction Oy.)

Solution

PARTIE 1

1.1. Pour obtenir des ondes électromagnétiques planes on peut utiliser soit un faisceau laser (faisceau quasiment cylindrique par construction) soit une source ponctuelle placée au foyer principal objet d'une lentille convergente. On reçoit le faisceau sur une autre lentille convergente et on observe dans le plan focal image de celle-ci.

1.2. Le montage utilisé est schématisé ci-dessous

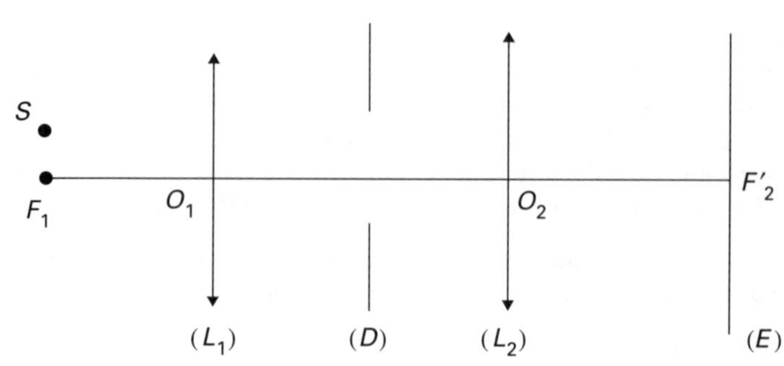

S source ponctuelle dans le plan focal objet de L_1

(D) diaphragme diffringent

(E) écran dans le plan focal image de L_2

1.3. Si (D) est une fente très fine on observe sur (E) des franges de diffraction qui sont des traits alternativement brillants et noirs parallèles à la fente diffringente. La frange centrale est beaucoup plus lumineuse que les franges latérales et elle est deux fois plus large.

1.4.a) Voir cours.

1.4.b) $d\underline{s} = K \mathcal{A}\, d\Sigma\, e^{j\frac{2\pi}{\lambda}\left(\vec{u} - \vec{u}_0\right) \cdot \overrightarrow{O'P}}$, soit en regroupant K et $\mathcal{A}$ dans une même constante C

$$\underline{s} = C \iint_{\Sigma} d\Sigma\, e^{j\frac{2\pi}{\lambda}\left(\vec{u} - \vec{u}_0\right) \cdot \overrightarrow{O'P}}.$$

1.5. Il suffit d'intégrer l'expression ci-dessus pour $-\frac{a}{2} \leq x \leq +\frac{a}{2}$ et $-\frac{b}{2} \leq y \leq +\frac{b}{2}$. On trouve bien

$$s = s_0 \left[\sin c\, \frac{\pi (\alpha - \alpha_0)\, a}{\lambda}\right] \left[\sin c\, \frac{\pi (\beta - \beta_0)\, b}{\lambda}\right]$$

avec $s_0 = C\, ab\, e^{j\varphi(O')}$, $\varphi(O')$ étant la phase de l'onde en O' (dans le cours, on a pris $\varphi(O') = 0$).

1.6. Dans l'approximation des rayons paraxiaux, si x'' et y'' sont les coordonnées de la source S et x et y les coordonnées du point de l'écran où arrive le faisceau

$$\alpha \simeq \frac{x}{f} \quad \beta \simeq \frac{y}{f} \quad \alpha_0 \simeq \frac{x''}{f} \quad \beta_0 \simeq -\frac{y''}{f} \quad \text{d'où}$$

$$\boxed{s = s_0 \left[\sin c\, \frac{\pi (x + x'')\, a}{\lambda f}\right] \left[\sin c\, \frac{\pi (y + y'')\, b}{\lambda f}\right]} \qquad (2)$$

PARTIE II

2.1. Si $b \to \infty$ $\sin c\, \frac{\pi (y + y'')\, b}{\lambda}$ n'est non nul que si $y = -y''$ donc $\beta = \beta_0$: il n'y a alors pas de diffraction suivant Oy. (2) se réduit alors à :

$$\boxed{s = s_0 \sin c\, \frac{\pi (x + x'')\, a}{\lambda f}}$$

2.2. Voir cours : intensité de 1° maximum latéral 0,047 I_0 largeur d'une frange latérale $\frac{\lambda f}{a}$, largeur de la frange centrale $2\, \frac{\lambda f}{a}$.

Application numérique : demi-largeur de la frange centrale $\frac{\lambda f}{a} = 0{,}546$ mm.

2.3.a) La translation conserve les paramètres de la formule, donc rien ne change.

2.3.b) Une rotation de la fente dans son plan entraîne une rotation des franges.

2.3.c) Une rotation de la fente autour de l'axe $O'y'$ revient à transformer la largeur utile de la fente en $a\cos\theta$, θ étant l'angle entre la nouvelle position de l'axe $O'x'$ et son ancienne position ; (2) s'écrit :

$$s = s_0 \operatorname{sinc} \frac{\pi a \cos\theta\,(x + x'')}{\lambda f}.$$

2.4. Si on diminue a, la figure de diffraction s'élargit, les maximums nuls vont sortir du champ. Si d est la largeur du champ selon Ox et si $x'' = 0$, le champ sera uniformément éclairé si

$$\frac{I(0) - I\left(\frac{d}{2}\right)}{I(0)} \leq 0{,}01$$

Application numérique : $\alpha_0 = 10\ \mu\text{m}$.

2.5.a) En lumière monochromatique, si la lunette est pointée sur l'étoile, on observe la figure de diffraction précédente, éventuellement grossie ou diminuée

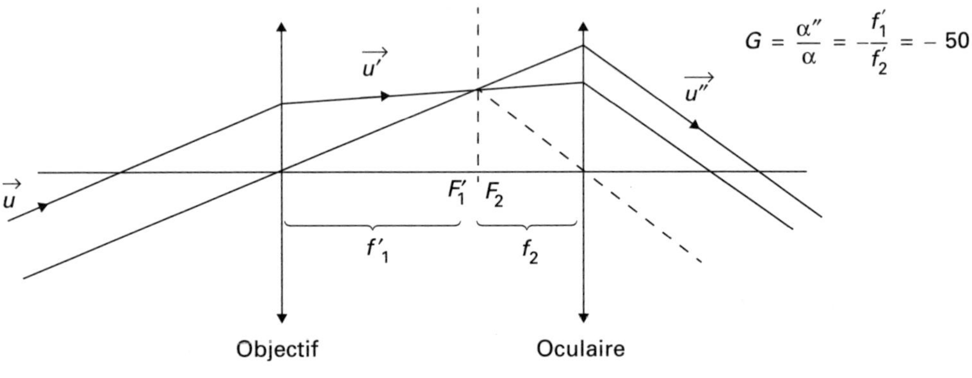

Donc la figure de diffraction est grossie 50 fois.

Le phénomène est peu large dans la direction Oy car la source est considérée comme ponctuelle.

En lumière blanche, on observe une frange centrale pour toutes les radiations, donc une frange blanche irisée de rouge. Les franges latérales sont plus ou moins brouillées (blanc d'ordre supérieur).

2.5.b) Chaque composante de l'étoile donne son propre phénomène.

S_1 de coordonnées $(0, 0, z)$ donne une tache centrale centrée en ν de largeur angulaire $2\,\frac{\lambda}{a}$,

S_2 de coordonnées $(x'', 0, z)$ donne une tache centrale centrée en $-x''$ de largeur angulaire $2\,\frac{\lambda}{a}$.

Les deux taches seront séparées (on dit résolues) si $x'' \geq \frac{\lambda f}{a}$ donc si l'écart angulaire θ entre les composantes de l'étoile double est $\theta \geq \frac{\lambda}{a}$.

Application numérique : $\theta \geq 5{,}46 \cdot 10^{-4}$ rad.

Si on multiplie par 10 la largeur de la fente on réduit par 10 l'écart angulaire, donc on améliore la résolution.

PARTIE III

3.1.a) Chacune des fentes émet une vibration de la forme :

$$s = s_0 \operatorname{sinc} \frac{\pi (x + x'') a}{\lambda f}.$$

Si la source est sur l'axe de symétrie de la bifente, $x'' = 0$

$$s = s_0 \operatorname{sinc} \frac{\pi a x}{\lambda f}.$$

Les vibrations sont déphasées de $\frac{2\pi\, hx}{\lambda f}$.

La vibration résultante est donc

$$\underline{s} = s_0 \operatorname{sinc} \frac{\pi a x}{\lambda f} + s_0 \operatorname{sinc} \frac{\pi a x}{\lambda f}\, e^{j \frac{2\pi\, hx}{\lambda f}}.$$

L'éclairement résultant est proportionnel à $\underline{s} \,.\, \underline{s}^*$ donc

$$E(x) = K\, s_0^2 \left(\operatorname{sinc} \frac{\pi a x}{\lambda f}\right)^2 \left(1 + e^{j \frac{2\pi\, hx}{\lambda f}}\right)\left(1 + e^{-j \frac{2\pi\, hx}{\lambda f}}\right)$$

$$E(x) = K\, s_0^2 \left(\operatorname{sinc} \frac{\pi a x}{\lambda f}\right)^2 \left(2 + 2 \cos \frac{2\pi\, hx}{\lambda f}\right).$$

En posant $E_0 = 2\, K\, s_0^2$ il vient :

$$E(x) = E_0 \left(1 + \cos \frac{2\pi\, hx}{\lambda f}\right) \operatorname{sinc}^2 \frac{\pi a x}{\lambda f}$$

de la forme indiquée avec :

$$\boxed{i = \frac{\lambda f}{h}, \qquad I = \frac{\lambda f}{\alpha}}$$

3.1.b)

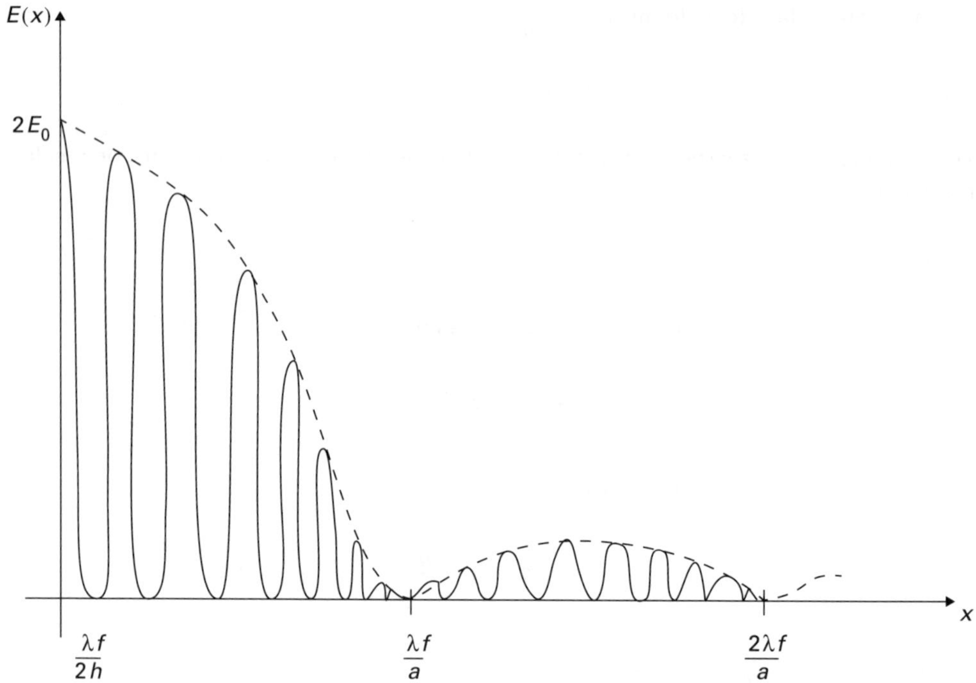

3.1.c) Voir cours.

3.1.d) Si $a = a_0$ la courbe de diffraction a une amplitude pratiquement constante dans le champ d'observation. Les franges d'interférences ont des intensités maximales constantes.

3.2. On observe les phénomènes précédents à deux conditions :

• le faisceau doit éclairer les deux fentes ; le diamètre du faisceau doit être supérieur à $h + a$:

$$\underline{h + a < 0{,}8 \text{ mm}}$$

• si D est la distance de l'écran d'observation, avant l'introduction de la bifente, la tache d'observation est la section du faisceau de diamètre 0,8 mm. Après l'introduction de la bifente, les phénomènes seront visibles si l'interfrange est grand devant 0,8 mm soit

$$\frac{\lambda D}{a} >> 0{,}8 \text{ mm}$$

$$\text{soit} \quad \underline{D \geq 1 \text{ m}}$$

3.3 Dans ce cas, le phénomène de diffraction est négligeable. On obtient :

$$E = E_0\left(1 + \frac{\cos 2\pi x h}{\lambda D}\right).$$

3.4.a) Les deux composantes émettent des vibrations incohérentes. Les éclairements s'ajouteront :

$$E_1 = E_0 \sin c^2 \frac{\pi x}{I}\left[1 + \cos\frac{2\pi h}{\lambda}\frac{x}{f}\right];$$

$$E_2 = E_0 \sin c^2 \frac{\pi x}{I}\left[1 + \cos\frac{2\pi h}{\lambda}\left(\frac{x}{f} - \alpha_0\right)\right].$$

Il y aura brouillage lorsque les franges brillantes d'une composante se superposeront aux franges noires de l'autre composante, soit

$$f\alpha_0 = \left(n + \frac{1}{2}\right)\frac{\lambda f}{h}$$

$$h = \left(n + \frac{1}{2}\right)\frac{\lambda}{\alpha_0}.$$

La plus petite valeur correspond à $n = 0$ $\quad h_0 = \dfrac{\lambda}{2\alpha_0}$

$$\alpha_0 = \frac{\lambda}{2h_0}$$

Application numérique :

$$\underline{\lambda_0 = 6,82 \cdot 10^{-7}\,\text{rad}}$$

3.4.b) Tourner les fentes d'un angle θ autour de $0'z$ revient à tourner l'axe de l'étoile en sens inverse de $-\theta$, donc à changer α_0 en $\alpha_0 \cos\theta$. Il y aura brouillage si

$$\alpha_0 \cos\theta = \left(n + \frac{1}{2}\right)\frac{\lambda}{h}.$$

La valeur minimale correspondante pour h est obtenue pour $n = 0$: $\alpha_0 \cos\theta = \dfrac{\lambda}{2h_0}$

$$h_0 = \frac{\lambda}{2\alpha_0 \cos\theta}$$

h_0 est minimale pour $\theta = 0$.

On détermine ainsi α_0 distance angulaire des deux composantes et la direction des deux composantes.

3.5.a) L'amplitude diffractée par la fente munie du filtre est de la forme

$$s_1 = \int_{-a/2}^{+a/1} A\frac{\cos\pi x'}{a} e^{j\frac{2\pi}{\lambda}(\alpha - \alpha_0)x'} dx'$$

$$s_1 = A\frac{a}{2}\left[\sin c\left(\frac{\mu a}{2} + \frac{\pi}{2}\right) + \sin c\left(\frac{\mu a}{2} - \frac{\pi}{2}\right)\right].$$

L'amplitude diffractée par la fente non munie du filtre est $s_2 = Aa \sin c\,\dfrac{\mu a}{2}$.

Les intensités correspondantes sont de la forme :

$$I_1 = A^2\frac{a^2}{4}\left[\operatorname{sinc}\left(\frac{\mu a}{2}+\frac{\pi}{2}\right)+\operatorname{sinc}\left(\frac{\mu a}{2}-\frac{\pi}{2}\right)\right]^2 ;$$

$$I_2 = A^2a^2\left[\operatorname{sinc}\frac{\mu a}{2}\right]^2 .$$

3.5.b) Le premier minimum nul pour I_1 est obtenu pour $\mu = \pm\frac{3\pi}{a}$, alors que pour I_2 il est atteint pour $\mu = J\frac{2\pi}{a}$. L'intensité maximale est pour $I_1 : \frac{4A^2a^2}{\pi^2}$, alors qu'elle est pour $I_2 : A^2a^2$.

Ainsi le filtre diminue l'intensité et élargit la tache centrale; donc facilite l'observation des brouillages, par exemple lors de l'étude des étoiles doubles.

3.5.c) Le filtre est dit apodisant car il supprime pratiquement les « pieds » de la figure de diffraction (les franges latérales).

3.5.d) Un filtre de coefficient $T_2(x') = 1 - T_1(x')$ est complémentaire du 1er. On observe la même figure de diffraction sauf pour $\mu = 0$ où l'intensité est plus forte. Cette brusque variation d'intensité pour $\mu = 0$ trouble beaucoup l'observation et c'est pourquoi on n'utilise pas de tels filtres.

4e PROBLÈME : CONTRASTE DE PHASE

Énoncé

1 - Dans tout le problème, les lentilles utilisées sont supposées sans aberrations.
Une source linéaire rectiligne de lumière monochromatique de longueur d'onde $\lambda = 6\,320$ angströms est centrée sur le plan focal objet d'une lentille convergente L_1, normalement au plan de la figure 1. Ce montage éclaire un diaphragme D circulaire, largement ouvert et pouvant servir de porte-objet.

Le plan Σ de la figure 1 sera désigné dans la suite du problème : plan de sortie de l'objet ; les axes choisis sont indiqués sur les schémas.

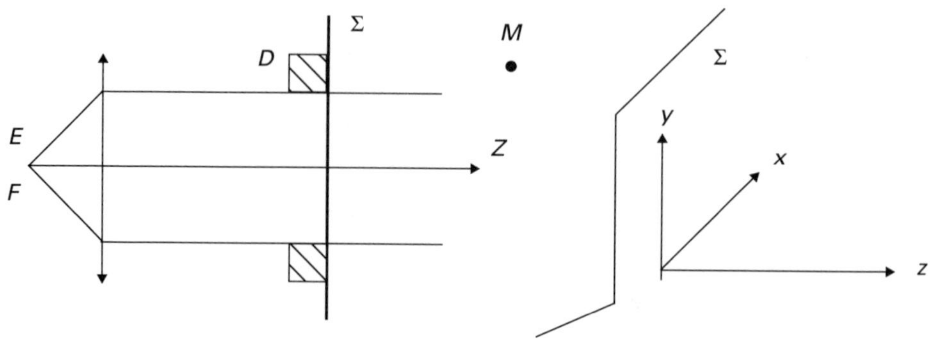

Figure 1

On monte en *D* un objet (objet 1), constitué d'une bande rectangulaire de verre homogène de dimensions *e* et *h* placée à l'intérieur d'un disque opaque.

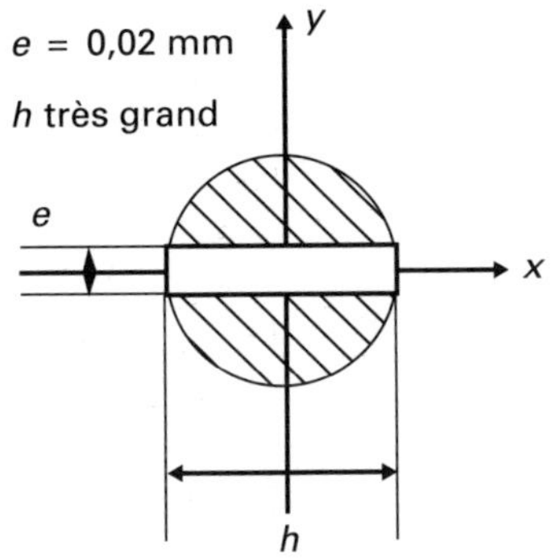

Figure 2

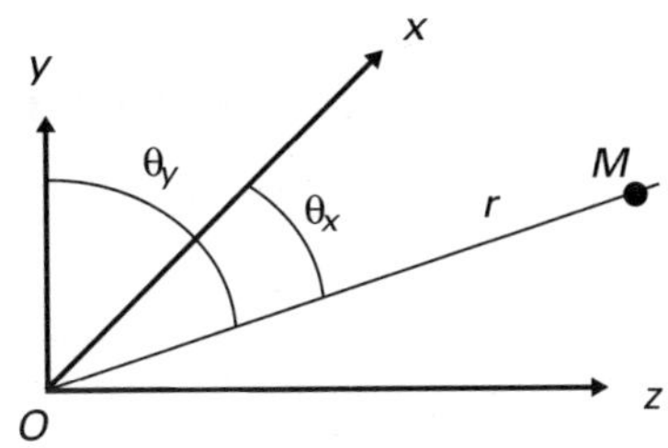

Figure 3

Soit $E(x, y)$ l'expression de l'amplitude complexe du vecteur champ électrique dans tout le plan de sortie de l'objet, en considérant que dans les cas qui nous intéressent ici on peut écrire :

$$E(x, y) = E_0 \cdot f(x) \cdot g(y)$$

1.1- a Montrer que l'amplitude complexe du vecteur champ électrique en un point *M* placé à l'infini peut se mettre sous la forme :

$$E(\alpha, \beta) = K. \int_{-\infty}^{+\infty} f(x) . e^{-2\pi j \frac{x}{\lambda} \alpha} . dx. \int_{-\infty}^{+\infty} g(y) . e^{-2\pi j \frac{y}{\lambda} \beta} . dy \ ;$$

où α et β sont les cosinus directeurs de la direction de $\overrightarrow{OM}$ par rapport aux axes *Ox* et *Oy* du plan Σ : $\alpha = \cos(\theta_x)$ et $\beta = \cos(\theta_y)$.

1.1-b Calculer dans le cas de l'objet 1 : $I(\alpha, \beta)/I(0, 0)$
où $I(\alpha, \beta)$ est l'intensité émise dans la direction définie par α et β
et $I(0, 0)$ celle émise dans la direction de $\overrightarrow{Oz}$.

1.2-a Si *h* est « très grand » montrer que l'on peut écrire $I(\alpha, \beta) = 0$ pour $\alpha \neq 0$; préciser la condition « *h* très grand » ; on retiendra ce résultat dans toute la suite du problème.

1.2-b Calculer les différentes valeurs de θ_y correspondant aux minimums nuls de $I(\alpha, \beta)$.

1.2-c Calculer les deux premières valeurs de θ_y correspondant aux maximums de $I(\alpha, \beta)/I(0, 0)$.

1.2-d θ_{y_1} et θ_{y_2} correspondant à ces deux premières valeurs de θ_y, calculer en décibel le rapport $I(0, \beta_1)/I(0, \beta_2)$ avec : $\beta_1 = \cos(\theta_{y_1})$ et $\beta_2 = \cos(\theta_{y_2})$.

1.2-e Donner l'allure du graphe de la fonction $I(\alpha, \beta)/I(0, 0)$.

1.3-a On ôte l'objet 1 pour le remplacer par l'objet 2 constitué par un disque de verre homogène et de même nature que le verre utilisé précédemment sur lequel on a collé une bande totalement opaque rectangulaire de dimensions e et h.

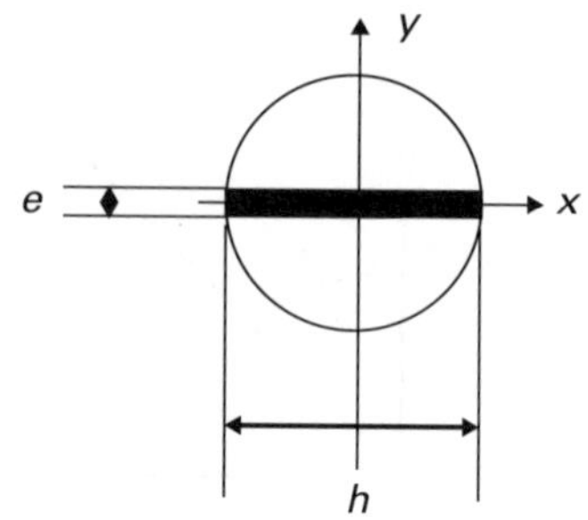

$e = 0{,}02$ mm
h très grand

Figure 4

1.3-b Soit $E_1(x, y)$ l'expression de l'amplitude complexe du champ électrique dans le plan de sortie de l'objet 1, $E_2(x, y)$ l'expression de l'amplitude complexe du champ électrique dans le plan de sortie de l'objet 2.
Montrer que l'on peut écrire :

$$E_1(x, y) + E_2(x, y) = E_0$$

E_0 étant un terme constant que l'on définira : les deux objets sont alors dits complémentaires.

1.3.b Démontrer par un raisonnement simple, dans le cas général, le théorème suivant : « En dehors du point défini par $\alpha = 0$, $\beta = 0$, en tout point d'une figure de diffraction à l'infini, deux objets complémentaires donnent des champs électriques de mêmes amplitudes et de phases opposées. »

1.3.c Étudier la figure de diffraction de l'objet 2.
Donner, en appliquant le théorème précédent, le champ au point M.
En déduire l'intensité de l'onde diffractée en donnant : $I(\alpha, \beta)/I(0, 0)$.

1.4.a On monte maintenant sur le porte-objet l'objet 3, constitué par une lame de verre (indice $n = 1{,}5$) homogène, transparente, isotrope, à faces parallèles, mais présentant un défaut assimilable à une bande rectangulaire de même substance que le corps de la lame de verre, situé du côté opposé à la source et dont la grande dimension est parallèle à la source,

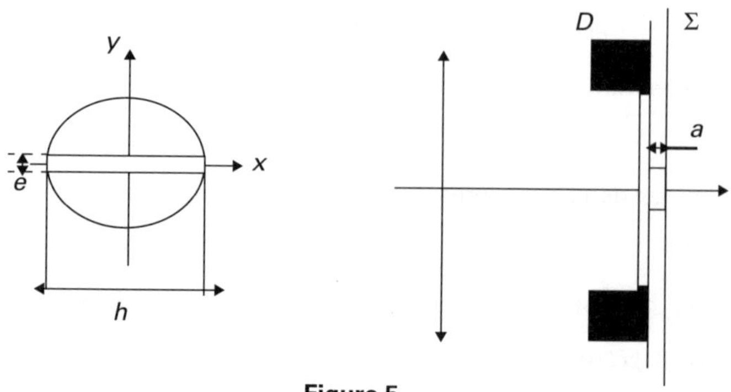

Figure 5

Les dimensions du défaut sont : $e = 0{,}02$ mm

h très grand.

l'épaisseur du défaut est : $a \ll \lambda$.

Étudier la figure de diffraction à l'infini donnée par l'objet 3.

Pour répondre à cette question on montrera que l'on peut écrire :

$$E_3(x, y) = E_4(x, y) + E_5(x, y)$$

où $E_3(x, y)$ est l'amplitude complexe relative à l'objet 3 dans son plan de sortie, $E_4(x, y)$ l'amplitude relative à l'onde plane incidente et $E_5(x, y)$ une amplitude que l'on définira.

1.4.b À partir de ce résultat on montrera que l'onde transmise en M par l'objet 3 est la superposition d'une onde équivalente à l'onde incidente (onde plane) et d'une onde diffractée.

Calculer l'amplitude complexe du champ électrique relatif à cette onde diffractée.

2. Visualisation des objets de phase

On complète le montage précédent de la façon suivante.

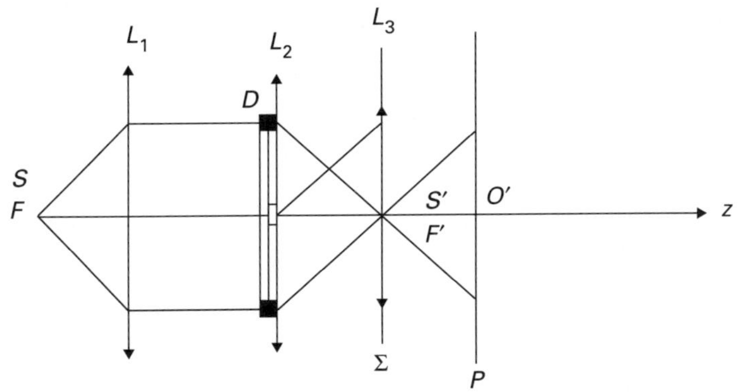

Figure 6

L_1, L_2, L_3 sont trois lentilles convergentes de focales respectives :

$$f_1 = 1 \text{ m};$$

$$f_2 = 1 \text{ m};$$

$$f_3 = 0{,}5 \text{ m}.$$

La source S est placée au foyer F de la lentille L_1 ; L_2 est placée contre le diaphragme D ; elle donne dans son plan focal Σ' l'image S' de S centrée sur le foyer F' ; la lentille L_3 placée dans le plan Σ' donne sur l'écran P une image en vraie grandeur de l'objet placé en D.

2.1.a Montrer que l'on peut voir, dans le plan Σ' les figures de diffraction à l'infini des objets placés en D.

En admettant que les angles que font les rayons diffractés avec $\overrightarrow{Oz}$ sont toujours très petits, écrire la relation liant β à v (u et v désignant les coordonnées d'un point dans le plan Σ').

2.1.b On place l'objet 3 sur le porte-objet ; écrire en fonction de u et v l'expression de l'amplitude complexe du champ électrique dans le plan Σ'.

2.1.c Afin de voir l'image du défaut dans le plan P on peut réaliser le montage strioscopique : il revient à placer en F' un écran opaque de dimension très petite, tel que, en l'absence d'objet diffractant placé en D, le plan P ne reçoive aucune intensité lumineuse ; dans ces conditions et considérant que l'écran opaque est assez petit pour ne pas modifier l'onde diffractée : qu'observe-t-on dans le plan P ?

2.2. L'écran P reçoit une intensité lumineuse parasite uniforme de lumière incohérente de valeur I_ε, I est l'intensité totale reçue au point O' (figure 6).

Cette intensité parasite est le 1/100 de l'intensité notée $I(0, 0)$ reçue en O' dans le cas où l'on aurait placé en D l'objet 1.

On appelle contraste le nombre défini par $\gamma = (I - I_\varepsilon)/I$; justifier cette définition.

En admettant que l'on est capable d'apprécier un contraste de 0,1 quelle est la plus petite valeur de a susceptible d'être vue ?

(Concours commun polytechniques)

Solution

1.1.a - On prend l'origine des phases en O. L'onde issue de O s'écrit :

$$E\cos\omega t.$$

L'onde issue de P s'écrit

$$E\cos\left(\omega t - \frac{2\pi}{\lambda}\overline{OH}\right).$$

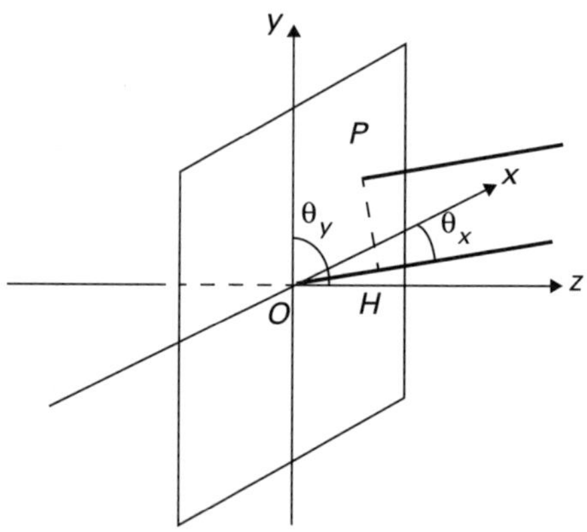

Or : $\overline{OH} = x \cdot \cos\theta_x + y\cos\theta_y$

$$\overline{OH} = \alpha x + \beta y.$$

D'après le principe de Huygens-Fresnel, on a

$$dE = kE_0 f(x)\, g(y)\, e^{-j\frac{2\pi}{\lambda}(\alpha x + \beta y)}\, dx\, dy$$

$$dE = kE_0\left[f(x)\, e^{-j\frac{2\pi}{\lambda}\alpha x} dx\right]\left[g(y)\, e^{-j\frac{2\pi}{\lambda}y} dy\right].$$

Donc :

$$E = \iint_{\text{espace}} dE \qquad \text{en prenant} \qquad \begin{cases} f(x) = 1 & \text{si } -\frac{h}{2} \le x \le \frac{h}{2} \\ f(x) = 0 & \text{sinon} \\ g(y) = 1 & \text{si } -\frac{e}{2} \le y \le \frac{e}{2} \\ g(y) = 0 & \text{sinon} \end{cases}$$

D'où

$$\boxed{E(\alpha,\beta) = K\int_{-\infty}^{+\infty} f(x)\, e^{-j\frac{2\pi}{\lambda}\alpha x}\,dx \quad \int_{-\infty}^{+\infty} g(y)\, e^{-j\frac{2\pi}{\lambda}\beta y}\,dy}$$

1.1.b - Il suffit d'intégrer. On obtient :

$$E(\alpha,\beta) = Keh\left(\frac{\sin\frac{\pi\alpha h}{\lambda}}{\frac{\pi\alpha h}{\lambda}}\right)\left(\frac{\sin\frac{\pi\beta e}{\lambda}}{\frac{\pi\beta e}{\lambda}}\right).$$

L'intensité diffractée est proportionnelle à E^2, soit :

$$I(\alpha,\beta) = K'K^2e^2h^2\left(\frac{\sin\frac{\pi\alpha h}{\lambda}}{\frac{\pi\alpha h}{\lambda}}\right)^2\left(\frac{\sin\frac{\pi\beta e}{\lambda}}{\frac{\pi\beta e}{\lambda}}\right)^2$$

(K' constante de proportonnailité). Pour $\alpha = \beta = 0$, $I(0,0) = K'K^2e^2h^2$, donc

$$\boxed{\frac{I(\alpha,\beta)}{I(0,0)} = \left(\frac{\sin\frac{\pi\alpha h}{\lambda}}{\frac{\pi\alpha h}{\lambda}}\right)^2\left(\frac{\sin\frac{\pi\beta e}{\lambda}}{\frac{\pi\beta e}{\lambda}}\right)^2}$$

1.2.a - Si $\alpha \neq 0$, si h est « très grand », c'est-à-dire $\boxed{\text{si } h \gg \lambda}$, alors $\frac{\pi\alpha h}{\lambda} \to +\infty$ et comme $\sin\left(\frac{\pi\alpha h}{\lambda}\right)$ est borné,

$$\frac{\sin\frac{\pi\alpha h}{\lambda}}{\frac{\pi\alpha h}{\lambda}} \to 0.$$

Donc

$$\frac{I(\alpha,\beta)}{I(0,0)} \to 0.$$

Ainsi

$$\boxed{I(\alpha,\beta) = 0 \text{ pour } \alpha \neq 0 \text{ si } h \text{ est « très grand »}}$$

Si $\alpha = 0$ $\quad \frac{\sin\frac{\pi\alpha h}{\lambda}}{\frac{\pi\alpha h}{\lambda}} \sim 1,$

donc

$$\boxed{\frac{I(\alpha,\beta)}{I(0,0)} = \left(\frac{\sin\frac{\pi\beta e}{\lambda}}{\frac{\pi\beta e}{\lambda}}\right)^2 \quad \text{si } \alpha = 0}$$

1.2.b - $I(\alpha, \beta) = 0$ si $\sin \frac{\pi\beta e}{\lambda} = 0$ et $\beta \neq 0$

donc si $\frac{\pi\beta e}{\lambda} = p\pi$ $p \neq 0$ soit $\beta = p\frac{\lambda}{e}$ $p \in \mathbb{Z}^*$

Les différentes valeurs de θ_y corrrespondant aux minimums nuls de $I(\alpha, \beta)$ sont telles que $\cos\theta_y = p\frac{\lambda}{e}$, $p \in \mathbb{Z}^*$.

1.2.c - Le maximum principal est atteint pour $\beta = 0$

Alors $I(\alpha, \beta) = I(0, 0)$.

Les maximums secondaires sont atteints pour les valeurs de ρ telles que

$$\left(\frac{\sin\frac{\pi\beta e}{\lambda}}{\frac{\pi\beta e}{\lambda}}\right)' = 0$$

soit pour

$$\frac{\pi\beta e}{\lambda} = \tan\frac{\pi\beta e}{\lambda}.$$

Ce qui correspond sensiblement à

- $\frac{\pi\beta e}{\lambda} = 1{,}43\pi$ pour le premier maximum secondaire.

soit

$$\cos\theta_{y_1} = 1{,}43\frac{\lambda}{e}.$$

- $\frac{\pi\beta e}{\lambda} = 2{,}46\pi$ pour le second maximum secondaire

soit

$$\cos\theta_{y_2} = 2{,}46\,\frac{\lambda}{e}.$$

Compte tenu des valeurs de λ et e, on obtient :

$\boxed{\theta_{y_1} \simeq 1{,}52 \text{ rad}}$ $\boxed{\theta_{y_2} \simeq 1{,}49 \text{ rad}}$

1.2.d - On en déduit $\frac{I(0, \beta_1)}{I(0, \beta_2)}$

$$\frac{I(0, \beta_1)}{I(0, \beta_2)} = \left(\frac{\sin c\left(\frac{\pi e}{\lambda}\cos\theta_{y_1}\right)}{\sin c\left(\frac{\pi e}{\lambda}\cos\theta_{y_2}\right)}\right)^2 \simeq \left(\frac{5}{3}\right)^2.$$

L'expression en décibels de ce rapport sera alors :

$$g = 10\, lg \frac{I(0, \beta_1)}{I(0, \beta_2)}$$

(on prend un facteur 10 car il s'agit d'intensités c'est-à-dire de puissances). Donc

$$g = 10\, lg \left(\frac{5}{3}\right)^2$$

ou

$$\boxed{g = 4{,}47}$$

1.2.e - La courbe a l'allure habituelle (voir cours). Comme l'on porte $\frac{I(\alpha, \beta)}{I(0, 0)}$ en fonction de β, le maximum principal correspond à la valeur 1, les maximums secondaires correspondent aux valeurs 0,047, 0,017...

1.3.a - Pour l'objet 1 on peut écrire :

$$E_1(x, y) = E_0 . f_1(x) . g_1(y) \qquad \text{avec} \begin{cases} f_1(x) = 1 & \text{si } -\frac{h}{2} \leq x \leq \frac{h}{2}\,; \\ f_1(x) = 0 & \text{sinon}\,; \\ g_1(y) = 1 & \text{si } -\frac{e}{2} \leq y \leq \frac{e}{2}\,; \\ g_1(y) = 0 & \text{sinon.} \end{cases}$$

Pour l'objet 2 on peut écrire :

$$E_2(x, y) = E_0 \cdot f_2(x) \cdot g_2(y) \qquad \text{avec} \begin{cases} f_2(x) = 0 & \text{si } \frac{h}{2} \leq x \leq \frac{h}{2}\,; \\ f_2(x) = 1 & \text{sinon}\,; \\ g_2(y) = 0 & \text{si } -\frac{e}{2} \leq y \leq \frac{e}{2}\,; \\ g_2(y) = 0 & \text{sinon.} \end{cases}$$

E_0 correspond à l'onde non perturbée, correspondant au cas où il n'y a pas d'obstacle.

D'où

$$\boxed{E_1(x, y) + E_2(x, y) = E_0}$$

1.3.b - Si on superpose les deux objets complémentaires, alors les deux ondes diffractées se superposent.

L'onde résultante est $E(\alpha, \beta) + E'(\alpha, \beta)$.

Cette onde diffractée est le prolongement de l'onde incidente. Donc

$$E_0 = E(\alpha, \beta) + E'(\alpha, \beta) + E_0$$

soit

$$E(\alpha, \beta) = -E'(\alpha, \beta).$$

Pour $\alpha = 0$, $\beta = 0$ c'est l'image géométrique qui existe pour l'objet (1) et pas pour l'objet (2).

Donc

> En dehors du point défini par $\alpha = 0$, $\beta = 0$, en tout point d'une figure de diffraction à l'infini, deux objets complémentaires donnent des champs électriques de même amplitude et de phases opposées.

1.3.c - On a :

$$E'(\alpha, \beta) = -Khe\left(\frac{\sin\frac{\pi\alpha h}{\lambda}}{\frac{\pi\alpha h}{\lambda}}\right)\left(\frac{\sin\frac{\pi\beta e}{\lambda}}{\frac{\pi\beta e}{\lambda}}\right)$$

car $E'(\alpha, \beta) = -E(\alpha, \beta)$. D'où

$$\frac{I(\alpha, \beta)}{I(0,0)} = \left(\frac{\sin\frac{\pi\alpha h}{\lambda}}{\frac{\pi\alpha h}{\lambda}}\right)^2\left(\frac{\sin\frac{\pi\beta e}{\lambda}}{\frac{\pi\beta e}{\lambda}}\right)^2$$

On obtient donc une figure de diffraction de l'objet (2) identique à la figure de diffraction de l'objet (1).

1.4.a - Comme $h >> \lambda$, seule intervient la diffraction dans la direction y. L'objet (3) est formé de la lame de verre présentant le défaut. Les vibrations traversant le défaut présentent un déphasage par rapport à celles qui ont traversé le reste de la lame, valant :

$$\varphi = \frac{2\pi(n-1)a}{\lambda}.$$

Comme $a << \lambda$, $\varphi << 2\pi$

Si $E_4(x, y)$ est l'amplitude relative à l'onde plane incidente, alors :

• en dehors du défaut, $|y| > \frac{e}{2}$ $\qquad E_3(x, y) = E_4(x, y)$

donc $\qquad E_5(x, y) = 0$;

• dans le défaut, $|y| < \frac{e}{2}$ $\qquad E_3(x, y) = E_4(x, y)\,e^{-j\varphi}$.

Comme φ est petit $e^{-j\varphi} \simeq 1 - j\varphi$ d'où

$E_3(x, y) = E_4(x, y)\,(1 - j\varphi)$. On en déduit :

$$E_5(x, y) = -j\varphi\, E_4(x, y).$$

1.4.b - L'amplitude de la vibration diffractée à l'infini est donnée par

$$E(O, \beta) = K\int_{\text{lame}} E_4 e^{-j\frac{2\pi\beta y}{\lambda}}dy + K\int_{\text{défaut}} E_5 e^{-j\frac{2\pi\beta y}{\lambda}}dy.$$

La lame est supposée de dimensions grandes devant celles du défaut : la première intégrale reconstitue donc l'onde incidente ; elle n'est non nulle que si $p = 0$ et vaut E_0.

La deuxième intégrale vaut $-j\varphi E_0 \operatorname{sinc} \frac{\pi\beta e}{\lambda}$

Donc

$$\begin{array}{|ll|}\hline \text{Si } \beta = 0 & E(0,\beta) = E_0(1-j\varphi) \\ \text{Si } \beta \neq 0 & E(0,\beta) = -j\varphi E_0 \operatorname{sinc} \frac{\pi\beta e}{\lambda} \\ \hline \end{array}$$

2.1.a - Il y a diffraction par l'objet (3) dans une direction θ. Tous les rayons incidents sur L_2 sont parallèles et convergent théoriquement à l'infini. Après traversée de L_2 ils convergent dans le plan focal de L_2 donc dans le plan Σ'

2.1.b - $\boxed{u = \alpha f_2}$ $\boxed{v = \beta f_2}$

Il suffit de reprendre l'expression précédente de E dans laquelle on fait $\beta = \frac{u}{\sqrt{u^2+v^2}}$.

2.1.c - L'écran placé en F' intercepte le faisceau réfracté selon $(\alpha,\beta) = (0,0)$. On n'observe donc sur P que la figure de diffraction due au défaut.

2.2 - Pour $I = I_\varepsilon$ $\gamma = 0$; pour $I_\varepsilon = 0$ $\gamma = 1$ la valeur de γ permet de visualiser le défaut.

$$\gamma = \frac{I - I_\varepsilon}{I} \quad ; \quad \text{or} \quad I_\varepsilon = \frac{I(0,0)}{100}$$

donc $\gamma = 0{,}1$

On en déduit :

$$\boxed{a = 21{,}2 \text{ nm}}$$

5e PROBLÈME : ANNEAUX À L'INFINI D'UNE LAME D'AIR

Énoncé

Deux lames de verre planes à faces parallèles identiques, d'épaisseur négligeable, sont placées en regard l'une de l'autre dans l'air. Ces lames, d'indice n, délimitent ainsi une « lame d'air », d'épaisseur e et dont l'indice sera pris égal à celui du vide.

On éclaire cette lame par une source ponctuelle S monochromatique de longueur d'onde λ.

On appelle respectivement τ et p les coefficients de transmission et de réflexion pour l'amplitude, supposés réels, des lames de verre et $R = p^2$ leur pouvoir réflecteur. On supposera ces lames non absorbantes.

Un rayon issu de S tombe sur la première lame sous une incidence i. Après une série de réflexions et de transmissions, il donne en particulier naissance à un faisceau de rayons parallèles – inclinés eux aussi de i – à la sortie de la lame d'air ; on s'intéressera aux interférences produites par ces rayons.

1/ Déterminer l'amplitude complexe du N[ième] rayon transmis, amplitude que l'on écrira sous la forme :

$$A_N = a_N \exp\,(j\,\varphi_N) \qquad (j^2 = -1)$$

où a_N et φ_N sont respectivement l'amplitude réelle et la phase de l'onde relative à ce rayon ; on prendra comme origine des phases celle de l'onde transportée par le premier rayon transmis et on notera A_0 l'amplitude du rayon incident.

En déduire l'amplitude complexe A de l'onde résultante formée par les rayons transmis.

Montrer que l'intensité transmise dans la direction i peut se mettre sous la forme :

$$I = \frac{I_0}{1 + \dfrac{4R}{(1-R)^2}\sin^2\dfrac{\varphi}{2}}$$

avec $I_0 = A_0^2$ et $\varphi = \dfrac{2\pi}{\lambda}\,2\,e\,\cos i$ le déphasage entre deux rayons transmis consécutifs.

2/ On appelle facteur de contraste $C = \dfrac{I_0 - I_m}{I_0 + I_m}$ ou I_m est l'intensité d'une frange sombre.

Exprimer C en fonction de R et tracer la courbe $C(R)$.

3/ Calculer, lorsque c'est possible, la demi-largeur $\Delta\varphi$ des franges brillantes ; cette demi-largeur étant définie à la moitié de l'intensité maximale.

À quelle condition sur R cela est-il possible ?

4/ Tracer $I(\varphi)$ pour quelques valeurs de R (par exemple $R = 0{,}1$; $0{,}5$; $0{,}9$).

Comment doit-on choisir R si l'on désire obtenir des franges lumineuses sur fond obscur ?

5/ On recueille les rayons émergents à l'aide d'une lentille de distance focale f et on observe les anneaux dans le plan focal de celle-ci.

Donner les expressions du rayon et de la largeur de ces anneaux.

Faire l'application numérique pour les 5 premiers anneaux sachant que :

$e = 1$ mm ; $\lambda = 4\,227$ Å ; $f = 1$ m et $R = 0{,}90$; (1 Å $= 10^{-10}$ m).

(ESIGELEC)

Solution

1/

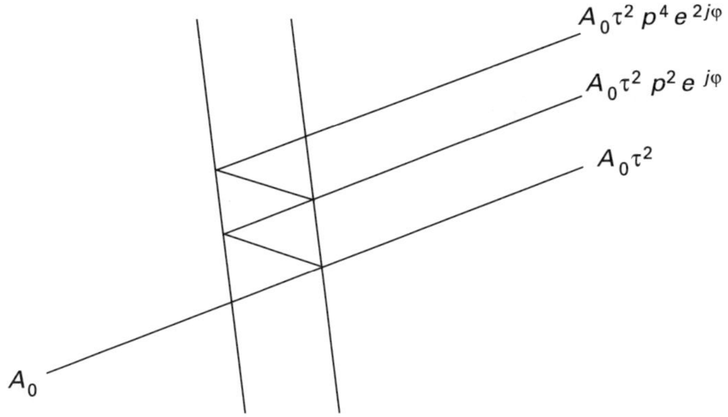

$$\varphi = \frac{2\pi\delta}{\lambda} = \frac{2\pi}{\lambda}\, 2e\cos i$$

Pour le N^{ième} rayon transmis

$$\underline{A}_N = A_0\,\tau^2 p^{2(N-1)}\; e^{j(N-1)\varphi} \quad \text{avec} \quad \varphi = \frac{4\pi e \cos i}{\lambda}$$

donc $\quad a_N = A_0\,\tau^2\, p^{2(N-1)} = A_0\,\tau^2\, R^{N-1}$

$$\varphi_N = (N-1)\,\varphi.$$

Comme on néglige l'absorption $\tau^2 + R = 1$ (conservation de l'énergie) d'où :

$$\boxed{\begin{aligned} a_N &= A_0(1-R)\,R^{N-1} \\ \varphi_N &= (N-1)\,\varphi \end{aligned}}$$

L'amplitude complexe de l'onde résultante est

$$\underline{A} = \sum_1^{\infty} A_0\,(1-R)\,R^{N-1}\; e^{j(N-1)\varphi}$$

$$\underline{A} = A_0\,(1-R)\,\frac{1}{1 - Re^{j\varphi}}$$

$$\boxed{\underline{A} = A_0\,\frac{1-R}{1-Re^{j\varphi}}}$$

L'intensité correspondante est proportionnelle à $\underline{A}\,.\,\underline{A}^*$

$$I = K\,A_0^2\,(1-R)^2\left(\frac{1}{1-Re^{j\varphi}}\right)\left(\frac{1}{1-Re^{-j\varphi}}\right)$$

$$I = K\,A_0^2\,(1-R)^2\,\frac{1}{1+R^2-2R\cos\varphi}$$

$$I = K\,A_0^2\,\frac{1}{1+\dfrac{4R}{(1-R)^2}\sin^2\dfrac{\varphi}{2}}.$$

Or, $K A_0^2 = I_0$ intensité de la lumière incidente.

Donc

$$\boxed{I = \frac{I_0}{1 + \frac{4R}{(1-R)^2} \sin^2 \frac{\varphi}{2}}}$$

2/ I_m est obtenue pour $\sin^2 \frac{\varphi}{2} = 1$:

$$I_m = \frac{I_0}{1 + \frac{4R}{(1-R)^2}}.$$

D'où
$$C = \frac{I_0 - \frac{I_0}{1 + \frac{4R}{(1-R)^2}}}{I_0 + \frac{I_0}{1 + \frac{4R}{(1-R)^2}}}$$

$$C = \frac{\frac{4R}{(1-R)^2}}{2 + \frac{4R}{(1-R)^2}}.$$

$$C = \frac{4R}{2(1-R)^2 + 4R}$$

$$\boxed{C = \frac{2R}{1+R^2}}$$

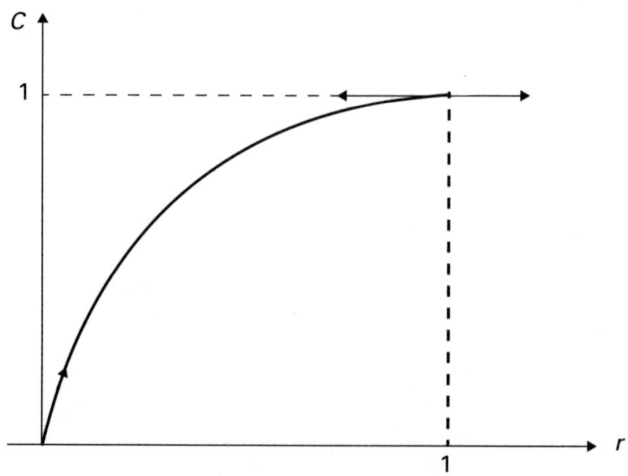

3/ Soient φ_1 et φ_2 les valeurs de φ pour lesquelles $I = \frac{I_0}{2}$

$$\frac{4R}{(1+R)^2}\sin^2\frac{\varphi}{2} = 1.$$

$$\sin^2\frac{\varphi}{2} = \frac{(1+R)^2}{4R}$$

$$\sin\frac{\varphi_2}{2} = \frac{1-R}{2\sqrt{R}} \qquad \sin\frac{\varphi_1}{2} = -\frac{1-R}{2\sqrt{R}}$$

$$\boxed{\Delta y = 4\arcsin\frac{1-R}{2\sqrt{R}}}$$

Cela n'est possible que si $\frac{I_0}{2} > I_m$ soit

$$\frac{I_0}{2} > \frac{I_0}{1+\frac{4R}{(1-R)^2}}$$

$$1+\frac{4R}{(1-R)^2} > 2 \qquad \frac{4R}{(1-R)^2} > 1$$

$$4R > 1-2R+R^2$$

$$R^2-6R+1<0$$

$$\boxed{R > 0,17}$$

4/

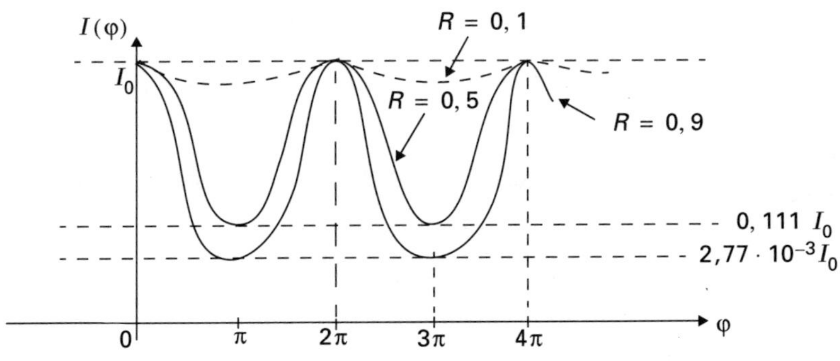

Pour que le fond soit obscur il faut que

$$1+\frac{4R}{(1-R)^2}$$

soit très grand. Il faut donc choisir R très proche de 1.

5/ Les anneaux correspondent à

$$\delta = p\lambda$$

avec $$\delta \simeq 2e\left(1 - \frac{i^2}{2}\right)$$

et $i = \frac{x}{f}$ x rayon de l'anneau d'ordre p, $2e\left(1 - \frac{x^2}{2f^2}\right) = p\lambda$;

soit : $$\frac{x^2}{2f^2} = 1 - \frac{p\lambda}{2e}$$ donc $$\boxed{x = f\sqrt{2 - \frac{p\lambda}{e}}}$$

Soient i_1 et i_2 les angles d'incidences correspondant à φ_1 et φ_2

$$\left.\begin{aligned} \varphi_1 &= \frac{4\pi e \cos i_1}{\lambda} \\ \varphi_2 &= \frac{4\pi e \cos i_2}{\lambda} \end{aligned}\right\} \Delta\varphi = \frac{4\pi e}{\lambda}\cos(i_2 - i_1) \simeq \frac{4\pi e}{\lambda}\left(\frac{i_2^2 - i_1^2}{2}\right)$$

$$x_2 = fi_2 \qquad x_2 = fi_1 \qquad \Delta\varphi = \frac{2\pi e}{\lambda f^2}(x_2 - x_1)(x_2 + x_1)$$

Or : $x_2 + x_1 \simeq 2x$ rayon moyen de l'anneau d'où : $$\boxed{x_2 - x_1 = \frac{\lambda f^2 \Delta\varphi}{4\pi e x}}$$

Application numérique : $\frac{2e}{\lambda} = 4731,49$: la plus petite valeur possible pour p est 4 731

Avec $R = 0,9$ $\quad \Delta\varphi = 0,211$ rad d'où le tableau suivant :

p	4 731	4 730	4 729	4 728	4 727
x (en cm)	1,436	2,508	3,243	3,839	4,355
$x_2 - x_1$ (en cm)	0,0494	0,0283	0,0219	0,0185	0,0163

Achevé d'imprimer en août 1996
sur les presses de la Nouvelle Imprimerie Laballery – 58500 Clamecy
Dépôt légal : août 1996 Numéro d'impression : 608009

Imprimé en France